普通生物学实践教程

李连芳　陈铁山　主编

科 学 出 版 社
北　京

内 容 简 介

本书针对农业院校特点，注重科研成果的转化，重点强调对学生实验技能和科学问题探究能力的培养。实验设计强调开放性和探究性，注重过程，采用逐步引导的方法编写，学生具有一定的自主性。全书分为4个部分：16个基础性实验、6个综合性实验、6个研究性实验以及野外实习。此外，还包括精美彩图近300幅。

本书可作为各类农业院校普通生物学实验、课外活动和野外实习教学的教材，也可供其他高校教师和生物学工作者以及中学生物学教师参考使用。

图书在版编目(CIP)数据

普通生物学实践教程/李连芳，陈铁山主编. —北京：科学出版社，2012
ISBN 978-7-03-034776-3

Ⅰ.①普… Ⅱ.①李… ②陈… Ⅲ.①生物学-实验-高等学校-教材
Ⅳ.①Q-33

中国版本图书馆CIP数据核字(2012)第123232号

责任编辑：丛 楠 贺窑青 / 责任校对：钟 洋
责任印制：张 伟 / 封面设计：耕者设计工作室

科学出版社出版
北京东黄城根北街16号
邮政编码：100717
http://www.sciencep.com

北京虎彩文化传播有限公司 印刷

科学出版社发行 各地新华书店经销

*

2012年8月第 一 版 开本：787×1092 1/16
2023年1月第十一次印刷 印张：14
字数：348 000

定价：49.80元

(如有印装质量问题，我社负责调换)

编委会成员及分工

主　编　李连芳　陈铁山

副主编　孙　权　姚庆智　康友敏

编写人员及分工（按编写顺序排列）

李连芳（中国农业大学）　编写前言、实验十七、实验十八、实验二十三和实验二十四
孙　权（沈阳农业大学）　编写实验一至实验四
李文燕（西北农林科技大学）　编写实验五、实验六和实验七
陈铁山（西北农林科技大学）　编写实验八、附录5和附录6
韩　锋（西北农林科技大学）　编写实验九和实验十
王晓静（西北农林科技大学）　编写实验十一
郑雪莉（西北农林科技大学）　编写实验十二和实验十三
卜书海（西北农林科技大学）　编写实验十四
田杰生（中国农业大学）　编写实验十五
杨大祥（中国农业大学）　编写实验十六、实验二十和实验二十一
李德文（中国农业大学）　编写实验十九
康友敏（中国农业大学）　编写实验二十二和实验二十五和附录3
王　羽（河北农业大学）　编写实验二十六和实验二十七
李　萍（山西农业大学）　编写实验二十八
姚庆智（内蒙古农业大学）　编写野外实习一至四和附录4
肖红梅（内蒙古农业大学）　编写野外实习一至四和附录4
宝力道（内蒙古农业大学）　编写野外实习一至四和附录4
吴凯峰（内蒙古农业大学）　编写野外实习一至四和附录4
王宝青（中国农业大学）　编写野外实习五、附录1和附录2

前　言

当今，生物科学正在以前所未有的速度发展，知识内容庞大，分支学科众多，知识更新迅速。生物科学分为实验生物学与系统生物学两大体系，但由于生命活动的复杂性及学科发展现状，目前生物科学还未全面发展到预测阶段。随着该学科的不断发展，数学工具的不断引入和创新，生物科学必将走向成熟，成为自然科学的领头学科。

纵观整个学科，基本上仍然处于实验阶段。普通生物学作为高等农业院校的重要基础课，选修学生人数众多、涉及专业广，必须高度重视实践教学。因此，编著一本既能够全面反映学科发展状况，又有利于学生能力培养的实践教材已迫在眉睫。

本书基于6所农业院校充分研讨、仔细剖析各教学环节、凝练知识点而编著，力求充分反映农业院校的教学特色。主要反映在以下方面。

紧密结合农业院校专业和教学特点。本书实验部分被分为基础性实验、综合性实验和研究性实验，基本可以满足农业院校各专业的教学需要。

着重强调对学生实验技能和科学问题探究能力的培养。其中，综合性实验和研究性实验可由学生选做，旨在培养学生对科学问题的探究能力。所有实验均采用逐步引导的方法编写而成，学生具有一定的自主性。

注重作者的科研转化。作为大学教材不仅要突出学科前沿和最新进展，而且要注意科研成果的及时转化。在实验的设计上，不仅考虑到一般教学所需，而且根据需要将作者成熟的成果转化为综合性实验和研究性实验。

实验设计充分体现了生命科学不同领域之间的关系。在综合性实验和研究性实验编写过程中，力求将植物科学、动物科学、生态科学、遗传学等相关学科的知识联系起来，引导学生从实验设计到结果分析，综合探究科学问题，并构建合理的知识体系。

此外，本书增加了生物学野外实习部分，包括各学校野外实习教学中的一些共性问题。当然，该部分也会对学生课外小组活动提供帮助。

本书得到中国农业大学“普通生物学课程及团队建设”项目和“本科教材重点项目（中央高校基本科研业务费专项资金资助，2012JW042)”的资助。全书由李连芳和陈铁山统稿。在教学团队建设和教材编写过程中，得到了中国农业大学教务处和生物学院教学中心的支持，尤其得到刘国琴副院长的关怀与帮助。衷心地感谢科学出版社给予的支持。

教材编写委员会认真研讨教材编写

从左到右，前排：王羽，康友敏，张东，丛楠；后排：郝兴宇，陈铁山，孙权，李德文，李连芳，杨大祥，姚庆智，王宝青

本书虽然基于广泛交流和认真研究编写而成，凝聚了6所学校多年的教学经验，但由于水平有限，疏漏及不当之处还望广大师生及读者批评指正。

编　者

2012年6月于北京

生物学实验须知

1. 做好预习工作。学生在实验课前必须预习，仔细研读实践教程，明确实验目的，掌握实验内容及基本步骤。

2. 自备用品的准备。包括实验报告纸、HB 绘图铅笔、橡皮、铅笔刀、直尺等。

3. 实验前准备。上课前 5min 左右，同学应进入实验室，按预先分好的小组和编定的位置就座，做好实验前的各项准备工作。

4. 保持良好的实验教学秩序。学生要认真听讲，始终保持实验室安静，不得随意走动或大声喧哗。需要讨论问题时，应在小范围内进行，切勿影响其他同学。

5. 生物学实验经常会接触一些有毒、有害试剂，操作不当容易造成中毒、烧伤或腐蚀伤害。如遇紧急事故必须及时告知教师，查明事故原因，在教师的指导下及时采取有效的处置措施。实验时要严格按操作规范进行实验，注意安全，防止发生意外事故。

6. 实验过程中要细心观察、分析、思考实验现象，积极提问并接受指导教师的询问，实验后实事求是地完成实验报告。

7. 爱护仪器设备，爱惜药品、材料。所有仪器、药品和材料未经实验教师同意，不得带出实验室。

8. 实验完毕，应整理仪器并清点实验用品，按要求排列整齐，搞好清洁卫生，关好水源、电源等。

9. 学生在实验中损坏仪器，应主动向老师报告。凡故意违反操作规程而损坏仪器的，应报请学校酌情处理。

10. 实验课不得无故缺席、迟到或早退，如有特殊原因必须事先向指导教师申请。

生物学野外实习纪律

1. 服从带队老师的统一安排，一切行动听指挥。

2. 未经指导老师许可，不准私自离队，单独活动，不准下水游泳、夜不归宿、攀登悬壁。

3. 不得损坏当地居民或旅馆的任何财产，不准与任何人发生争执、斗殴。

4. 遵守实习地的有关规章制度，爱护自然，保护环境，不乱扔杂物、随意践踏植被、捕猎动物，树立良好的大学生形象。

5. 注意安全，如遇特殊情况，应立即向指导老师汇报。

6. 实习用品必须妥善保管，不得随意丢失或毁坏，否则照价赔偿。

7. 发扬团队精神，提倡互相关心、互相爱护、互相帮助。

8. 严格遵守作息时间，保证实习计划的完成。

9. 有恐高症、过敏症、高血压、心脏病、癫痫等病史的同学，在实习前必须告知指导教师。

目　　录

图版请扫码

第一部分　基础性实验

实验一

细胞的观察

细胞是生物有机体最基本的形态结构单位。除病毒外，一切生物有机体都是由细胞组成的。植物细胞由细胞壁和原生质体两大部分组成，而动物细胞没有细胞壁。生物体之所以能够不断地生长、壮大，除了细胞本身体积增大以外，更主要的是通过细胞分裂进行增殖，以增加细胞的数量。本实验通过制作临时水装片利用生物显微镜进行观察的方法，使学生掌握动、植物细胞的基本结构。

【实验目的】

(1) 掌握动植物细胞的基本结构，临时水装片的制作方法。

(2) 了解植物细胞中质体的类型与特征；植物细胞内几种主要后含物的形态结构及鉴定方法；植物细胞有丝分裂各期的主要特征。

(3) 领会真核细胞的进化，细胞各结构的功能。

【实验准备】

(一) 材料

洋葱鳞叶、提灯藓、红辣椒果实、吊竹梅、马铃薯、菜豆、花生、紫鸭跖草、人口腔上皮细胞、洋葱根尖有丝分裂纵切片。

(二) 器材

生物显微镜、载玻片、盖玻片、镊子、刀片、培养皿、消毒牙签、吸水纸等。

(三) 试剂

浓碘液、稀碘液、0.9%生理盐水、0.1%～0.5%的高锰酸钾溶液、苏丹Ⅲ、50%乙醇、蒸馏水。

【实验内容】

(一) 动植物细胞的基本结构

1. 植物细胞的基本结构 采用临时水装片法制片。取洋葱肉质鳞叶一片，用刀片在内表面（外部鳞叶老，内表皮细胞长方形，液泡大；内部鳞叶幼嫩，细胞短，液泡小）轻划 $0.5cm^2$ 的小方块，用镊子撕下，将撕取的表皮放在滴有蒸馏水的载玻片上，制成临时水装片。放材料时要注意，把表皮的光滑面朝上，若表皮卷曲，可用解剖针挑平，盖上盖玻片，放在低倍镜下观察。然后，选择最清晰的部分移到视场中央，再换高倍镜详细观察细胞的结构。在光学显微镜下，洋葱鳞叶的表皮细胞略呈长方形，端壁平或呈斜形，排列紧密，无细胞间隙，可以观察到细胞壁、细胞质、细胞核和液泡。

为了使材料在观察时更清晰，可用浓碘液染色。在盖玻片的一侧滴一滴碘液，用吸水纸从盖玻片的另一侧吸去盖玻片下的水分，将染料引入盖玻片与载玻片之间，使材料着色。材料经碘液染色后，细胞壁不着色，细胞核被染成黄褐色，细胞质被染成淡黄色（图 1-1）。

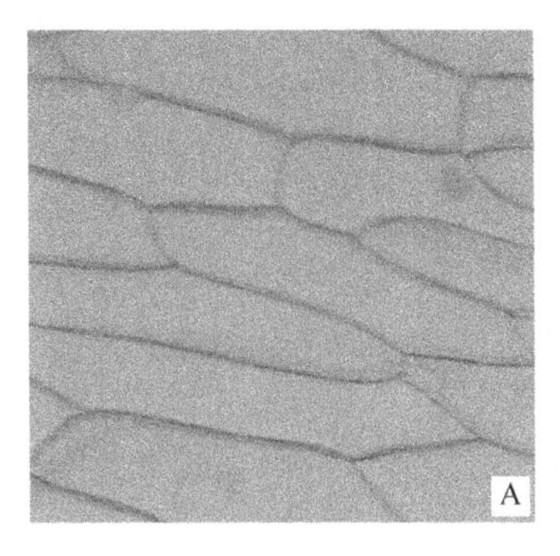

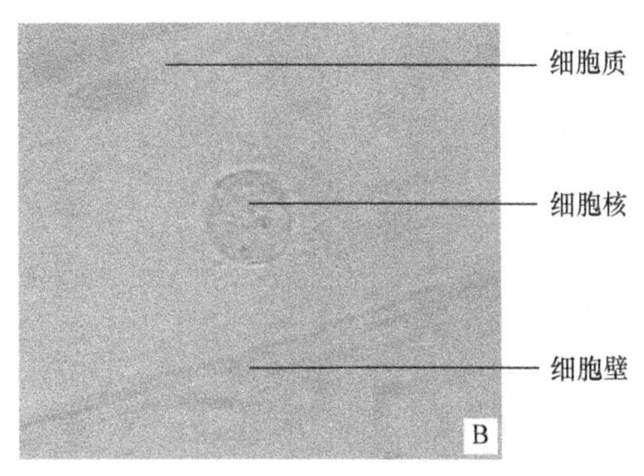

图 1-1　洋葱鳞叶表皮细胞

A. 10×10；B. 10×40

2. 动物细胞的基本结构　在清洁的载玻片中央滴 1 滴 0.9%生理盐水，用凉开水漱口，将牙签浸入 0.1%～0.5%的高锰酸钾溶液里消毒后，伸入口腔里，在口腔内的侧壁上轻轻刮几下，使牙签附着一些碎屑，将牙签上的碎屑在载玻片的水滴中涂开（按刮口腔内的侧壁时相反方向涂抹，使堆在一起的细胞容易展开），盖上盖玻片。为了观察得更清楚，可在盖玻片一侧滴 1 滴稀释碘酒或稀释蓝墨水进行染色，将制好的临时水装片放在显微镜下观察，注意辨认细胞的细胞膜、细胞质和细胞核（图 1-2）。

（二）植物细胞质体的观察

1. 叶绿体的观察　用镊子取一片提灯藓叶片，放在滴有蒸馏水的载玻片上，加上盖玻片，制成临时水装片。首先用低倍镜观察，找到最清晰的部位（中肋两侧的叶片较薄而透明），并且使其处于视野中央，然后更换高倍镜观察，可以清楚地看到提灯藓叶细胞的形状为六边形，每个细胞含有许多颗粒状的叶绿体（图 1-3）。若将显微镜视野内的光线稍微调暗，并调节细调焦螺旋，可看到叶绿体中有数个较小的深绿色圆形颗粒，这就是基粒。

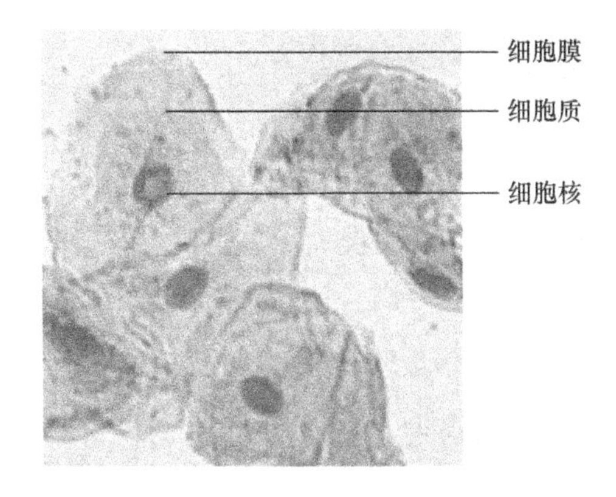

图 1-2　人口腔上皮细胞（10×10）

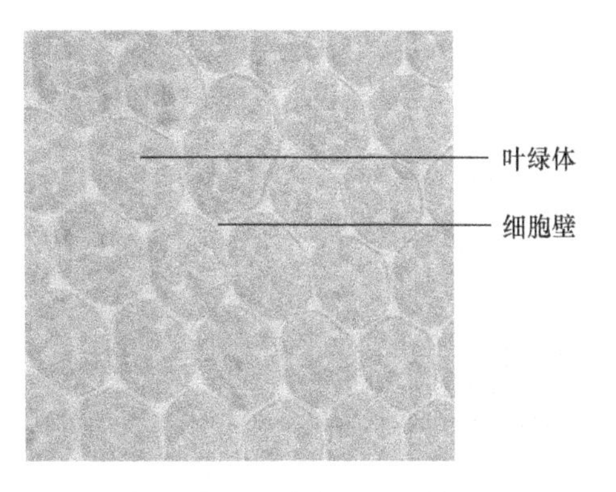

图 1-3　提灯藓叶细胞中的叶绿体（10×40）

2. 有色体的观察　取一块新鲜（或浸软的）红辣椒果皮，平放在硬纸板上，光面朝下，用刀片均匀地刮去果肉至果皮透明为止，然后用刀片切取大小约为 0.5cm×0.5cm 的小块，使果皮光面朝上，制成临时水装片。在显微镜下可以看到红辣椒果皮的细胞壁很厚，在细胞质中有许多各种形状橙红色的小颗粒，这就是有色体（图 1-4），在细胞壁上还可观察到纹孔。

3. 白色体的观察 取吊竹梅的叶，用刀片在叶片表面划一个小口，然后用镊子夹住切口的边缘，轻轻地撕下一小块表皮，用刀片截取大小为 0.5cm×0.5cm 的透明表皮，制成临时水装片。先用低倍镜观察，找到细胞核后，再用高倍镜观察。在高倍镜下，表皮细胞核周围的许多白色圆球形小颗粒就是白色体（图 1-5），在细胞质的其他各处也可以看到少量的白色体。

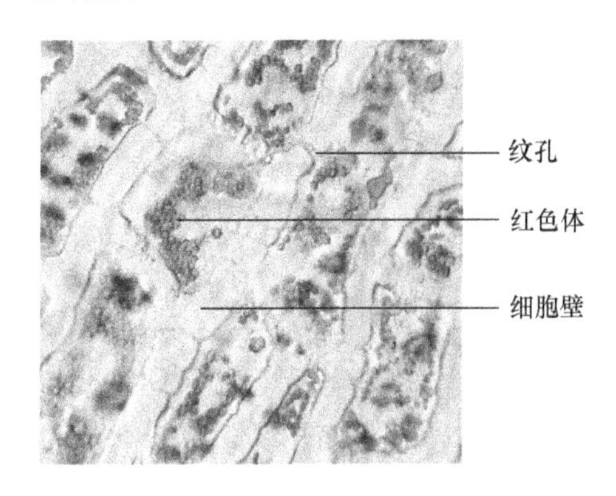

图 1-4 红辣椒果皮细胞（10×40）

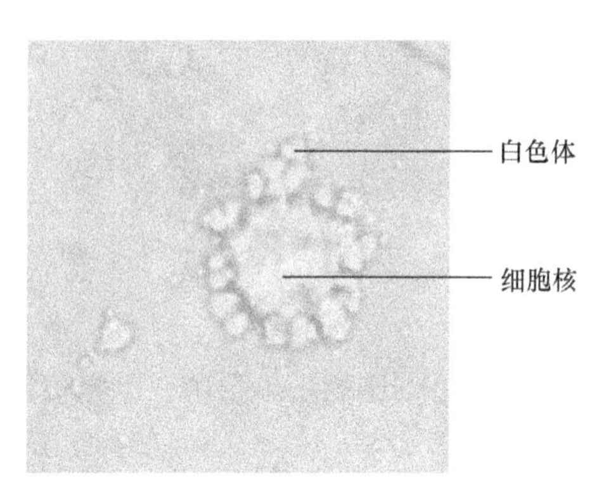

图 1-5 吊竹梅表皮细胞中的白色体（10×40）

（三）植物细胞后含物

1. 淀粉粒的观察 取马铃薯块茎，用刀片刮取少量汁液，放在滴有稀碘液的载玻片上，分散均匀，盖上盖玻片在显微镜下观察。可看到许多大小不等的卵圆形颗粒，并染成淡蓝色，此即为淀粉粒。换中倍或高倍镜仔细观察，看到淀粉粒上有许多偏心轮纹，轮纹围绕一个核心形成，这个核心称为脐点（图 1-6）。

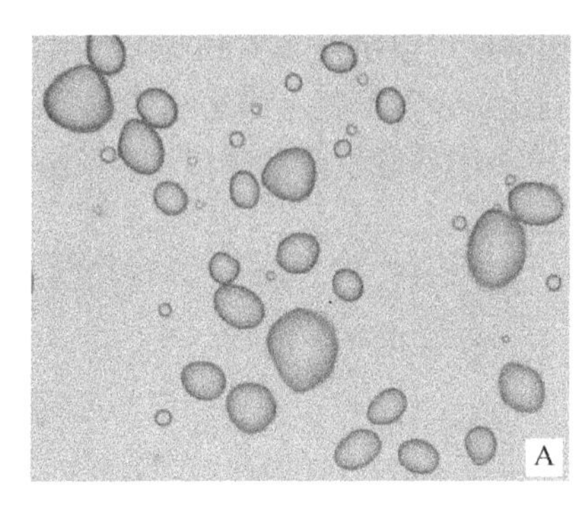

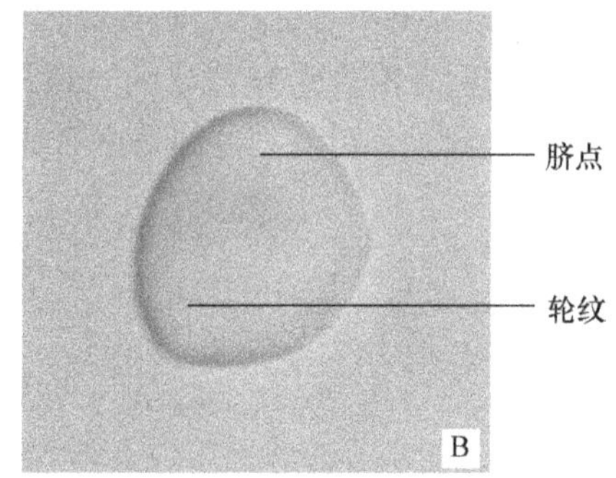

图 1-6 马铃薯淀粉粒

A. 10×10；B. 10×40

2. 糊粉粒的观察 取一粒浸泡过的菜豆种子，剥去种皮，用刀片将菜豆种子子叶横切成许多薄片，放入盛有水的培养皿中。用镊子选取较薄的切片放在载玻片上，加一滴碘液，制片观察。观察时可以看到菜豆子叶由许多薄壁细胞组成，细胞中充满贮藏物质，其中被染为蓝紫色的部分是淀粉粒，被染为金黄色的部分是糊粉粒。

3. 油滴的观察 取花生种子的肥厚子叶，用刀片切成薄片放在载玻片上，用苏丹Ⅲ染色 30～50min，若室温低可在酒精灯上轻微加热，促进着色。出现红色后，立即用50%乙醇冲洗，除去多余的染料，封片观察。在显微镜下，可以观察到细胞内有许多大小不等的球形或不规则形状的橙红色小油滴。

4. 晶体的观察　取紫鸭跖草茎，做横切徒手切片，制成临时装片，在显微镜下观察，可以看到基本组织中有针形结晶，即针晶及单晶等（图 1-7）。

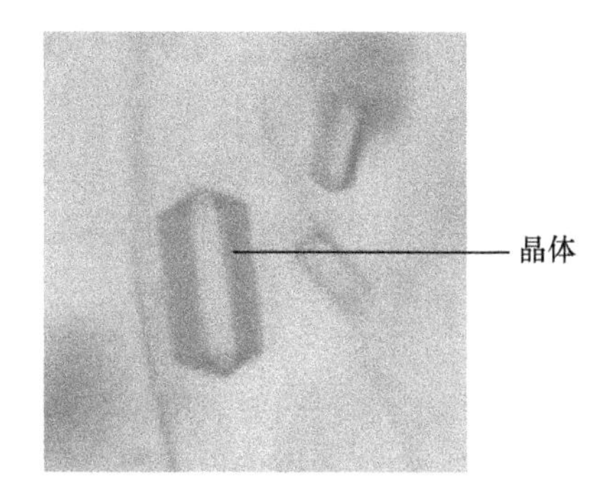

图 1-7　紫鸭跖草茎内晶体（10×40）

（四）植物细胞的有丝分裂

有丝分裂是细胞分裂中最普遍的一种方式。植物细胞的有丝分裂可分为间期和分裂期。取洋葱根尖纵切片，置于生物显微镜下观察其分生区，可见分生区细胞体积小、排列整齐而紧密，细胞质浓、细胞核大且形态发生明显变化，出现了染色体和纺锤丝。植物细胞有丝分裂期可分为前期、中期、后期和末期（图 1-8）。

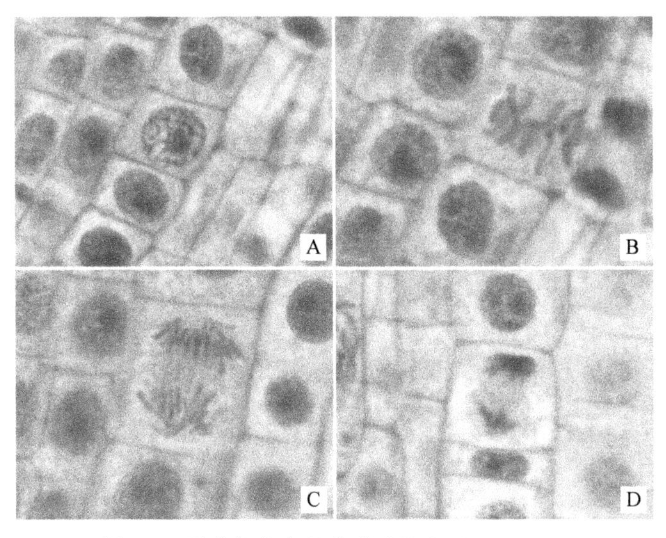

图 1-8　洋葱根尖有丝分裂示分生区（10×40）

A. 前期；B. 中期；C. 后期；D. 末期

1. 前期　细胞核膨大，核内染色质丝开始螺旋缠绕而逐渐缩短增粗，成为念珠状细丝；继续缩短变粗，成为一个明显的染色体，同时核膜瓦解，核仁消失。此时染色体是由两条染色单体组成，仅在着丝点相连。

2. 中期　染色体向细胞中央移动，最后排列在细胞中央的赤道板上，并且在细胞两极出现纺锤丝，形成纺锤体，多数纺锤丝一端同染色体的着丝点相连，另一端云集在两极；还有些纺锤丝由一极延伸至另一极，不与染色体相连。

3. 后期　每个染色单体从着丝点分开形成独立的染色体，向两极移动。

4. 末期　移到两极的子染色体，逐渐解螺旋变成细丝状，核仁、核膜重新出现。随着纺锤体的消失，在细胞中央形成成膜体，并逐渐形成细胞板，将细胞质分成两部分，形成两个子细胞。

【结果辨析与思考】

（1）为什么在成熟的洋葱鳞叶表皮细胞中，有的细胞核位于细胞中央？

（2）纹孔是怎样形成的？单纹孔与具缘纹孔的区别是什么？
（3）什么是胞间连丝？它的作用是什么？
（4）如何鉴定淀粉、蛋白质和脂肪？
（5）有丝分裂各时期的特征与生物学意义？

【作业】

（1）绘洋葱鳞叶表皮细胞基本结构图，并注明各部分结构名称。
（2）绘红辣椒表皮细胞中的有色体及细胞壁上的单纹孔。
（3）绘马铃薯块茎中的淀粉粒。
（4）植物细胞与动物细胞有哪些区别？

实验二

植物的组织

植物细胞生长和分化的结果导致植物体中产生多种类型的细胞。通常将在个体发育中来源相同、形态结构相似、担负一定生理功能的细胞组合称为组织。构成植物体的组织种类很多，根据其生理功能不同和形态结构差异一般分为分生组织、保护组织、基本组织、机械组织、输导组织和分泌结构。

【实验目的】

(1) 掌握植物各主要组织的分布和形态结构特点。

(2) 了解植物组织的多样性。

(3) 领会植物各主要组织的功能与适应。

【实验准备】

(一) 材料

洋葱根尖纵切片、杨树木纤维切片、南瓜茎纵切片、松茎切片、紫鸭跖草、棉花叶横切片、水稻茎横切片、杨树茎、芹菜叶柄、梨、油松管胞、甜橙果实、蒲公英根、马铃薯块茎。

(二) 器材

生物显微镜、放大镜、载玻片、盖玻片、镊子、刀片、培养皿、吸水纸等。

(三) 试剂

苏丹Ⅲ、50%乙醇、1%番红、1%NaOH 溶液、稀碘液、蒸馏水。

【实验内容】

(一) 分生组织

取洋葱根尖纵切片，置于显微镜下观察原分生组织和初生分生组织。原分生组织紧靠根冠内方，位于根尖生长点最先端，细胞体积小、细胞壁薄、细胞质浓、细胞核大，细胞排列整齐而紧密，为等径多面体。初生分生组织位于原分生组织后方区域，从外向内依次可以观察到原表皮、基本分生组织和原形成层。原表皮靠近根的最外层，细胞很扁，呈砖形；基本分生组织细胞为多面体，呈长方形，细胞壁薄，液泡开始增大；原形成层细胞质较浓，染色最深，细胞呈细长棱柱状（图 2-1）。

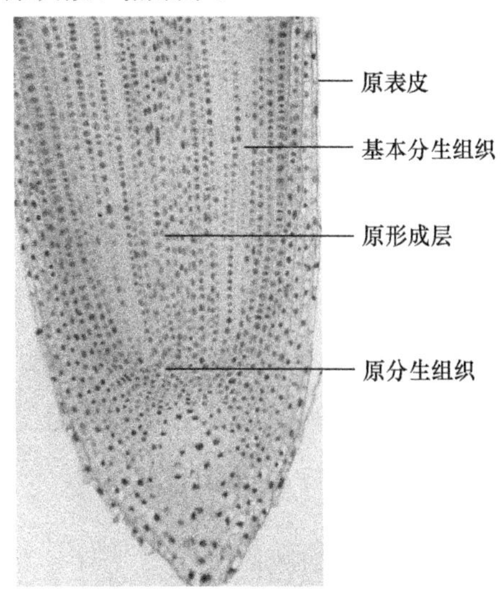

图 2-1 洋葱根尖纵切，示原分生组织和初生分生组织（10×10）

（二）保护组织

1. 初生保护组织——表皮　用镊子撕取紫鸭跖草叶下表皮，制成临时水装片，置于显微镜下观察，可见下表皮中主要由两种细胞组成。表皮细胞形状不规则，嵌合排列，紧密相连，有明显的细胞核和体积较大的液泡，通常不含叶绿体；其上还分布成对排列的、含有叶绿体的肾形保卫细胞及由其组成的气孔器。保卫细胞靠近表皮细胞的一侧细胞壁较薄，而靠近气孔一侧的细胞壁较厚，这样的结构与气孔的机能有关（图 2-2）。

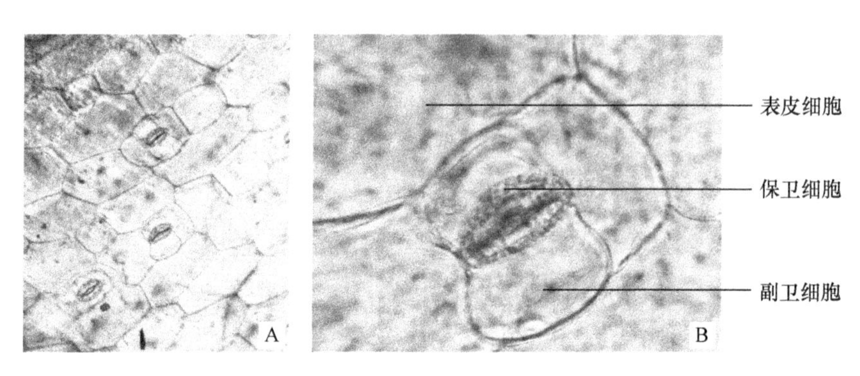

图 2-2　紫鸭跖草叶下表皮

A. 表皮细胞（10×10）；B. 气孔器（10×40）

2. 次生保护组织——周皮　取二年生杨树茎，于皮孔处做一横切面，切取一薄片放在载玻片上，用苏丹Ⅲ染色 30min 左右，再用 50%的乙醇冲去多余染料，盖上盖玻片，置于显微镜下观察周皮和皮孔。此时周皮外的表皮尚未脱落，表皮的角质层和木栓层分别被染成橘红色；栓内层细胞很少，不着色，不易与皮层区分。

（三）基本组织

1. 同化组织　取棉花叶横切片观察，位于上、下表皮之间有许多含有叶绿体的细胞，即为同化组织。靠近上表皮的细胞呈长圆柱形，排列整齐而紧密，称为栅栏组织；靠近下表皮的形状不规则，排列疏松，称为海绵组织。

2. 贮藏组织　取马铃薯块茎，用刀片轻轻刮取块茎表面，获得少许汁液，制成临时水装片，并用稀碘液染色观察，可见马铃薯薄壁细胞内浅紫色的淀粉粒，这些含有淀粉粒的细胞即为贮藏组织（图 1-6）。

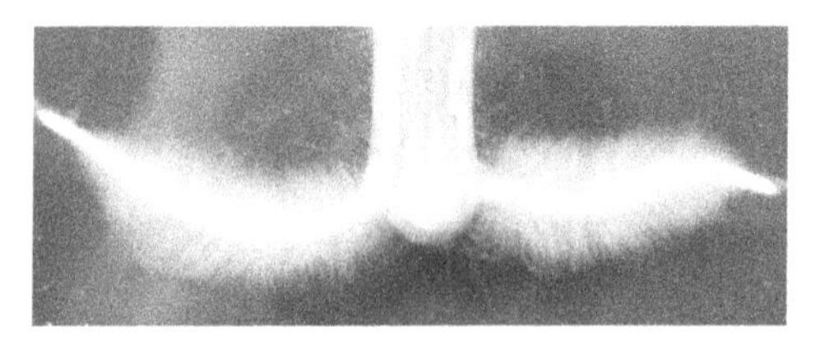

图 2-3　紫鸭跖草根尖示吸收组织

3. 吸收组织　取紫鸭跖草茎段进行水培，一周左右，即可观察到茎段上生长出根及根毛。根毛即为吸收组织（图 2-3）。

4. 通气组织　取水稻茎横切片，置于显微镜下观察，可见水稻茎的皮层中维管束两侧分布有气腔，茎的中央髓部破裂形成中空的髓腔，与皮层中的气腔共同起着通气作用。

（四）机械组织

1. 厚角组织　取新鲜芹菜叶柄，作徒手横切片，制成临时水装片，置于显微镜下观察，可见叶柄外围突起的棱角处有成片分布近于等径的多角形细胞，细胞在角隅处加厚，这些细胞群即为厚角组织（图 2-4）。

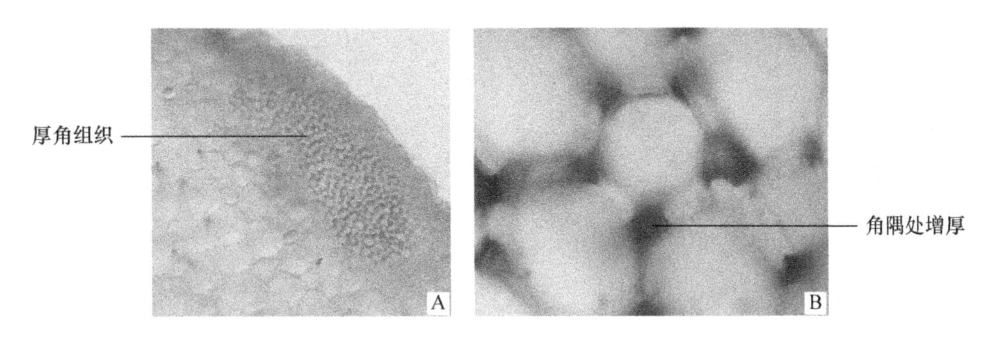

图 2-4　芹菜叶柄横切示厚角组织

A. 10×10；B. 10×40

2. 厚壁组织

1）*木纤维*　取杨树木纤维切片，置于显微镜下观察，可见被染成红色的长纺锤状木纤维细胞数个至数十个聚集在一起，其细胞壁均匀加厚，壁上有纹孔（图 2-5）。

2）*石细胞*　取梨果实纵切，用镊子挑取其中一个“沙粒状”组织置于载玻片上，用刀片或镊子将其压碎，制成临时水装片，并用 1%番红染色，在显微镜下观察，可看到许多近似等径的细胞，细胞腔很小，其细胞壁异常加厚，木质化加厚的细胞壁被染成红色，壁上有许多分枝的纹孔道（图 2-6）。

图 2-5　杨树木纤维（10×10）

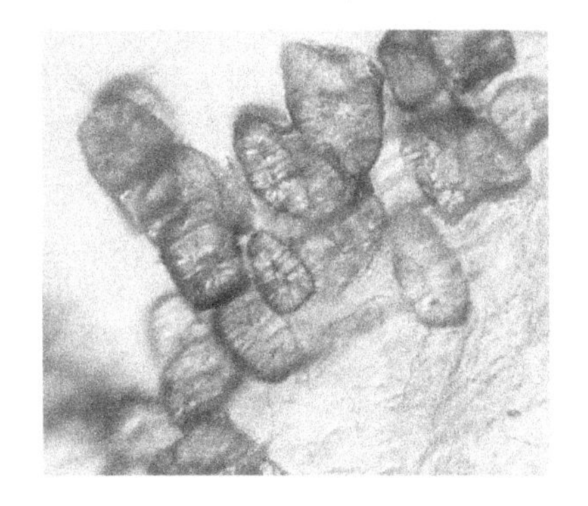

图 2-6　梨果肉石细胞（10×10）

（五）输导组织

1. 导管和筛管　取南瓜茎纵切片，置于低倍物镜下观察，从外侧向内侧依次可见保护组织、机械组织、薄壁组织、输导组织。输导组织中染成红色的部分为木质部，主要由导管组成，依据花纹不同分为环纹导管、螺纹导管和网纹导管。木质部两侧被染成绿色的部分为韧皮部，韧皮部又分为外韧皮部和内韧皮部，用高倍镜观察韧皮部中筛管相连处，可见筛板及筛孔（图 2-7）。

2. 管胞　取油松管胞切片观察，可见紧密整齐、两端斜尖、端壁没有穿孔的管胞，增厚的细胞壁上有呈同心圆的具缘纹孔（图 2-8）。

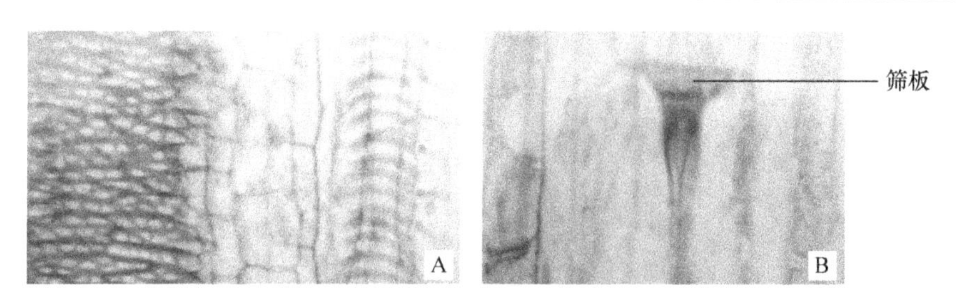

图 2-7　南瓜茎纵切

A. 导管（10×10）；B. 筛管（10×40）

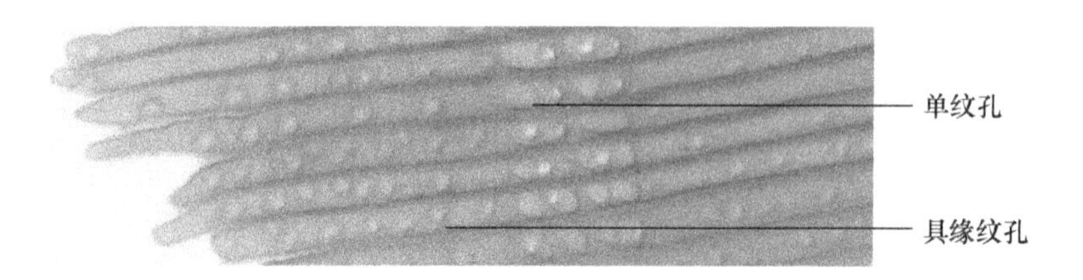

图 2-8　油松管胞（10×10）

（六）分泌结构

1. 树脂道观察　将松茎横切片在显微镜下观察，可以看到在木材中有散生的小腔，由一层分泌细胞围成，这些小腔在木材内形成纵向贯通的管状结构，贮存和分泌树脂，故称为树脂道（图 2-9）。

2. 分泌腔观察　取甜橙果实，先做横切，观察其横切面，果皮近外方有许多近圆形的囊腔，即溶生分泌腔（图 2-10），然后在囊腔处做纵切，用放大镜观察，可见溶生分泌腔内分散着滴状挥发油脂。

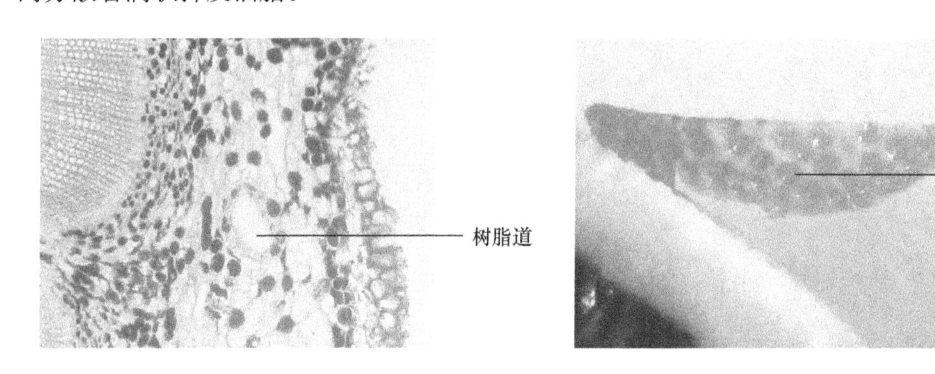

图 2-9　松茎横切示树脂道（10×10）　　图 2-10　甜橙分泌腔

3. 乳汁管观察　取一段新鲜的蒲公英根，做徒手纵切片，置培养皿中，加入 1%的 NaOH 水溶液，待透明后，用清水洗净，制成装片，镜检，可见分枝或不分枝的乳汁管。

【结果辨析与思考】

（1）保护组织的共同特性是什么？表皮和周皮有什么不同？

（2）显微镜下怎样区别薄壁组织、厚角组织和厚壁组织？

（3）观察南瓜茎横切片，可以看到哪些组织？

（4）显微镜下如何区别木质部和韧皮部？它们又是怎样发育而来的？

【作业】

（1）绘紫鸭跖草表皮细胞及气孔器，并标注结构名称。

（2）绘梨石细胞，并标注结构名称。

（3）绘南瓜茎纵切片中观察到的环纹导管、螺纹导管及网纹导管。

（4）绘筛管和伴胞的纵切图。

实验三

被子植物营养器官的结构

植物自登陆以来，首先出现的器官为茎，以后才陆续进化出根和叶器官。根、茎、叶这些以营养为主要功能的器官常被称为营养器官。本实验以被子植物为材料，仔细观察其基本形态与结构。

【实验目的】

（1）掌握被子植物营养器官的基本形态及结构特征。

（2）了解被子植物营养器官形态和结构的多样性。

（3）领会被子植物营养器官形态结构与其功能的一致性，以及同环境之间的密切关系。

【实验准备】

（一）材料

毛茛根横切片、唐菖蒲根横切片、南瓜根横切片、向日葵茎横切片、玉米茎横切片、椴树茎横切片、桃叶横切片、玉米叶横切片。

（二）器材

生物显微镜、体式解剖镜、培养皿、镊子、解剖针、刀片等。

【实验内容】

（一）根的结构

1. 根的初生结构

1）双子叶植物根的初生结构　　取毛茛根横切片，置于显微镜下观察，低倍镜下可见毛茛根横切面由外向内分表皮、皮层和维管柱三部分，再换高倍镜由外向内仔细观察各部分的结构特点（图 3-1）。

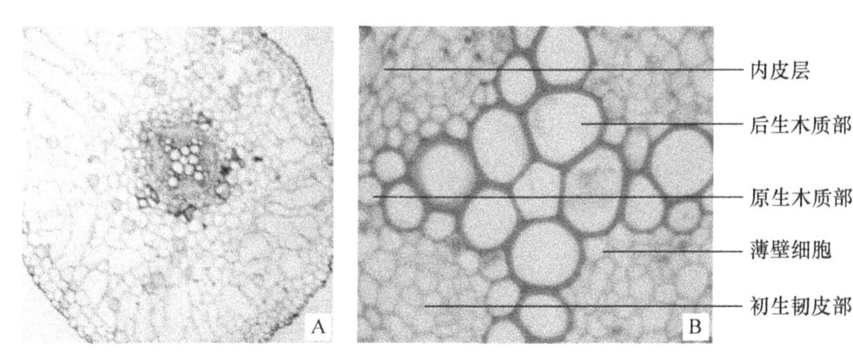

图 3-1　毛茛根横切

A. 10×10；B. 10×40

（1）表皮。位于幼根最外层，排列紧密而整齐，有些细胞的外壁向外突出形成根毛。

(2) 皮层。占幼根横切面的大部分，由多层薄壁细胞组成。紧靠表皮的1或2层薄壁细胞排列紧密且形状规则，为外皮层；外皮层以内是细胞间隙发达的皮层薄壁细胞，细胞内含有大量淀粉；皮层最内排列较整齐的一层细胞为内皮层，内皮层细胞在细胞径向壁与横向壁上有一条木栓质的带状加厚，称为凯氏带，但在横切面上不易切到横向壁，故只能看到径向壁（侧壁）上有被染成红色的点状加厚，称为凯氏点。

(3) 维管柱（中柱）。内皮层以内的中央部分是维管柱，由中柱鞘、初生木质部、初生韧皮部和薄壁细胞构成。中柱鞘位于中柱的最外层，细胞壁薄，通常由1或2层细胞组成，排列整齐而紧密。初生木质部位于中柱的中央，常呈辐射状结构，主要由导管组成，通常被染成红色。由于毛茛根的初生木质部具有四个放射角，故称为四原型根。每个放射角顶端的细胞（原生木质部）先分化，中央的细胞（后生木质部）后分化，所以每个放射角顶端的细胞直径小，趋向中央的细胞直径渐大。这种由外向内逐渐分化的发育方式，称为外始式。初生韧皮部位于初生木质部放射角之间，主要由筛管和伴胞组成，通常被染成绿色。薄壁细胞是指初生木质部和初生韧皮部之间的一些薄壁细胞，将来可转变成形成层的主要部分。

2) 单子叶植物根的初生结构　取唐菖蒲根横切片置于显微镜下观察，由外向内分为表皮、皮层和维管柱三部分（图3-2）。

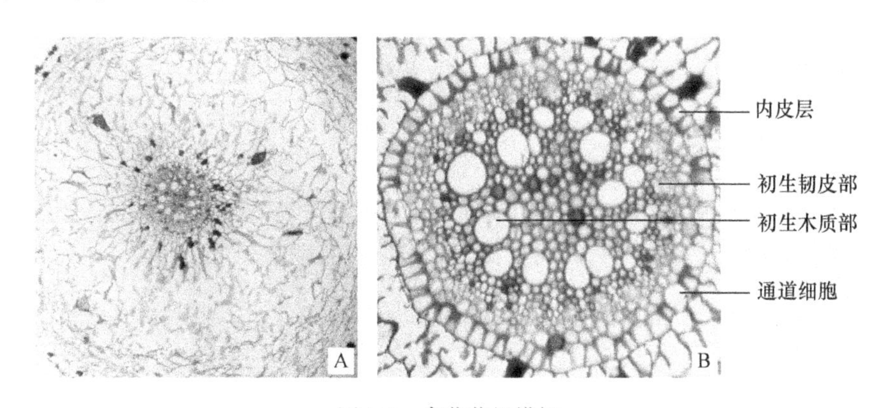

图3-2　唐菖蒲根横切
A. 10×10；B. 10×40

(1) 表皮。基本与双子叶植物根的表皮相似。

(2) 皮层。由大量薄壁细胞组成，但所占比例没有毛茛根那样大。靠近表皮的1或2层细胞小，排列整齐，为外皮层。内皮层细胞幼时与一般双子叶植物结构相似，有凯氏带加厚。随着发育的进行，内皮层细胞出现五面加厚，并栓质化，仅外切向壁不加厚，在横切面上呈马蹄形，对着原生木质部的细胞其细胞壁不加厚（只有凯氏带），这种细胞称通道细胞。

(3) 维管柱。由中柱鞘、初生木质部、初生韧皮部和髓组成。中柱鞘为紧贴内皮层且排列较紧密的一层薄壁细胞。初生木质部和初生韧皮部相间排列，木质部放射角的数目较多，为多原型，靠近中央常有5或6个后生木质部的大导管（也称为外始式发育）。初生韧皮部由少数筛管和伴胞组成。维管柱中央是薄壁细胞组成的髓，但后期薄壁细胞常木质化而形成厚壁组织。

2. 根的次生结构　取南瓜根横切片，先用低倍镜从外至内区分周皮、次生韧皮部、维管形成层、次生木质部等几大部分，然后转高倍镜仔细观察（图3-3）。

(1) 周皮。是老根最外面的几层细胞，由于木栓形成层活动时间短，南瓜根的周皮很不

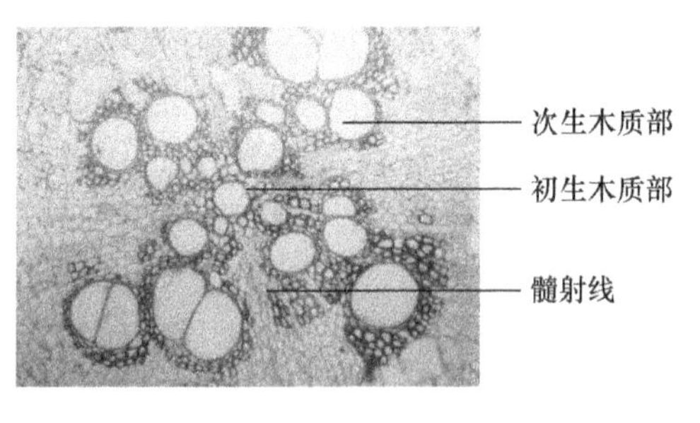

图 3-3 南瓜根横切（10×10）

发达，只是由中柱鞘分裂出的细胞经栓化而形成的几层木栓化细胞。

（2）中柱鞘组织。位于木栓组织下方的几层薄壁细胞，由中柱鞘细胞分裂产生。

（3）次生韧皮部。位于中柱鞘组织之内，由形成层向外平周分裂产生，包括筛管、伴胞、韧皮薄壁细胞和韧皮纤维。

（4）维管形成层。位于次生韧皮部内方，由数层细胞组成，排列整齐。在显微镜下观察，维管形成层不成连续状态。也正是这个原因，根的整个轮廓对着髓射线处出现凹陷。

（5）次生木质部。位于维管形成层内方，在横切面上所占比例很大，主要由导管、管胞、木纤维和木薄壁细胞组成，常被番红染成红色。此外，还可以见到由薄壁细胞组成的木射线，沿半径方向呈放射状排列，并与韧皮射线相连，合称维管射线。正对木质部脊的维管射线特别宽大，称为次生维管射线。

（6）初生木质部。仍保留在根的中心部分，呈辐射状，导管直径很小，与次生木质部交叉排列。

（7）髓射线。从初生木质部每一个辐射角发出的直达中柱鞘的组织，由许多横向排列的薄壁细胞组成。

（二）茎的结构

1. 双子叶植物茎的初生结构 取向日葵幼茎横切片，先用低倍镜观察整体，由外向内区分表皮、皮层和维管柱三部分，再换高倍镜分别进行观察（图 3-4）。

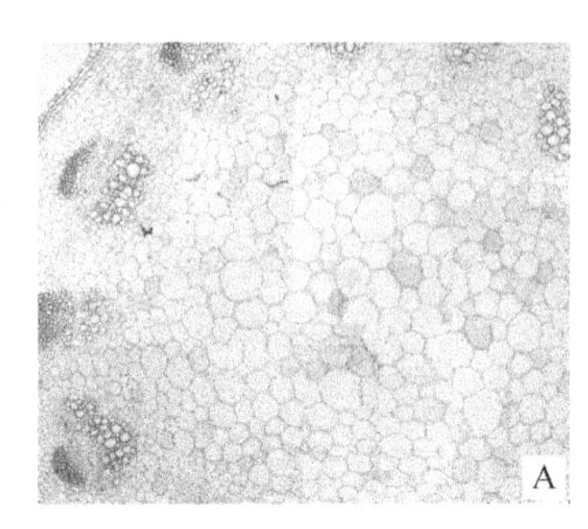

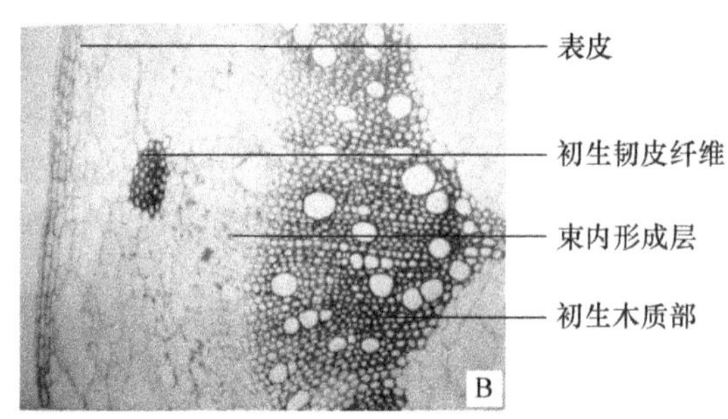

图 3-4 向日葵幼茎横切
A. 10×4；B. 10×10

（1）表皮。位于茎的最外一层生活细胞，排列紧密。细胞外覆盖有角质层，同时也可以看到气孔、表皮毛、腺毛等附属物。

（2）皮层。表皮以内、维管柱以外的部分，主要由薄壁细胞组成，靠近表皮的几层细胞中常含有叶绿体，并在角隅处增厚，形成厚角组织。厚角组织以内是细胞外形较大的基本组织，细胞多层且细胞间隙大，其中散布有小型的分泌腔。

（3）维管柱。皮层以内为维管柱，由维管束、髓射线和髓组成。

维管束在横切面上相间排列成一环，由初生韧皮部、初生木质部和束内形成层组成。初生韧皮部位于维管束外方，其中呈多角形的细胞为筛管，伴胞小而紧贴筛管，其余是韧皮薄壁细胞。厚壁的韧皮纤维常集中存在于初生韧皮部外方。初生木质部位于维管束内方，其中成行排列被染成红色的为导管，导管直径由内向外逐渐增大，木质部薄壁细胞分布于导管之间。在初生韧皮部和初生木质部之间通常可以观察到几层扁平长方形细胞，即为束内形成层。

维管束之间的薄壁组织是髓射线，连接皮层和髓。向日葵的髓射线为多列宽大射线，是草本植物茎的典型代表。

茎中央为极发达的髓部，由薄壁细胞所充满，细胞排列疏松，有贮藏的功能。

2. 单子叶植物茎的解剖结构　取玉米茎横切片，先用肉眼观察，可见其中有许多散生的点状物，即维管束，然后将切片放在显微镜下由外至内观察，基本结构分为表皮、机械组织、基本组织、维管束四部分（图 3-5）。

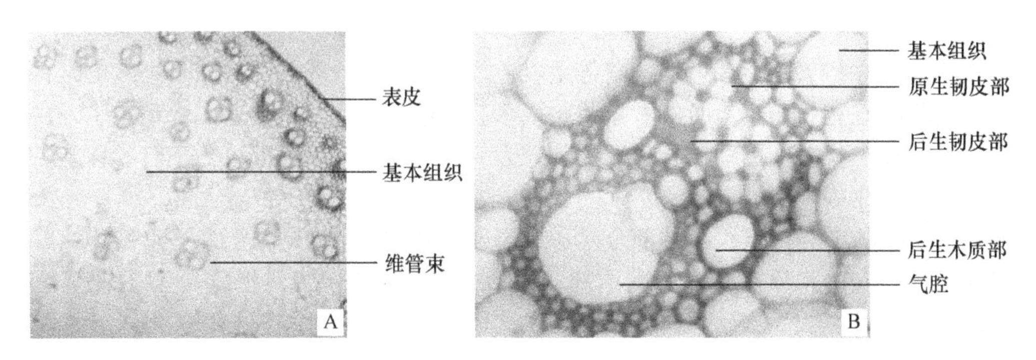

图 3-5　玉米茎横切

A. 10×4；B. 10×40

（1）表皮。位于最外层，由一层细胞组成，排列紧密，略呈长方形，其外壁增厚并硅化，还被有角质膜。气孔器两边除了两个较小的保卫细胞外，还有两个稍大的副卫细胞。

（2）机械组织。位于表皮下方有几层被染成红色的厚壁细胞，即厚壁机械组织。

（3）基本组织。位于机械组织以内的所有薄壁细胞即为基本组织，其细胞排列疏松，并有细胞间隙，靠近机械组织的薄壁细胞还含有叶绿体。

（4）维管束。玉米茎的维管束分散于茎的基本组织中，在高倍镜下仔细观察一个维管束，其轮廓呈椭圆形或卵圆形，外围有一至几层厚壁细胞组成的维管束鞘，其里面为初生韧皮部和初生木质部。初生韧皮部外侧被压扁的部分为原生韧皮部，与之相接的为后生韧皮部，可清楚地看到呈多角形的筛管与略呈长方形的伴胞；初生木质部位于初生韧皮部的下方，两者之间无形成层带存在，属于典型的外韧型有限维管束。从横切面上看，初生木质部轮廓呈“V”形，“V”形的底部是原生木质部，由 1～3 个孔径较小的环纹和螺纹导管及薄壁细胞组成，常由于茎的伸长将导管拉破，在“V”形底部形成一个空腔（气腔或胞间道），两臂各有一个大型的孔纹导管，而导管之间有管胞和薄壁细胞把它们联结起来，组成后生木质部（图 3-5）。

3. 双子叶木本植物茎的次生结构　取椴树茎横切片，先用肉眼观察，茎中央呈蓝绿色的部分为髓，其外侧被染成红色的部分为木质部，外方部分为韧皮部、皮层、周皮以及表皮残余部分，然后将切片置于显微镜下由外向内依次观察（图 3-6）。

（1）表皮。位于最外面的一层细胞，由于周皮已经形成而使表皮基本脱落，但可看到残余部分，其细胞外壁上的角质膜被染成红色。

（2）周皮。位于表皮下方，由木栓层、木栓形成层、栓内层构成。周皮上通常有皮孔，

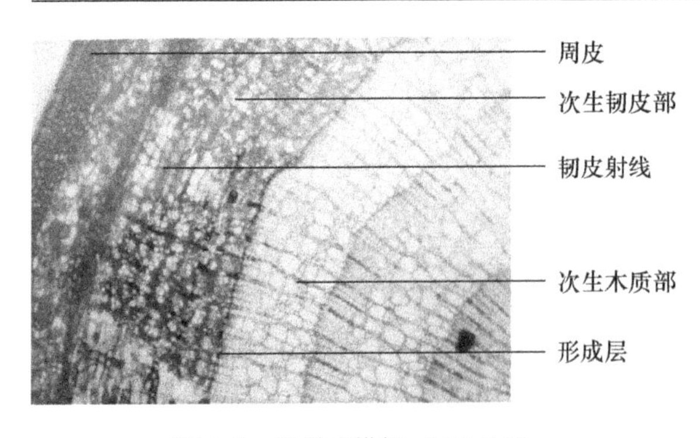

图 3-6　椴树茎横切（10×10）

是老茎进行气体交换的通道。周皮最外几层呈现黄褐色，排列整齐，是木栓化的木栓层细胞，属于次生保护组织；内方为木栓形成层，形状略似木栓层，呈蓝色；木栓形成层以内为栓内层，它是由几层薄壁细胞组成的。

（3）皮层。位于周皮和维管柱之间的数层厚角组织和薄壁组织。紧接周皮的几层细胞为厚角组织，其内几层为薄壁细胞。

（4）中柱。由维管束、髓射线和髓等组成。维管束连成一环，为典型木本茎的结构。

初生韧皮部已被挤压，有时能看见线状残余。韧皮部主要由次生韧皮部组成，外观看呈火焰形，内部呈红绿相间的结构，其红色部分为韧皮纤维，而绿色部分为筛管、伴胞、韧皮薄壁细胞和韧皮射线。

在韧皮部下方被染成蓝绿色的部分是形成层，它由排列整齐的几层扁平形细胞组成。

木质部分为初生木质部与次生木质部。在木质部最内方，靠近髓的小型导管呈尾状排列，为初生木质部。次生木质部占大部分，在这里可以看到导管、管胞、木纤维、木薄壁细胞和木射线。多年生的椴树，可见到多个明显的年轮。年轮中细胞大而疏松的为早材，所占比例较大，细胞小而排列紧密的为晚材，所占比例较小。

髓射线是位于两个维管束之间连接皮层和髓的薄壁组织，包括由基本分生组织所形成的初生射线和由维管形成层细胞分裂继续加长产生的维管射线。在显微镜下观察，椴树茎的射线呈漏斗状，位于木质部的射线细胞为 1 或 2 列，称为木射线；位于韧皮部的射线细胞变大，并沿切向方向扩展呈喇叭口状，称为韧皮射线。

髓位于茎的最中心部分，多为薄壁细胞，其外围是一些颜色较深且壁厚的小型细胞，称为环髓带，其余为大型的薄壁细胞，除含有淀粉外，还包含有一些异细胞，在这些异细胞中，可见到簇晶、单宁和黏液。

（三）叶的结构

1. 双子叶植物叶解剖结构　取桃叶横切片于显微镜下观察，分清上下表皮、叶肉和叶脉三部分（图 3-7）。

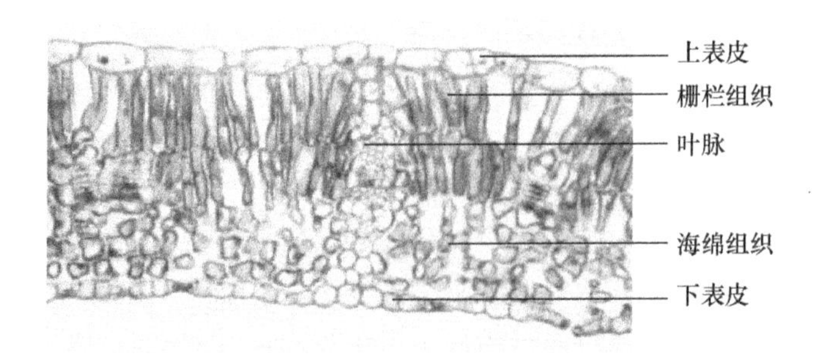

图 3-7　桃叶横切（10×10）

（1）表皮。分上表皮与下表皮。上表皮由一层排列紧密不含叶绿体的长方形细胞组成，外壁具有较厚的角质层；下表皮的构造与上表皮的构造相同，但角质层较薄，并能看见气孔器的横断面，在气孔的上方，可看到一些较疏松的叶肉细胞围成的气室（孔下室）。

（2）叶肉。分化为栅栏组织与海绵组织。栅栏组织紧贴上表皮，由1或2层排列紧密且整齐的圆柱状细胞组成，细胞内叶绿体含量大；海绵组织位于栅栏组织和下表皮之间，由排列疏松、形状与大小不规则的细胞组成，细胞内叶绿体含量小，细胞间有较大的间隙。叶肉是植物进行光合作用的主要部位，尤以栅栏组织最为主要。

（3）叶脉。在切片中叶脉有横切和纵切两种断面。主脉较大，由主脉进行分支形成侧脉。主脉包埋在基本组织中，较大的叶脉上、下两列有机械组织分布。叶脉维管束的木质部靠近上表皮，韧皮部靠近下表皮。在较大的叶脉中，木质部和韧皮部之间尚有形成层。侧脉维管束的组成趋于简单，木质部和韧皮部只有少数几个细胞，但一般具有薄壁细胞形成的维管束鞘。

2. 单子叶植物叶解剖结构　在显微镜下观察玉米叶片横切片，并与小麦叶片横切面比较。玉米的维管束鞘只有一层大的薄壁细胞，含有许多较大的叶绿体。同时，维管束鞘细胞外侧紧接一圈呈环状或近似于环状排列的叶肉细胞，共同形成“花环状”结构，这是C_4植物的结构特征（图3-8）。

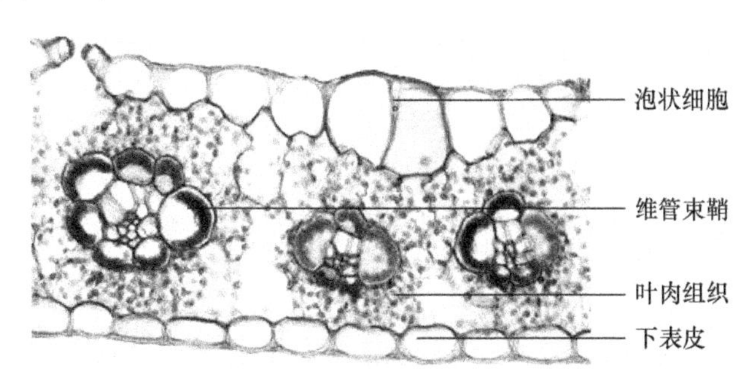

图3-8　玉米叶片横切（10×10）

【结果辨析与思考】

（1）双子叶植物和单子叶植物根的初生结构有何异同点？

（2）比较桃叶与玉米叶结构的区别。

（3）比较向日葵茎和玉米茎的初生结构有何区别。

（4）根中皮层的分化及初生木质部的外始式有何意义？

（5）试述营养器官形态特征在植物系统分类中的作用和意义。

（6）在观察的椴树茎中，看到了几个年轮？年轮是如何形成的？观察的木材已生长几年？根据什么判断的？

【作业】

（1）绘毛茛根初生结构，并标注结构名称。

（2）绘向日葵茎初生结构简图，并标注结构名称。

（3）绘玉米茎内一个维管束的放大图，并标注结构名称。

（4）绘玉米叶片解剖结构图，并标注结构名称。

实验四

植物的生殖器官与发育

在植物进化过程中，为了保证种族的延续，其生殖器官不断完善。其中，被子植物的生殖器官最为复杂，包括花、果实和种子。本实验以被子植物为材料，详细观察各生殖器官的结构及发育过程。

【实验目的】

(1) 掌握被子植物生殖器官的基本形态及结构特点。

(2) 了解被子植物生殖器官的发育和形成过程。

(3) 领会被子植物生殖器官形态结构与其功能相适应的重要规律。

【实验准备】

(一) 材料

百合幼嫩花药横切片、百合成熟花药横切片、百合子房横切片、百合胚囊发育切片、荠菜幼胚纵切片、荠菜成熟胚纵切片、桃果实、苹果果实、小麦子房纵切片。

(二) 器材

生物显微镜、体式解剖镜、镊子、解剖针、刀片、培养皿等。

【实验内容】

(一) 花的结构

1. 花药的结构

1) 百合幼嫩花药横切　　取百合幼嫩花药横切片，先用低倍镜观察，可见花药呈蝶状，有 4 个花粉囊，左右对称，中间有药隔相连，药隔中有维管束，再换高倍镜从外向内观察(图 4-1)。

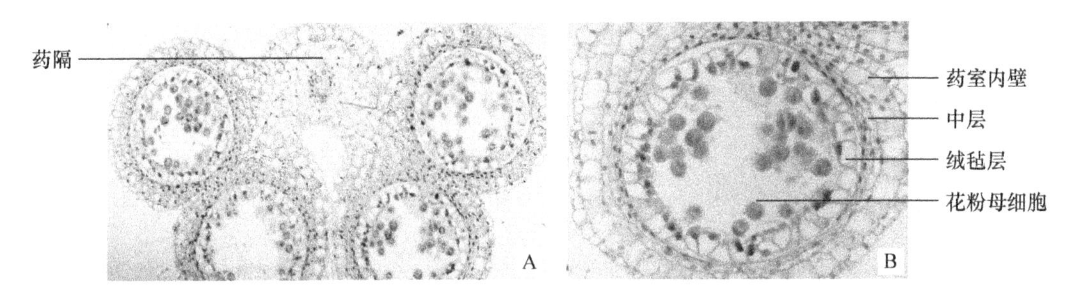

图 4-1　百合幼嫩花药横切

A. 10×4；B. 10×10

(1) 花药壁。百合幼嫩花药的花药壁由表皮、药室内壁、中层和绒毡层 4 部分组成。表皮为花药最外面的一层细胞；药室内壁是位于表皮之内的一层细胞，其细胞近于长方形；中层是位于药室内壁以内的2层或3层较小而扁的细胞；绒毡层位于中层内方，是花药壁最内的一层大型薄壁细胞，此层细胞的细胞质浓厚，有营养的功能。

（2）花粉母细胞。在绒毡层以内，药室中有许多彼此分离呈圆形的细胞，即为花粉母细胞。

2）*百合成熟花药横切*　取百合成熟花药横切片在显微镜下观察，与幼嫩花药相比，其结构已发生了很大变化（图4-2）。

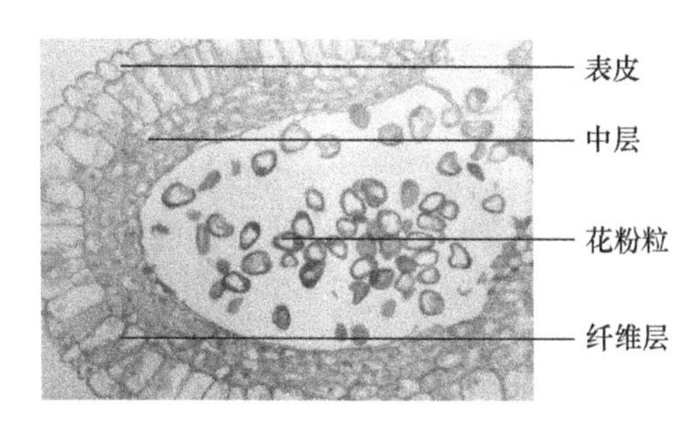

图4-2　百合成熟花药横切（10×10）

（1）花药壁。百合成熟花药的花药壁最外层为表皮，表皮内方的药室内壁上出现了明显的不均匀带状增厚，此时称为纤维层，绒毡层已完全退化，中层常保留一层扁平的细胞。与此同时，花药一侧的两个药室之间的隔膜解体，两室相互连通。由于纤维层不均匀收缩，药室开裂，花粉粒由开裂处散出。在药室开裂处可看到体积较大、细胞质浓厚的薄壁细胞，称为唇细胞。

（2）花粉母细胞。每个花粉母细胞已经形成4个成熟花粉粒，在高倍镜下仔细观察药室内的成熟花粉粒。另取百合花粉粒装片，可看到花粉粒有2个明显的核，其中一个较大的为营养核，另一个较小的为生殖核。

2. 子房及胚珠

1）*子房的发育及结构*　取百合子房横切片（示胚珠结构），在低倍镜下观察子房，可见百合子房由3个心皮彼此连合而成，构成具有3个子房室的复雌蕊。外围的壁为子房壁，子房壁内外两面各有一层表皮，两层表皮之间为多层薄壁细胞，其中分布着维管束；中间的室称为子房室，子房室中在每个心皮的内侧边缘上各有一纵列胚珠，在整个子房内，共有胚珠6列；每个子房室在横切面上只看到2个胚珠(图4-3)。

2）*胚珠及胚囊*

（1）胚珠的结构。选择一个通过胚珠正中的切面，仔细观察胚珠。百合胚珠是倒生的，以珠柄着生于子房中间的胎座（中轴胎座）上，由珠柄与胎座相连，逐步移动切片，寻找珠被、珠孔、合点、珠心和胚囊几个部分（图4-4）。

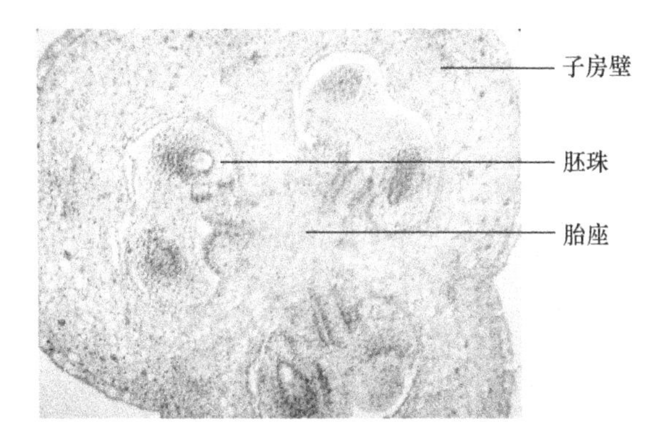

图4-3　百合子房横切（10×10）

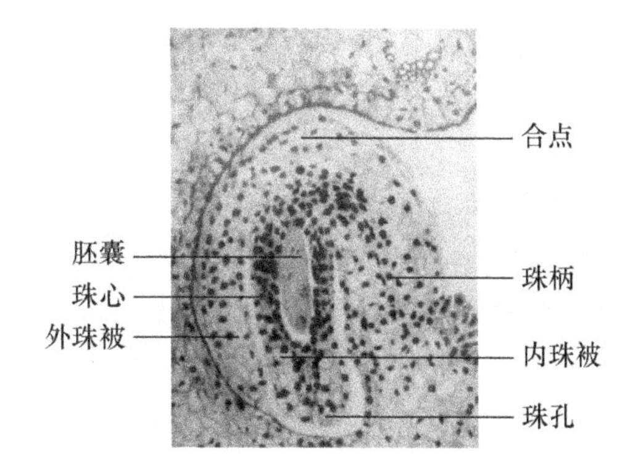

图4-4　百合胚珠结构（10×10）

（2）胚囊的发育及结构。取百合胚囊各个时期发育永久切片，置于显微镜下观察，识别胚囊母细胞时期、二分体和四分体时期、胚囊发育时期、成熟胚囊时期。在早期的胚珠中，珠被尚未包被到珠心顶端，在珠心表皮下有一个较大的细胞为孢原细胞。百合胚珠属于薄珠心类型，孢原细胞位于表皮下，将来发育为大孢子母细胞。在发育较晚的切片中，胚珠内可看到胚囊母细胞经过减数分裂，形成 4 个排列成行的大孢子。百合胚囊的发育属于贝母型，即 4 个大孢子核一起参与胚囊的形成。

（二）果实的结构

1. 真果的结构　取桃的果实（或杏的果实），将其纵剖，观察果实的纵剖面，外果皮由一层表皮和数层厚角组织组成，表皮外有很多毛；中果皮为其内肉质肥厚部分，是食用的主要部分；中果皮里面是坚硬的果核，核的硬壳即为内果皮，这三层果皮都由子房壁发育而来。内果皮可见一粒种子，种子外面被有一层膜质的种皮。

2. 假果的结构　取苹果观察果柄相反的一端，可见有宿存的花萼。苹果是下位子房，子房壁和托杯合生。用刀片将苹果横剖，可见横剖面中央有 5 个心皮，心皮内含有种子，心皮的壁部（即子房壁）分为 3 层，内果皮由木质的厚壁细胞组成，纸质或革质，比较明显；中果皮和外果皮之间的界限不明显，均肉质化。近子房外缘为很厚的托杯部分，是食用部分。通常托杯中有萼片及花瓣维管束，作环状排列，注意假果（如苹果）与真果（如桃）有何不同？

（三）种子的发育

1. 双子叶植物胚和胚乳的发育　取不同发育时期荠菜胚切片，置于低倍显微镜下观察，可见荠菜子房呈现倒三角形，在子房中间有一假隔膜，胚珠着生在假隔膜的边缘。选一个完整的胚珠观察，寻找胚发育的不同时期（图 4-5）。

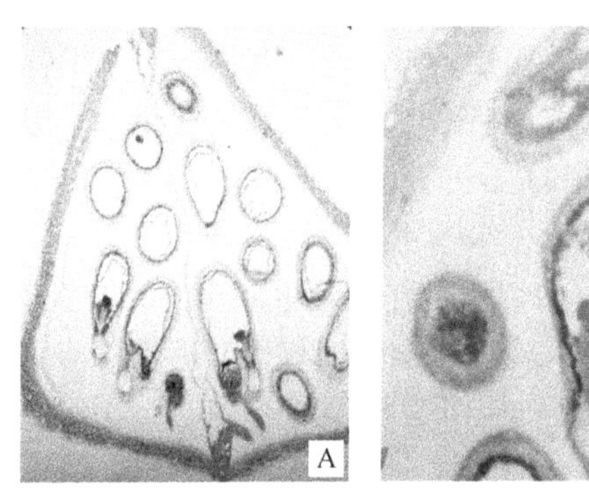

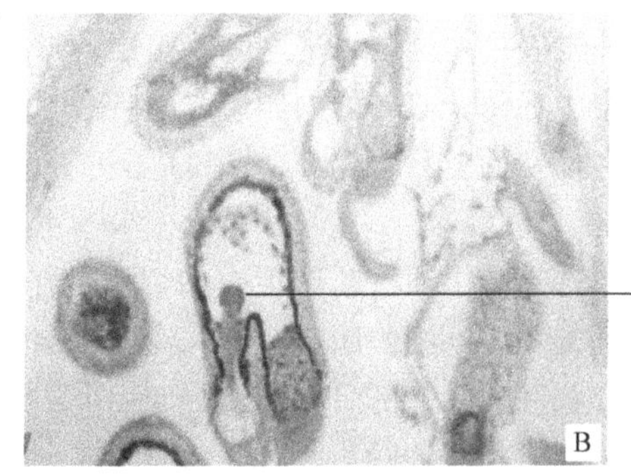

图 4-5　荠菜幼胚

A. 10×4；B. 10×10

（1）原胚时期。从受精卵经过第一次横分裂形成二细胞的原胚开始，到球形胚阶段，均为原胚时期。此时，基细胞经数次分裂形成原胚，初生胚乳核已进行若干次核分裂，但尚未见有胚乳细胞形成，为游离核阶段。

（2）心形胚时期。球形胚前端两侧细胞分裂加快，形成两个突起，为子叶原基，胚体在纵切面呈心形，为心形胚时期。此时，部分胚乳游离核的周围出现细胞壁，逐渐形成胚乳细胞。

（3）鱼雷形胚时期。此时期子叶明显伸长，分化出胚芽、胚根和胚轴。由于下胚轴和子叶迅速伸长，胚体呈鱼雷形，胚囊珠孔端已经开始形成胚乳细胞，而合点端还有胚乳游离核存在。此时，胚囊中胚乳已减少，将来发育成无胚乳种子。

（4）成熟胚时期。胚珠弯生充满整个胚囊，此时胚已分化出子叶、胚芽、胚轴和胚根4部分，胚乳大部已被吸收，还残存有少量胚乳细胞（图4-6）。

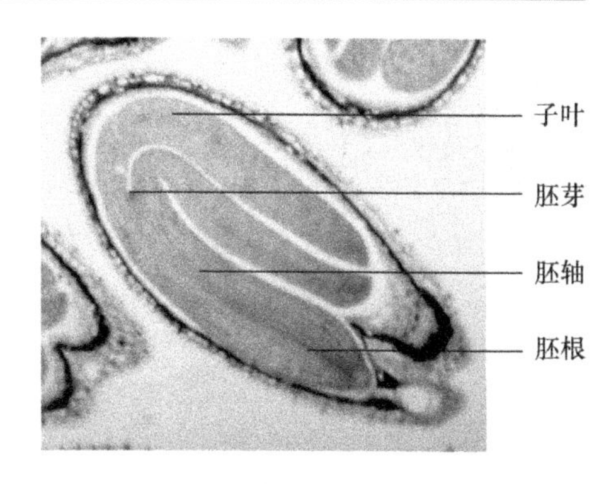

图4-6　荠菜成熟胚（10×10）

2. 单子叶植物胚和胚乳的发育　取小麦子房纵切片，置于显微镜下观察，可见小麦子房中着生一倒生胚珠，注意区分胚珠各部位结构。

（1）原胚时期。小麦合子的第一次分裂，常是倾斜的横分裂，形成一个顶细胞和一个基细胞，接着它们各自再分裂一次，形成4个细胞的原胚。4个细胞又不断从不同方向进行分裂，增大胚的体积。原胚呈椭圆形，无明显胚柄，仅在珠孔端稍尖。当形成合子及二细胞原胚时，初生胚乳核已经历了几次有丝分裂而形成若干胚乳游离核；当原胚发育至十多个细胞时，其珠孔端已有胚乳细胞形成。随着原胚体积的增大，胚乳细胞也逐渐增多，最后充满整个胚囊。

（2）胚分化时期。首先从原胚顶端的侧面开始分化盾片（即子叶），盾片相对的一侧分化出胚芽鞘原基，胚芽鞘突起将顶端生长点和叶原基包于其中，还可看到外子叶及胚根进一步分化。在原胚发育后期，胚乳细胞已全部形成，并逐步积累淀粉粒，其最外层胚乳细胞发育成为糊粉层。

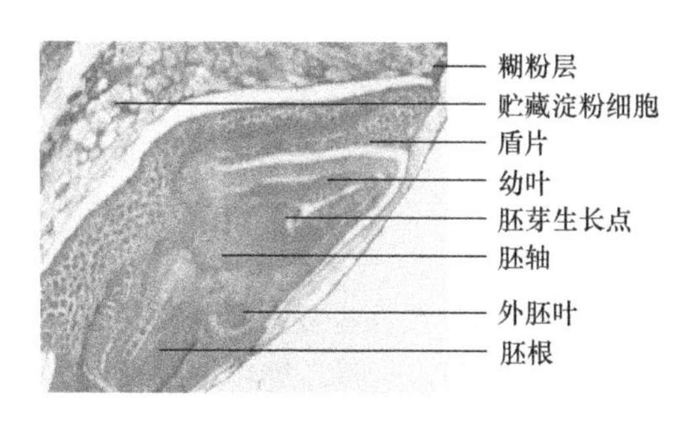

图4-7　小麦籽粒纵切示胚（10×10）

（3）成熟胚时期。成熟胚包括盾片（子叶）、胚芽鞘、幼叶、茎生长点、外子叶、胚轴、胚根和胚根鞘等部分。在胚和胚乳发育的同时，子房壁和珠被发育成为果皮与种皮，并愈合在一起，这类果实称为颖果。成熟颖果的绝大部分为胚乳所填充，胚乳细胞中含有大量贮藏物质，其最外层被一层很明显的糊粉层包围（图4-7）。

【结果辨析与思考】

（1）百合幼嫩花药与成熟花药有何异同？

（2）成熟胚囊的结构如何？百合胚囊的发育有何特点？

（3）荠菜胚发育经过哪些时期？各时期有哪些特点？

（4）以菜豆种子和玉米籽粒为例，比较双子叶植物种子和单子叶禾本科植物籽粒胚在结构上的异同点。

【作业】

（1）绘百合幼嫩花药横切图，并标注结构名称。

（2）绘百合子房横切简图，并标注结构名称。

（3）绘一个百合倒生胚珠简图，并标注结构名称。

（4）绘荠菜幼嫩胚（球形胚）结构图，并标注结构名称。

（5）绘小麦胚示意图，并标注结构名称。

实验五

原核生物、原生生物和真菌的观察

原核生物界生物是由原核细胞构成的，包括细菌、蓝藻等，自养或异养，主要进行营养和无丝分裂繁殖。原生生物界生物是由真核细胞构成的，单细胞或简单群体生物，有或无细胞壁；多数种类在外界环境不利时能够形成包囊；营养方式为自养或异养，少数种类有兼性自养和异养（如眼虫等）。真菌界生物是一类不含叶绿素的异养生物，为真核细胞，菌丝组成菌丝体；营寄生或腐生生活；繁殖方式多样，主要以无性或有性生殖产生各种各样的孢子作为繁殖单位。

【实验目的】

（1）掌握各类群生物的主要特征及原核细胞和真核细胞的主要区别。

（2）了解各类群的常见种类。

（3）领会各类群生物与人类的关系。

【实验准备】

（一）材料

颤藻（*Oscillatoria* sp.）、念珠藻（*Nostoc* sp.）、大肠杆菌（*Escherichia coli*）和金黄色葡萄球菌（*Staphylococcus aureus*）鲜活材料；有机质丰富的污水水样；匍枝根霉（*Rhizopus stolonifer*）、酿酒酵母（*Saccharmyces cerevisiae*）、黑曲霉（*Aspergillus niger*）、蘑菇（*Agaricus* sp.）鲜活材料或永久装片。

（二）用品和试剂

显微镜、酒精灯、滤纸、擦镜纸、载玻片、盖玻片、滴管、接种环、培养皿、200mL烧杯、解剖用具、镜油。

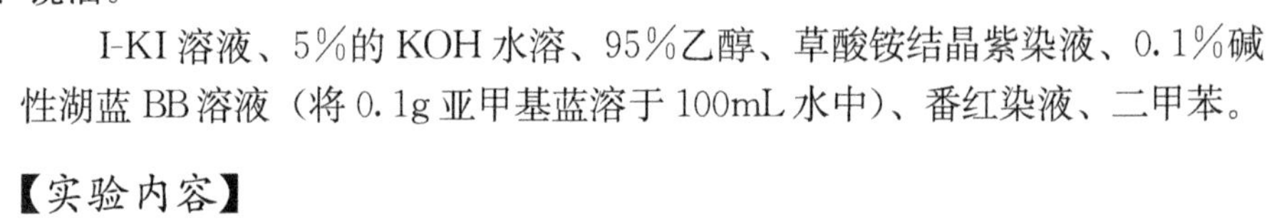

I-KI溶液、5%的KOH水溶、95%乙醇、草酸铵结晶紫染液、0.1%碱性湖蓝BB溶液（将0.1g亚甲基蓝溶于100mL水中）、番红染液、二甲苯。

【实验内容】

（一）原核生物的观察

1. 蓝藻的观察

（1）颤藻。用镊子从颤藻培养杯的杯壁上取少量颤藻丝状体，置于载玻片中央的1滴水中，用解剖针仔细将丝状体拨散均匀，加盖玻片在显微镜下先用低倍镜观察，再转高倍镜观察。

首先，观察颤藻的形态、颜色和运动的方式。颤藻丝状体无分枝，注意观察丝状体外有无胶质鞘，颤藻丝体的每个细胞呈何形状？其中有无双凹镜形的死细胞，注意区分何为一个藻殖段（图5-1）。

图5-1　颤藻属
（李连芳摄）

其次，仔细观察颤藻的细胞结构，它有无叶绿体和细胞核？为什么把蓝藻归为原核生物？在高倍镜下扭动细调焦螺旋，可见细胞中央的色较淡，此为中央质；中央质周围的细胞质色较深，为色素质，因有光合色素分布其中而色较深。为了分辨中央质与色素质，可加 1 滴碱性湖蓝 BB 液于新鲜材料上，中央质即变蓝，即可看出二者的分界轮廓。

最后，观察颤藻的贮藏物质，可加 1 滴 I-KI 溶液，细胞质中的许多红褐微细颗粒即为蓝藻淀粉；另外，在细胞的横壁附近有较大的颗粒，多为蓝藻颗粒体。

(2) 念珠藻。从外观上观察发菜、地木耳的形态。发菜为胶质的头发丝状，地木耳为胶质块片。

用小镊子取 1 小段经过浸泡的发菜胶质丝，或绿豆粒大小的 1 块地木耳胶质块，将其在载玻片上用刀切碎，加 1 滴水，再加盖玻片并施以适当压力，使材料均匀散开，材料越薄越好。于显微镜下观察在胶质中包埋的藻丝的形态、数量，有无分枝，每条藻丝细胞是何形状，特别要注意异形胞和营养细胞的区别以及异形胞发生的部位，辨认何为一个藻殖段，思考异形胞的来源及其在营养繁殖和在固氮方面的功能（图 5-2）。

2. 细菌的观察

(1) 细菌形态观察。用接菌环分别在大肠杆菌和金黄色葡萄球菌培养试管中刮取少量菌株，分别于事先准备好的中央有一小滴水的载玻片上涂匀，盖上盖玻片在显微镜的油镜头下观察它们的形态，比较大肠杆菌和金黄色葡萄球菌的差异。

(2) 人口腔残渣中细菌的观察。用牙签取牙齿基部黏液少许，涂抹于一洁净无油脂的载玻片上，进行简单染色（革兰氏染色），晾干后在显微镜下观察你的口腔中都有哪些细菌类型（图 5-3）。

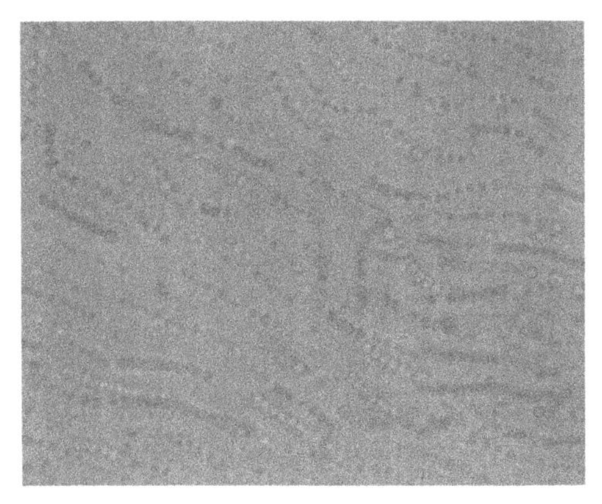

图 5-2　发菜（李连芳摄）

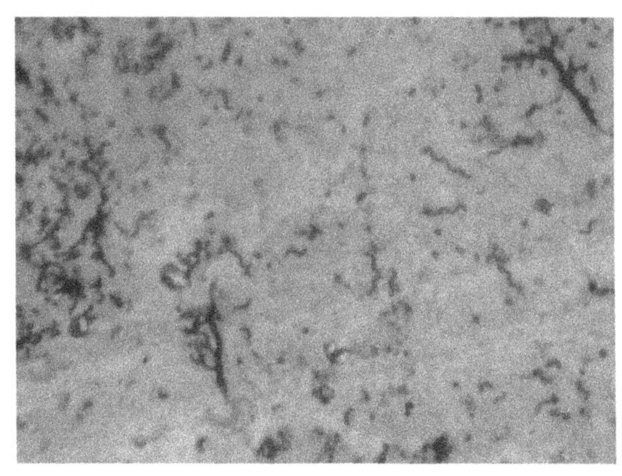

图 5-3　细菌的形态类型（李连芳摄）

(3) 细菌常用染色方法——革兰氏染色法。革兰氏染色，可将细菌鉴别为革兰氏阳性菌（G^+）和革兰氏阴性菌（G^-）两大类。

染色中所用 4 种不同溶液的作用如下所述。

碱性染料：细菌在中性环境下一般带负电荷，而碱性染料（此处用结晶紫）可解离出带正电荷的离子，故使用于细菌着色。

媒染剂：可增强染料与细菌的亲和力，更好地加强染料与细胞的结合。常用的媒染剂是碘液。

脱色剂：能帮助被染色的细胞脱色。利用细菌对染料脱色难易程度的不同将细菌加以区分。革兰氏阳性菌不被脱色剂脱色，而革兰氏阴性菌则相反。常用的脱色剂是 95% 乙醇或丙酮。

复染液：也是一种碱性染料，目的是使脱色的细菌重新染上另一种颜色，以便与未脱色的细菌进行比较，常用番红染液。

关于革兰氏染色的机制，一般认为是革兰氏阳性菌细胞壁的肽聚糖层较厚，经乙醇处理后使之发生脱水作用而使孔径缩小，结晶紫与碘的复合物保留在细胞内而不被脱色；而革兰氏阴性菌的肽聚糖层很薄，脂肪含量高，经乙醇处理后部分细胞壁可能被溶解并改变其组织状态，细胞壁孔径增大，不能阻止溶剂透入，故将结晶紫与碘的复合物洗去而被脱色。虽然如此，革兰氏染色的差异并不能完全认为是化学成分的差别，也有物理结构不同的因素在内，因为酵母细胞壁的成分与细菌不完全相同，但也有革兰氏染色阳性反应。

革兰氏染色步骤一般包括涂片、干燥、固定、染色、媒染、脱色、复染和镜检，具体如下所述。

涂片：取洁净载玻片一张，将其一面在酒精灯的火焰上微微加热，除去油脂。冷却后，在中央部位滴一小滴蒸馏水。用接种环在火焰旁从斜面上取出少量菌体（菌龄须在18～20h内）与水混合（无菌操作），烧去环上多余的菌体，再用接种环将细菌与水混匀，涂成均匀的薄层。

干燥：涂布后，待其在空气中自然干燥。

固定：将已干燥的涂片标本面朝上，在微小的火焰上通过3次或4次。固定的作用是：杀死活菌；使菌体蛋白质凝固在载玻片上，不致在染色时被染液或水冲掉；使涂片容易着色。

染色：用草酸铵结晶紫染液染色1min，用水冲洗，直至流水变清。

媒染：滴加革氏碘液冲去残水，并覆盖1min，然后用水冲去碘液。

脱色：斜置载玻片于一烧杯上，下面衬以白色背景，滴加95%乙醇脱色，并轻轻摇动载玻片，直至洗出的乙醇不出现紫色时停止（约0.5min）。立即用水冲净乙醇并用滤纸轻轻吸干。

复染：用番红染液复染1～2min，水洗，吸干。

镜检：将已染色并干燥的标本，先用低倍镜对好光源，把要观察的部位放在视野中央，找到目的物，将低倍物镜转开，滴一滴香柏油，再用油镜头进行观察。观察完毕，用擦镜纸和二甲苯将镜头上的镜油擦掉。

（二）原生生物观察

用吸管吸上一滴污水，滴在洁净的载玻片上，盖上盖玻片，擦去多余水分，在显微镜下观察和识别都有哪些常见原生生物。

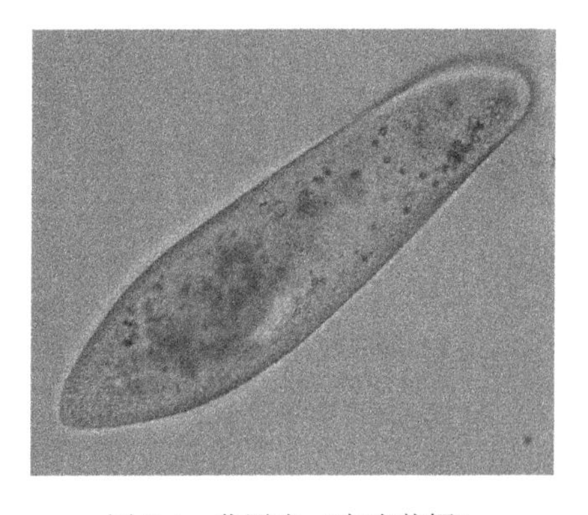

图5-4　草履虫（李连芳摄）

1. 类动物原生生物的观察　原生动物包括肉足鞭毛门（Sarcomastigophora）和纤毛门（Ciliophora）。肉足鞭毛门虫体多为单细胞，运动胞器为鞭毛或伪足。常见种类有具有鞭毛的利什曼原虫、锥虫、披发虫、夜光虫等，以及靠伪足运动和摄食的大变形虫、痢疾内变形虫、结肠内变形虫等。纤毛门虫体具纤毛，常见种类有大草履虫（图5-4）、喇叭虫、钟形虫等。

2. 类植物原生生物的观察　类植物原生生物为真核藻类，分布非常广泛，可行光合作用；具叶绿素及多种色素。主要有甲藻门（Pyrrophyta）、金藻门（Chrysophyta）、裸藻门（Euglenophyta）、绿藻门（Chlorophyta）、红藻门（Rhodophyta）和褐藻门（Phaeophyta）等。

（1）金藻门。金藻含大量的胡萝卜素及叶黄素，因而呈金黄色或黄褐色，大多为单细胞，少数可成松散群体，其中硅藻常见。硅藻体形多样；细胞壁硅质化，上、下壳套合，壳面上有各种纹饰（图 5-5）。

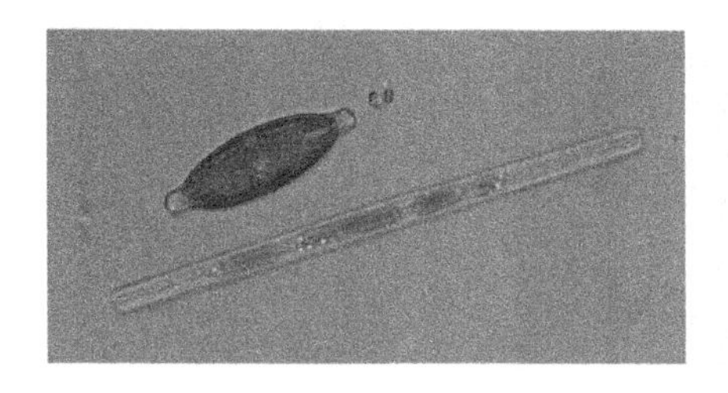
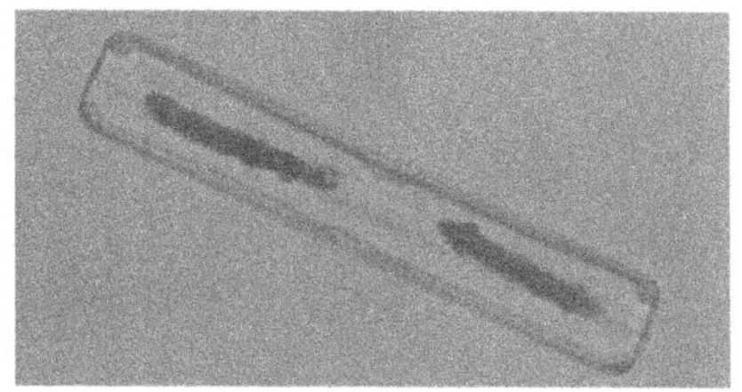

图 5-5　各种硅藻（李连芳摄）

（2）裸藻门。裸藻门常见种类有眼虫等。眼虫单细胞无细胞壁，表面只有一层薄膜，虽然细胞形状固定，但柔软可变。质体含叶绿素 a 和少量叶绿素 b，还含有类胡萝卜素。具一红色眼点，身体前端有贮蓄泡，鞭毛从贮蓄泡孔伸出体外。贮蓄泡和伸缩泡相连。在有光的条件下进行光合作用，营自养性营养；在无光的条件下进行异养性营养。眼虫兼有一般动物和植物的营养特性，又具眼点、鞭毛、无细胞壁等动物细胞的特点（图 5-6），由此可以说明裸藻是介于动、植物之间的生物类型。

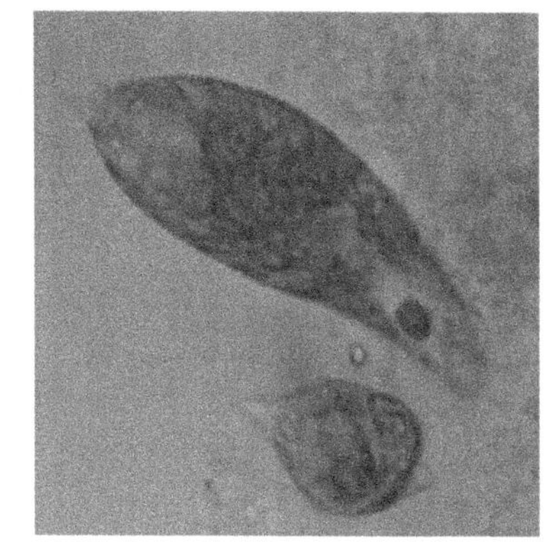

图 5-6　眼虫（李连芳摄）

（3）绿藻门。绿藻有单细胞、群体和多细胞的个体。有的学者将单细胞绿藻和群体绿藻归入原生生物界，将多细胞绿藻划入植物界。常见的单细胞绿藻为衣藻属、小球藻属等；群体为盘藻属、栅藻属、团藻属等；丝状绿藻为水绵属和刚毛藻属等（图 5-7）。

图 5-7　常见绿藻（李连芳摄）

A. 衣藻；B. 栅藻；C. 鼓藻；D. 水绵；E. 新月藻；F. 刚毛藻；G. 孔石莼；H. 肠浒苔

（4）其他大型藻类。包括红藻门和褐藻门等，主要为海产（图 5-8）。常见红藻门的珊瑚藻（*Corallina pilulifera*）、金膜藻（*Chrysymenia wrightii*）、蜈蚣藻（*Grateloupia* sp.），以及褐藻门的鼠尾藻（*Sargassum thunbergii*）。

图 5-8 常见红藻及褐藻（李连芳摄）
A. 珊瑚藻；B. 金膜藻；C. 蜈蚣藻；D. 鼠尾藻

（三）真菌生物的观察

1. 匍枝根霉的观察 匍枝根霉隶属于藻状菌纲、毛霉目、毛霉科、根霉属，又称为黑根霉、面包霉。

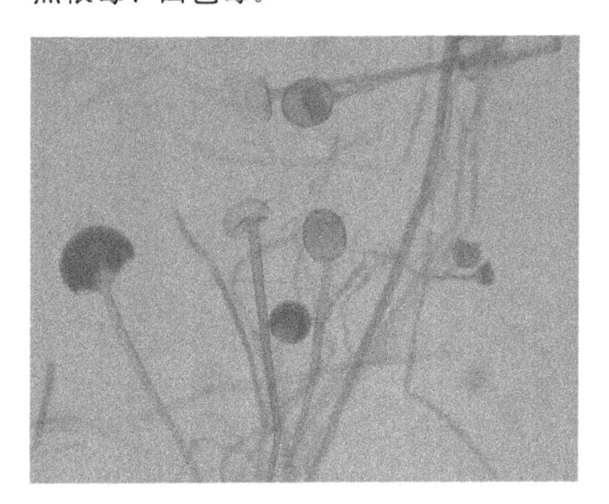

图 5-9 匍枝根霉（李连芳摄）

观察培养在馒头或琼脂培养基上的根霉菌丝体（图 5-9），注意观察菌丝体的颜色；用解剖镜或放大镜观察根霉菌丝体的生长状态，观察有无匍匐丝和直立菌丝之分；然后用解剖针挑取少量菌丝体，在载玻片上用 5%的 KOH 制作封片（注意取材时不要取已变黑的菌丝体，应取白色或有少量孢子囊的菌丝体），置显微镜下观察菌丝体及其无性生殖结构，注意辨认匍匐丝、假根、孢囊梗（即直立菌丝）及其顶端的孢子囊；另外，注意观察菌丝是否有隔，内含单核还是多核？假根是否有颜色？孢囊梗一般是从匍匐菌丝的什么部位产生？仔细观察孢子囊内的孢子形态、颜色和数目，以及囊轴的形态和位置。

取根霉的有性生殖永久装片，观察根霉接合生殖的不同时期。

（1）原配子囊期：从（+）、（−）菌丝相向产生，侧生膨大的短分枝。

（2）配子囊期：（+）、（−）菌丝上产生的原配子囊各生 1 个横隔，顶端的 1 个细胞为配子囊，与菌丝相连的一段为配子囊柄。

（3）囊配期：两个配子囊顶端相接，横壁融解，两配子囊连通，双方的细胞质首先融合。思考双方配子囊中的核数目？何时核配？是否都能核配？

（4）成熟的接合孢子期：膨大成球形，黑色，具厚壁，其上具突起或纹饰。进一步考虑根霉的减数分裂发生在什么时期？接合孢子是怎样萌发产生新的根霉的（+）、（−）菌丝体？

2. 酿酒酵母的观察　酿酒酵母隶属于子囊菌纲、酵母目、酵母科、酵母属。

取1滴培养的酿酒酵母制作封片，在显微镜下观察（图5-10）。注意酵母细胞的形状，辨认细胞壁、液泡和油滴。另外，注意观察酵母的出芽生殖及其发生的过程。

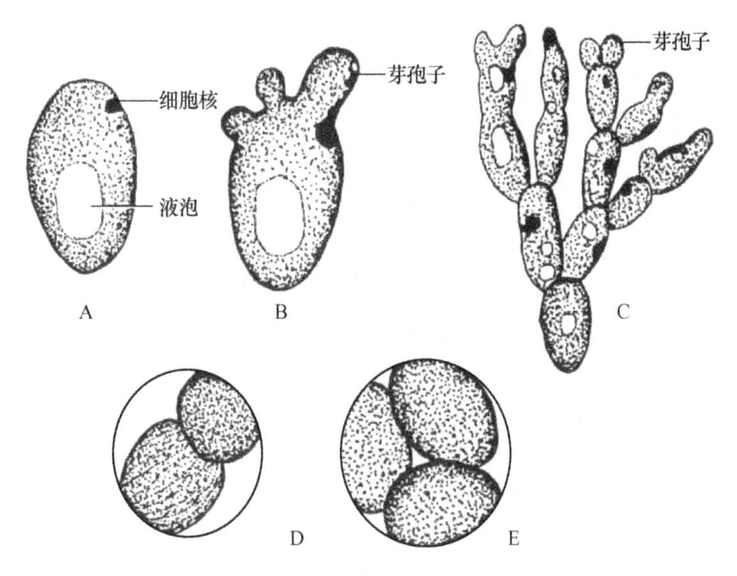

图5-10　酿酒酵母的形态与结构（贺学礼，2010）
A. 单个细胞；B. 出芽；C. 假菌丝；D. 子囊；E. 子囊孢子

3. 黑曲霉的观察　黑曲霉隶属于子囊菌纲、壳霉目、杯霉科、曲霉属。

取黑曲霉菌丝体，注意观察菌丝体的结构及无性生殖结构；注意菌丝是否有隔？分生孢子梗是从什么样的特化的菌丝细胞上长出的？该细胞又称为什么？特别要注意分生孢子梗顶端膨大的成球形泡囊（有的称为顶囊），在泡囊的表面呈放射状地生出许多小梗，单层或两层（因种而异），每个小梗顶端相继形成成串的分生孢子，注意观察分生孢子的形状和颜色（图5-11）。

图5-11　黑曲霉（Raven et al.，2005）

4. 蘑菇的观察　蘑菇属担子菌纲，常见种有蘑菇、双孢蘑菇等。

观察蘑菇子实体（担子果）的外部形态，辨认菌盖、菌柄、菌褶和菌环（图5-12）。思考蘑菇的子实体是由什么样的组织组成，是怎样形成的，以及子实层的部位和菌环的来源等。

取一小块菌盖做徒手切片，在显微镜下观察菌盖是否为菌丝所组成。重点观察菌褶上的担子、担孢子和隔丝，特别要注意反复扭动细调焦螺旋，在高倍镜下观察担子顶端的4个

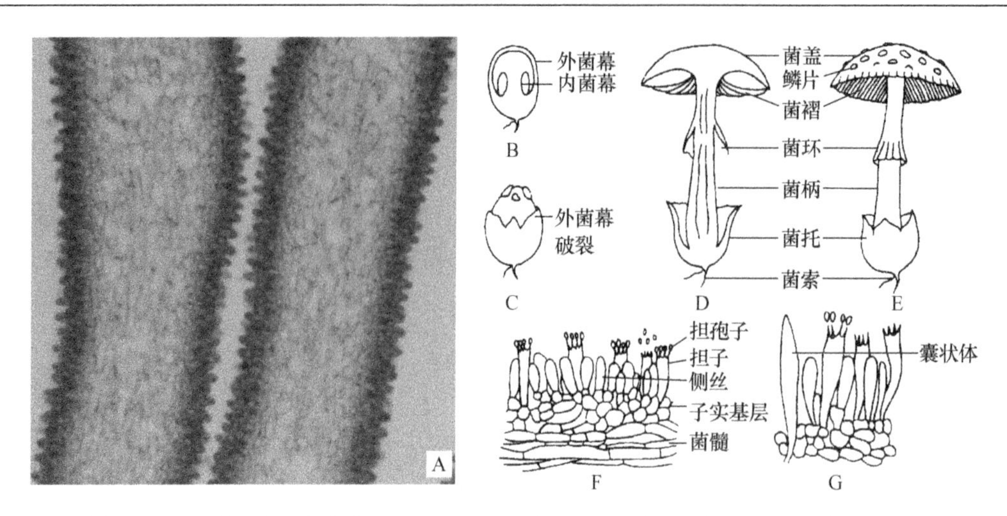

图 5-12　蘑菇属形态及其结构（A 由李连芳摄；其余引自姜在民和贺学礼，2009）
A. 蘑菇过菌褶横切；B，C. 菌幕；D，E. 成熟子实体；F. 蘑菇属无囊状体；G. 红菇属有囊状体

（双孢蘑菇为 2 个）小梗和小梗顶端的担孢子，思考这种仅由 1 个细胞组成的担孢子是如何发育而来的？

取蘑菇永久制片详细观察菌褶的结构。菌褶两面为子实层，子实层的内方为子实层基，由数层近等直径的细胞组成；菌褶的中央是由细长管状排列疏松的细胞所组成的菌髓。

【结果辨析与思考】

（1）列表比较真核细胞与原核细胞结构的主要异同。

（2）列表比较原核生物、原生生物及真菌生物的主要特征。

【作业】

（1）绘观察到的原核生物、原生生物形态简图。

（2）绘匍匐根霉、曲霉菌丝形态结构图，并注明各部分结构名称。

（3）绘酵母细胞结构、蘑菇担孢子结构图，并注明各部分结构名称。

实验六

颈卵器植物的观察

雌性生殖器官具有颈卵器结构的植物称为颈卵器植物，包括苔藓植物、蕨类植物和裸子植物。它们大多数有根、茎、叶的分化，可称为茎叶体植物；由于它们在构造上有组织分化，合子发育成胚，故与被子植物合称为有胚植物。

【实验目的】

（1）掌握各类群代表植物的主要特征。

（2）了解植物进化的主要历程。

（3）领会植物的形态结构与演化的关系。

【实验准备】

（一）材料

葫芦藓（*Funaria hygrometrica*）、中华卷柏（*Selaginella sinensis*）、银杏（*Ginkgo biloba*）和油松（*Pinus tabulaeformis*）的新鲜材料或液浸标本、腊叶标本。

葫芦藓雌、雄器苞纵切片，葫芦藓孢蒴纵切片，中华卷柏孢子叶穗纵切片。

（二）用品和试剂

解剖镜、显微镜、载玻片、盖玻片、解剖用具。I-KI溶液。

【实验内容】

（一）藓的观察

配子体观察：取新鲜的配子体或浸制标本，在清水中洗去泥土，用镊子轻轻将植物体分开，辨认茎和叶，注意茎是否有分枝？在观察叶时，要注意叶的形状、分布特点及排列方式，然后取几片叶做临时装片，在显微镜下观察其叶的形状和叶细胞，注意中肋和中肋以外的叶细胞有什么不同？再从植株基部取下一些带假根的部分，制作临时装片，在显微镜下观察假根的颜色和形态，是单细胞还是单列细胞？

精子器和颈卵器的观察（图6-1）：取数株葫芦藓的配子体，在实体显微镜下用解剖针剥去雄枝端的雄苞叶和雌枝端的雌苞叶，再做封片在显微镜下观察，注意辨别精子器和颈卵器，二者在形态结构上有何不同？在观察精子器时，注意观察其颜色、形状和数目，精子器内是否已形成精子，有无已放散精子后而变空；还应该注意在精子器间有许多单列细胞构成的隔丝，其顶端的细胞有何特点。在观察颈卵器时，注意区分颈部、颈沟细胞、腹部、腹沟细胞和卵细胞。

取藓雌、雄器苞纵切片进行观察，比较实体材料与切片所观察的结构是否有差异？若有，分析可能的原因。

孢子体的观察（图6-1）：取寄生于雌枝顶端的成熟孢子体，观察孢蒴的外形及其结构，

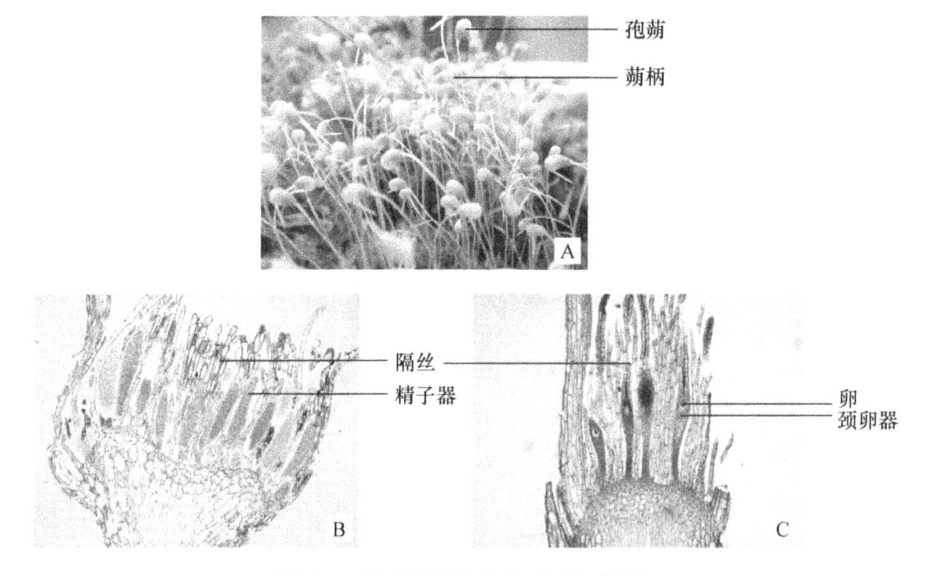

图 6-1　葫芦藓及其结构（李连芳摄）
A. 藓孢子体；B. 精子器；C. 颈卵器

注意孢蒴由哪几部分组成？蒴柄幼嫩与成熟时颜色有何不同；蒴柄的底端，基足是否可见？另外，还应注意观察在孢蒴的顶端有 1 个兜形的蒴帽，它是由什么结构形成的？是生活的细胞还是死的细胞？它是孢子体的组成部分吗？

将孢蒴置于实体镜下解剖，并观察其结构。首先辨认蒴盖、蒴壶和蒴台三部分；然后用解剖针从环带处挑去蒴盖，并将材料用水封片，移至显微镜下，仔细观察蒴盖的颜色和形状，环带的细胞特点和卷曲的形状，思考环带的作用和在孢蒴的确切部位。从蒴壶的口部观察蒴齿，观察蒴齿有几层，多少条？思考蒴齿在散发孢子时有何作用？最后可对盖片施以适当压力使其破裂，观察蒴轴和孢子。

取葫芦藓孢蒴的纵切制片，仔细观察其内部结构，并比较实体材料与切片所观察的结构有何不同。

（二）中华卷柏的观察

孢子体的观察：取新鲜中华卷柏的孢子体或浸制标本，观察其外部形态特征。观察时，注意区分茎和根托，并观察根托从何处生出。在实体显微镜下观察其叶在茎上的排列方式，注意中叶和侧叶的生长位置和形状有何不同？另外，在一些枝端辨认孢子叶穗，注意观察孢子叶穗的形状及其大孢子囊；用解剖针将其取出置于显微镜下观察，特别注意大孢子囊的位置、形态、大小及排列方式。

另取其他孢子叶腋部的小孢子囊，将其置载玻片上压破，观察小孢子的大小和数目，并比较大、小孢子之间有何差异？卷柏属均有这种大、小孢子的区别，称为异孢现象或孢子异型。注意思考孢子异型在植物界的进化中有何意义。

孢子囊群和孢子囊的观察：取中华卷柏孢子叶穗纵切制片，仔细观察大小孢子叶，大小孢子囊的排列、大小和数目，并认真观察每片孢子叶的近轴面基部的一片叶舌。

配子体的观察：取中华卷柏配子体纵切片，仔细观察配子体的形状、颜色及背腹面，注意背腹面有何区别（图 6-2）？

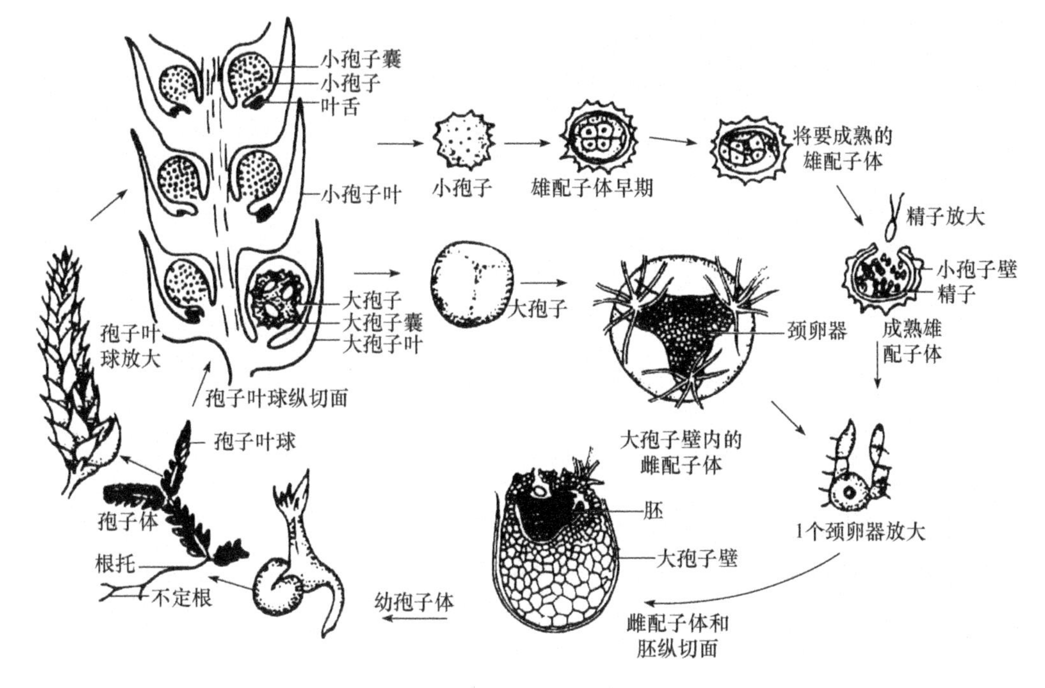

图 6-2　卷柏属植物生活史（贺学礼，2010）

（三）银杏和油松的观察

1. 银杏　取银杏的新鲜材料或浸制标本，仔细观察银杏植株的外形，注意叶形和长短枝的区别，叶脉的特点，叶在长、短枝上排列的方式；观察大孢子的叶球（雌球花）和小孢子叶球（雄球花）的构造（图 6-3），注意雄球花的外形，比较大、小孢子叶球有何差异？观察银杏种子的外形，纵剖银杏种子，注意观察种子的结构，种皮有几层？

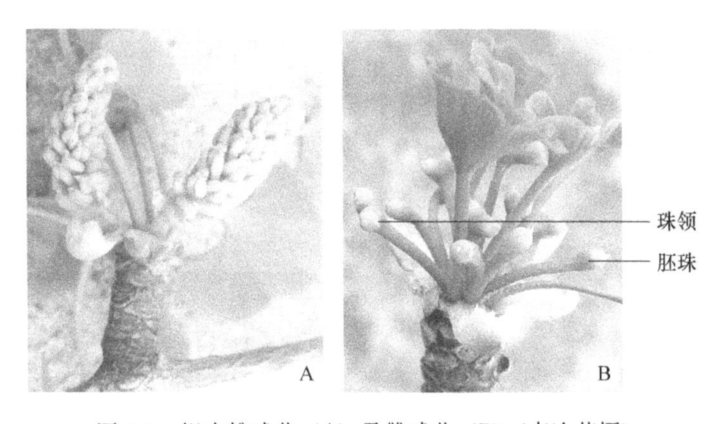

图 6-3　银杏雄球花（A）及雌球花（B）（李连芳摄）

2. 油松　取一段带叶油松的枝，仔细观察长、短枝的区别，注意叶为几针一束（马尾松、白皮松叶又为几针一束），着生的位置，叶鞘是否宿存。取幼小的大、小孢子叶球观察，首先观察小孢子叶的数目，小孢子叶球在轴上是如何排列的，小孢子叶的形状和组成部分。然后观察大孢子叶球的形状，比较大小孢子叶球有何差异？用镊子取下一片珠鳞，注意观察珠鳞的形状、数目和排列方式。在珠鳞背面的基部具有苞片，腹面基部生有 2 个倒生胚珠，注意观察珠鳞和苞鳞是否分离（图 6-4）。

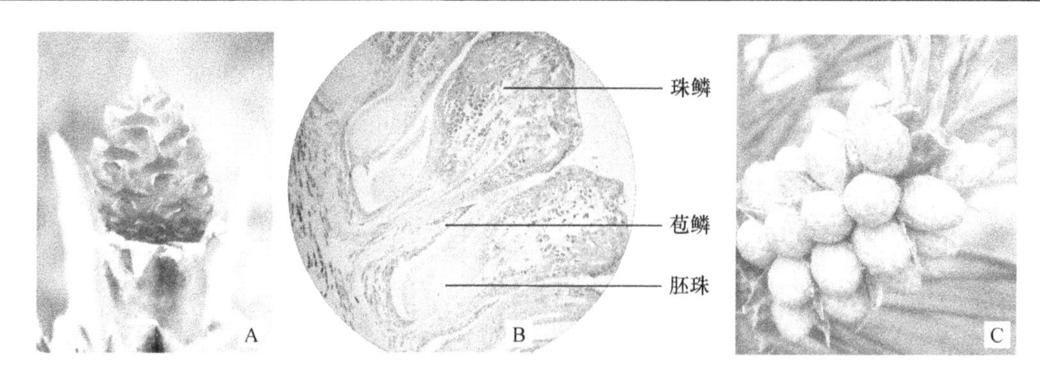

图 6-4 油松大孢子叶球（A）纵切面（B）、小孢子叶球（C）（李连芳摄）

【结果辨析与思考】

（1）列表比较苔藓、蕨类和裸子植物在形态结构、繁殖方式及生活史等方面的差异。

项　目	苔藓植物	蕨类植物	裸子植物
植物体外形			
生态环境			
孢子体			
配子体			
繁殖方式			
代表植物			

（2）通过对苔藓植物、蕨类植物及裸子植物代表种的观察，总结植物由水生到陆生的进化历程及其进化的特征。

【作业】

（1）绘制葫芦藓植物图，并注明各部分名称。

（2）绘制中华卷柏孢子囊群及孢子囊，并注明各部分结构名称。

（3）绘制银杏长、短枝，并注明各部分结构名称。

实验七

植物形态多样性

被子植物在长期的进化过程中，形态上出现了各种各样的性状，主要体现在根、茎、叶营养器官以及花、果实等生殖器官的形态结构上。人们根据植物的这些形态结构，尤其是根据生殖器官的形态结构对被子植物进行分类。因此，正确描述器官的形态，熟悉描述器官形态的术语，是学习分类学的基础。

【实验目的】

（1）掌握植物分类的形态特征，正确理解分类术语的含义，进而熟练应用这些形态特征对常见植物进行分类。

（2）了解植物营养器官和生殖器官的形态特征及常见类型。

（3）领会植物多样性与形态结构之间的关系。

【实验准备】

（一）材料

胡萝卜、红薯、菟丝子、凌霄、蝴蝶兰、玉米的根系和变态根。

杨树、白玉兰、金银花、桃、桑、棉花、蒲公英、红薯、刺槐、苹果、丁香、月季、牵牛、丝瓜、葡萄、仙人掌、七叶树、天门冬、洋葱、姜、小麦等的茎、叶或变态茎、叶。

木兰、毛茛、油菜、石竹、蚕豆、桃或月季、委陵菜、梨、石楠、珍珠梅、车前、杨、柳、核桃、榆、桑、无花果、牵牛、茄、番茄、伏地菜、桔梗、丁香、夹竹桃、棉花、金丝桃、向日葵、百合、天南星、小麦等植物新鲜或浸制的花及花序。

八角茴香、豌豆、皂荚、油菜、棉花、曼陀罗、虞美人、车前、玉米、向日葵、荞麦、板栗、桃、苹果、枣、柑橘、番茄、黄瓜、蜀葵、五角枫、草莓、菠萝、桑葚、悬铃木等植物的果实；菜豆、花生、蓖麻、番茄、棉花、荞麦、小麦、玉米、松子的浸泡果实和种子。

小麦和玉米果实、蓖麻种子、慈姑种子的纵切片；小麦、玉米、豌豆及菜豆幼苗。

（二）用品和试剂

解剖镜、显微镜、放大镜、解剖针、镊子、刀片。

【实验内容】

（一）根的形态及类型

1. 根及根系的形态　　根可分为定根和不定根。来源于胚根的根称为定根；而由茎、叶上产生的根称为不定根。根系是指一株植物地下所有根的总和，根据根系的来源与形态可以将根系划分为直根系和须根系。取新鲜蚕豆和小麦的幼苗或浸制标本进行观察，比较它们各属于什么类型的根系，并辨别定根与不定根、主根与侧根、直根系与须根系之间的区别。

2. 根的变态类型　　变态是植物在适应环境的过程中，器官产生的各种不同于正常形态的、可以遗传的变化。根的变态类型包括贮藏根、气生根和寄生根三种类型。贮藏根包括肉质直根（萝卜、胡萝卜和甜菜根等）和块根（红薯）；气生根包括支持根（玉米、榕树等）、攀援根（凌霄、常春藤等）和呼吸根（水松等）；寄生根如菟丝子、槲寄生等（图 7-1）。

图 7-1　变态根的类型（李连芳摄）

A. 肉质根胡萝卜和块根甘薯；B. 攀援根（凌霄）；C. 寄生根（菟丝子）；D. 支持根（榕）

取新鲜胡萝卜、红薯、凌霄、菟丝子、蝴蝶兰、玉米植株或幼苗进行观察，比较它们各属于什么类型的变态根。

（二）茎的形态及类型

（1）茎的形态。茎的外形一般为圆柱形，有些为三棱状（莎草科）、四棱形（唇形花科）、扁平柱状（仙人掌科）等；茎上有节和节间，节上有芽。此外，茎上还有皮孔以及叶痕、叶迹、枝迹、枝痕、芽鳞痕等。

取新鲜毛白杨枝条进行观察，比较它们茎的质地、外形以及节、节间、顶芽、腋芽的位置，皮孔、叶痕、叶迹、枝痕、枝迹、芽鳞痕的有无（图 7-2）。

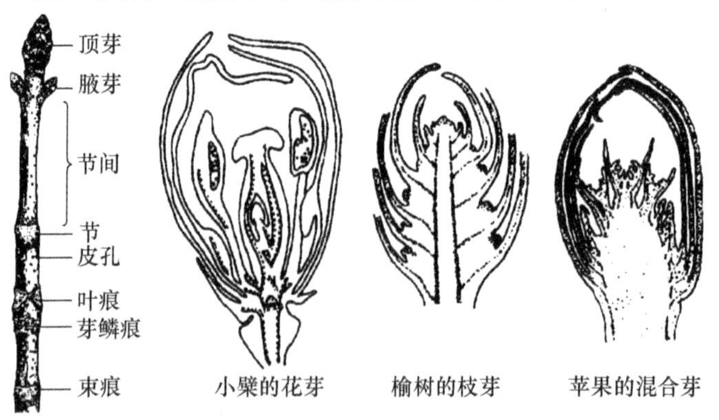

图 7-2　枝和芽（贺学礼，2010）

（2）芽的形态及类型。芽是枝条、花或花序尚未发育的雏体。枝芽是发育成枝的芽（俗称叶芽）；花芽是发育成花或花序的芽。

枝芽的结构包括生长点、幼叶、叶原基、枝原基（腋芽原基、侧枝原基）和芽轴。芽按位置可以划分为定芽和不定芽，其中，定芽可分为顶芽和腋芽（图 7-2）。定芽是着生位置固定的芽，包括顶芽和腋芽。顶芽是生于茎主干或侧枝顶端的芽；腋芽（侧芽）是生于叶腋内的芽。副芽和叶柄下芽属于腋芽。不定芽是着生位置不一定，不是生在枝顶或叶腋内的芽，如蒲公英、甘薯、刺槐等生于根上的芽；落地生根生于叶上的芽；愈伤组织产生的芽等。

按芽鳞的有无可以将芽划分为裸芽和被芽（鳞芽）。裸芽是所有的一年生植物、多数的两年生植物、少数的多年生植物的芽，外面没有芽鳞，只有幼叶包被。被芽（鳞芽）是多年生木本植物的芽，外有芽鳞包被。

按发育可以将芽划分为花芽、枝芽和混合芽（图 7-2）。花芽是发育成花或花序的芽，由花原基或花序原基构成。枝芽是发育成枝条的芽，由生长点、叶原基、幼叶、腋芽原基、芽轴构成。混合芽是一个芽内有枝芽和花芽两部分构成，可以同时发育成枝条和花的芽，如梨、苹果、丁香等的混合芽。

按生理活动可以将芽划分为活动芽和休眠芽。活动芽是在当年生长季中能够萌发生长的芽，如一年生植物的芽多为活动芽。休眠芽（潜伏芽）是温带多年生植物的位于枝条下部的芽，可以休眠多年，在当年生长季中不萌发生长，休眠芽可因一些因素打破休眠，萌发生长，如香椿等。

取新鲜苹果、丁香等带芽枝条进行观察，比较它们各属于什么类型的芽。

3. 茎的类型　常见茎的类型为直立茎、缠绕茎、攀援茎、匍匐茎和平卧茎（图 7-3）。根据茎的质地，植物可以分为木本植物、草本植物、藤本植物。木本植物包括具单一主干的乔木，如杨树、柳树、红桦等；灌木则具数个主干，如丁香、月季等。草本植物根据生长年限可划分为：一年生草本植物，如玉米、水稻等；二年生草本植物，如冬小麦、萝卜、白菜

图 7-3　茎的类型（李连芳摄）

A. 攀援茎（黄瓜）；B. 缠绕茎（大花牵牛）；C. 平卧茎（蒺藜）；D. 匍匐茎（狗牙根）

等；多年生草本植物，如甘蔗、芍药等。藤本植物包括攀援茎植物和缠绕茎植物，根据茎的木质化程度藤本植物可分为木质藤本和草质藤本。

取新鲜丁香、月季、牵牛、忍冬、丝瓜、葡萄、爬山虎、仙人掌等植物枝条进行观察，比较它们茎的性质及各属于哪一类型的茎。

(1) 茎的分枝及类型（图 7-4）。枝系是茎的主干和各级侧枝的总称。植物常见的分枝方式包括五种类型：二叉分枝、假二叉分枝、单轴分枝（总状分枝）、合轴分枝及分蘖。二叉分枝是指由于顶端生长点分裂形成的二叉状分枝系统，主要存在于苔藓和蕨类植物，是一种原始的分枝类型。假二叉分枝是指由于顶芽停止生长或分化成花芽，而顶芽下的两个对生腋芽同时发育形成叉状分枝，如丁香、泡桐等。单轴分枝（总状分枝）指由于主茎的顶芽活动始终占优势，形成明显具主轴的分枝，如松柏类植物等。合轴分枝指当主干或侧枝的顶芽生长一段时间后，停止生长或分化成花芽，靠近顶芽的腋芽发育成新枝，而继续其主干的生长，一段时间后，又被下部的腋芽替代而向上生长，如榆、柳、元宝枫、核桃、梨等大多数被子植物。分蘖是由于茎节短且密集于基部，腋芽逐级活动而形成的分枝，同时在节处可形成不定根，如禾本科植物。

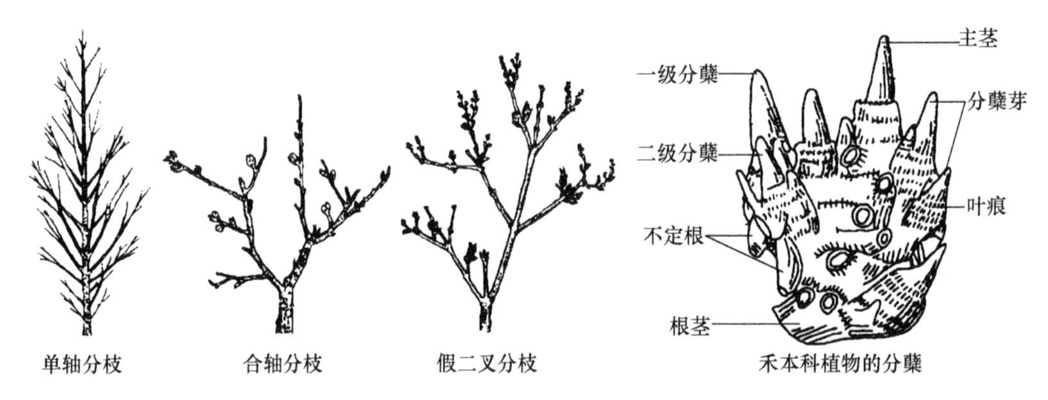

图 7-4　分枝的类型（贺学礼，2010）

取新鲜丁香、月季、忍冬、七叶树、南天竹、小麦等枝条或幼苗进行观察，比较它们各属于什么类型的分枝，并比较不同分枝类型的差异。

(2) 茎的变态及类型。变态茎是由于功能改变而引起的形态和结构发生变化的茎，是一种可以稳定遗传的变异，包括地上变态茎和地下变态茎。其中，地上茎的变态包括叶状茎、枝刺、肉质茎和卷须四种类型（图 7-5）。叶状茎，茎或枝扁化，绿色如叶状，行使叶的功能，如仙人掌、天门冬、扁竹蓼、叶上花等；枝刺，枝变成硬刺，着生于叶腋、枝顶而区别于叶刺，如皂角、梨、山楂等；肉质茎，茎为肉质，如莴笋、姜、霸王鞭等；卷须，枝变态卷须状，如西瓜、南瓜、葡萄等，以着生部位区别于叶卷须。

地下茎的变态包括根状茎、块茎、鳞茎和球茎 4 种类型。根状茎：多年生地下茎，有节、节间、腋芽，可发育出地上枝及不定根，如莲、竹子等；块茎：短而肥厚成块状的地下茎，如土豆；鳞茎：球形或扁球形，由鳞片状叶和底盘（鳞茎盘）构成，如百合、洋葱；球茎：短而肥厚，肉质的地下茎，下部行根，如荸荠。

取新鲜丁香、月季、忍冬、刺槐、葡萄、爬山虎、仙人掌等枝条或幼苗进行观察，比较它们是否具有变态茎及各属于哪一类型的变态茎。

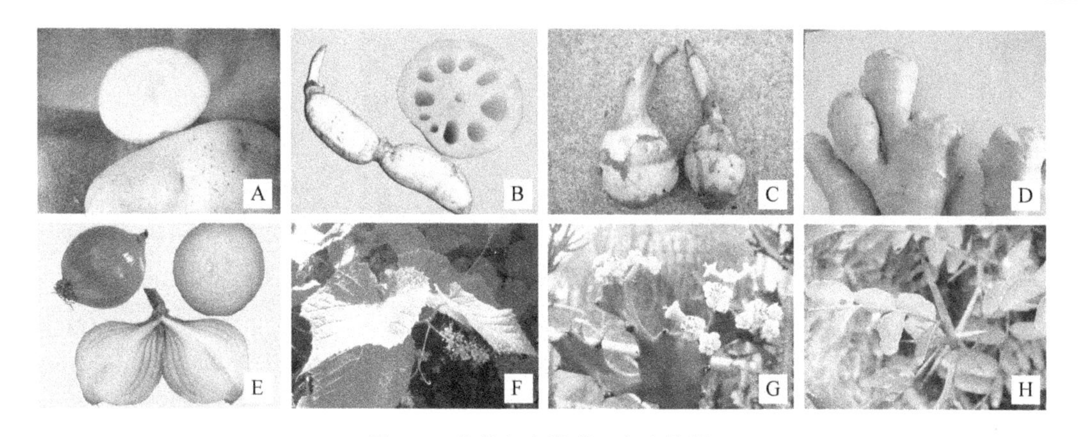

图 7-5　茎的变态类型（李连芳摄）

A. 块茎（马铃薯）；B. 根状茎（藕）；C. 球茎（慈姑）；D. 地下肉质茎（姜）；E. 鳞茎（洋葱）；F. 茎卷须（山葡萄）；G. 地上肉质茎（霸王鞭）；H. 茎刺（皂荚）

（三）叶的形态

1. 叶的组成　完全叶一般由叶片、叶柄、托叶组成（图 7-6），如蔷薇科植物；缺少上述任何一部分的叶称为不完全叶，如泡桐属植物。单子叶植物叶由叶鞘、叶片、叶舌、叶耳组成，叶鞘是叶基部扩大包围茎秆的部分，叶舌是叶鞘与叶片连接处的内侧腹面膜质突起，叶耳是叶舌两侧叶片基部边缘的突起（图 7-6）。

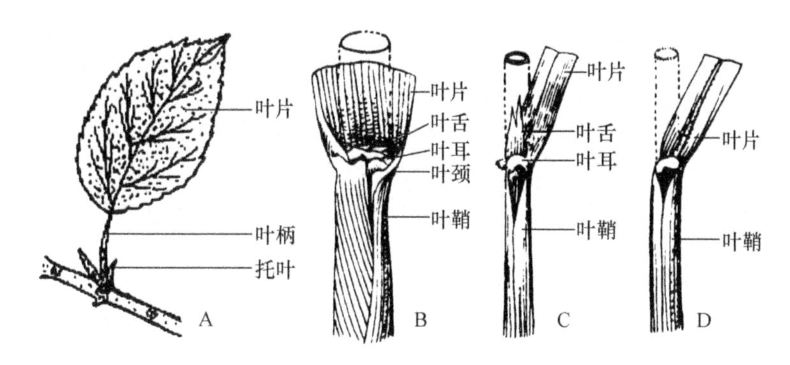

图 7-6　叶的形态（贺学礼，2010）

A. 双子叶植物叶；B～D. 禾本科植物叶

取新鲜丁香、月季、小麦等植物的叶片进行观察，比较它们各自叶片的组成。

2. 叶脉及类型　叶脉主要是叶中的维管束，包括主脉和侧脉。叶脉在叶片上的排列方式称为脉序，脉序的类型主要有网状脉、平行脉、射出脉、弧形脉和叉状脉。其中，网状脉包括羽状网脉和掌状叶脉；平行脉则包括直出平行脉和横出平行脉（图 7-7）。

取新鲜七叶树、南天竹、天门冬、银杏、百合、洋葱、棕榈、姜、小麦等植物叶片进行观察，比较它们各自脉序的类型及不同脉序间的差异。

3. 叶序及类型　叶序是叶在茎、枝上的排列方式，包括互生叶序、对生叶序、轮生叶序、簇生叶序和基生叶序（图 7-8）。互生叶序指每节上只着生有一枚叶子，如蔷薇科、豆科植物等。对生叶序是每节上相对着生有两枚叶子，如丁香、连翘等。轮生叶序则在每节上着生有三枚或三枚以上叶子，如夹竹桃等。簇生叶序是短枝上着生有簇生的叶片，如银杏短枝。基生叶序指由于茎节缩短于基部，叶片近地面生出，如蒲公英。

图 7-7 叶脉的类型（李连芳摄）

A. 网状脉（毛白杨）；B. 掌状脉（美国红枫）；C. 直出平行脉（吊兰）；D. 弧形脉（紫萼）；E. 射出脉（蒲葵）；F. 侧出平行脉（香蕉）；G. 叉状脉（银杏）

图 7-8 叶序的类型（李连芳摄）

A. 互生（向日葵）；B. 对生（夏至草）；C. 基生（地黄）；D. 轮生（黄精）；E. 簇生（银杏）

取新鲜桃、桑、棉花、蒲公英、红薯、刺槐、梨、苹果、丁香、月季等植物枝条进行观察，比较它们各属于哪一类型的叶序及不同类型叶序之间的差异。

4. 叶形 叶形通常是指叶片的整体形状，根据叶片的长宽比和叶片的最宽处的位置，常可以分为以下几种基本形态：阔卵形、倒阔卵形、卵形、倒卵形、披针形、倒披针形、线形、剑形、圆形、阔椭圆形、长椭圆形。常见叶片的形状如表 7-1 所示。

表 7-1　常见的叶片形态

叶片最宽处位置	比　例	叶　形	举　例
最宽外近叶基部	长＝宽	阔卵形或卵圆形	樟树
	长＞宽 1.5～2 倍	卵形	女贞
	长＞宽 3～4 倍	披针形	柳树
	长＞宽 5 倍以上	线形或剑形	射干
最宽外近叶中部	长＝宽	圆形	山杨
	长＞宽 1.5～2 倍	椭圆形	山茶
	长＞宽 3～4 倍	长椭圆形（狭椭圆形）	栓皮栎
最宽外近叶顶部	长＝宽	倒阔卵形	玉兰
	长＞宽 1.5～2 倍	倒卵形	海桐
	长＞宽 3～4 倍	倒披针形	杨梅

取新鲜杨树、桃、丁香、月季、天门冬、百合、小麦等植物的叶片，用尺子量叶片长宽比例及最宽处所在部位，确定各种植物叶片的形状。

5. 叶尖、叶基、叶缘和叶裂　叶尖是指叶片的最先端，根据收缩程度及形态变化，可以分为以下几种类型：锐尖、渐尖、钝尖、尾尖、尖凹、凹尖、凹缺、芒尖和倒心形等。叶基是指叶片的基部，常见的类型有心形、楔形、半圆形、耳垂形、圆形、截形、戟形和剑形等。叶缘是指叶边缘的形状，常见的类型有全缘、锯齿、重锯齿、波状和牙齿状等。叶裂是指叶片边缘有深浅与形状不一的凹陷（缺刻），两缺刻之间的叶片称为裂片，根据缺刻的深浅、裂片的排列方式，叶裂分为羽状裂（浅裂、深裂和全裂）和掌状裂（浅裂、深裂和全裂）（图 7-9）。

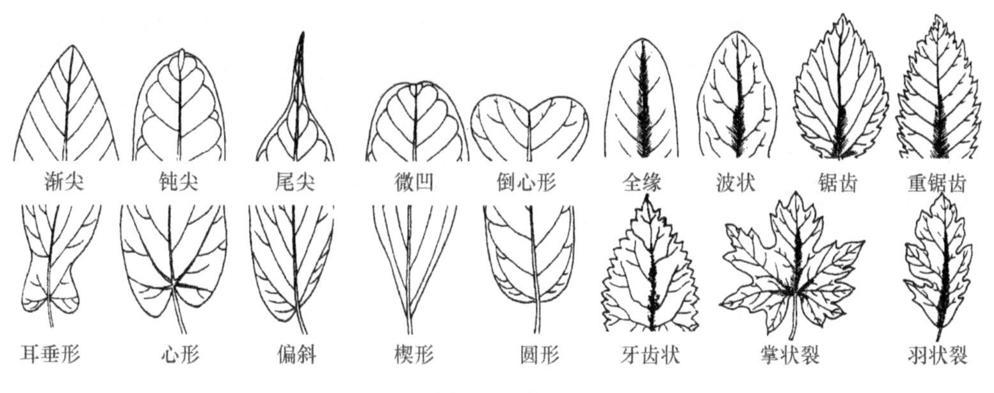

图 7-9　叶形

取新鲜杨树、白玉兰、桃、桑、棉花、蒲公英、刺槐、梨、苹果、丁香、月季、七叶树、南天竹等植物叶片进行观察，辨别上述材料各属于何种类型的叶尖、叶基、叶缘和叶裂。

6. 单叶与复叶　单叶是指一个叶柄上生一个叶片；复叶是指一个叶柄上有两个或以上叶片，其中复叶的叶柄仍称为叶柄，叶柄上的轴称为叶轴，两边叶片称为小叶，小叶的叶柄称为小叶柄。复叶类型有羽状复叶、掌状复叶、三出复叶和单身复叶 4 种类型（图 7-10）。

取新鲜月季、刺槐、七叶树、南天竹、马铃薯、天门冬、百合等植物叶片进行观察，判断所观察的植物属于单叶还是复叶及何种类型的复叶。

7. 叶的变态及类型　变态叶是指由于功能改变而引起形态和结构变化的叶，主要类型有苞叶、芽鳞、叶刺、叶卷须、捕虫叶、叶状柄六种类型（图 7-11）。

图 7-10 复叶的类型（李连芳摄）

A. 奇数羽状复叶（蔷薇）；B. 偶数羽状复叶（蒺藜）；C. 掌状复叶（爬山虎）；D. 单身复叶（柑橘）；E. 二回偶数羽状复叶（合欢）；F. 羽状三出复叶（苜蓿）；G. 掌状三出复叶（黄花酢浆草）

图 7-11 变态叶的类型（李连芳摄）

A. 叶卷须（野豌豆）；B. 叶刺（朝鲜小檗）；C. 捕虫囊（猪笼草）

取新鲜刺槐、梨、丁香、月季、仙人掌等植物叶进行观察，比较它们是否具有变态叶及变态叶的类型。

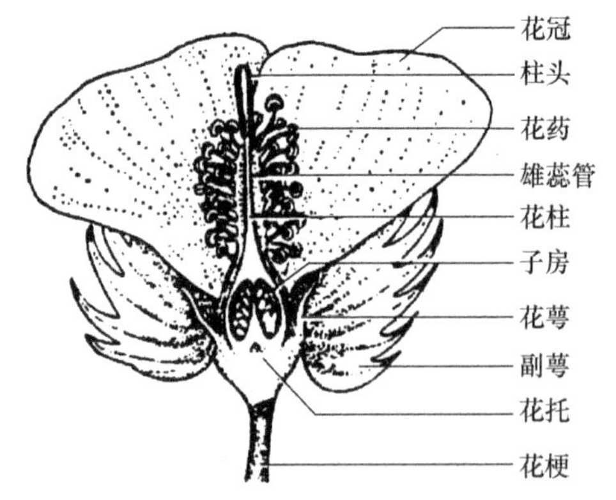

图 7-12 花的结构（贺学礼，2010）

（四）花和花序的形态

1. 花的组成及形态 完全花由花柄、花托、花萼、花冠、雄蕊群、雌蕊群组成（图 7-12）。不完全花是一朵花中缺少任一部分的花。单性花是无雄蕊或无雌蕊的花，包括雄花和雄花。

花柄（花梗）指着生花的小枝。花托是花柄顶端、着生花其他部分的部位。

花萼仅指花被外面的一轮，萼片彼此分离称为离萼，合生为合萼，且合生部分称为萼筒。副萼为一轮萼片以外的叶状结构。花冠为花被的内轮，由花瓣组成。根据花瓣的离合状况分为离瓣花（如桃、玉兰）和合瓣花（如矮牵牛）。根据花冠的对称情况可以分为辐射对称花冠和两侧对称花冠，其中辐射对称花冠包括十字花冠、蔷薇花冠、轮状花冠、坛状花冠、高脚碟状花冠、钟状花冠、漏斗状花冠和管状花冠；两侧对称花冠包括蝶形花冠、假蝶形花冠、唇形花冠和舌状花冠。

花被为花萼和花冠的总称，按花被的状况分为两被花、单被花、无被花和重瓣花 4 种类型。按花被的对称性，可分为辐射对称花（整齐花）和两侧对称花（不整齐花）。根据花被在花芽中的排列方式分为镊合状、旋转状和覆瓦状 3 种类型，其中镊合状又可分为内向镊合状和外向镊合状 2 种类型（图 7-13）。

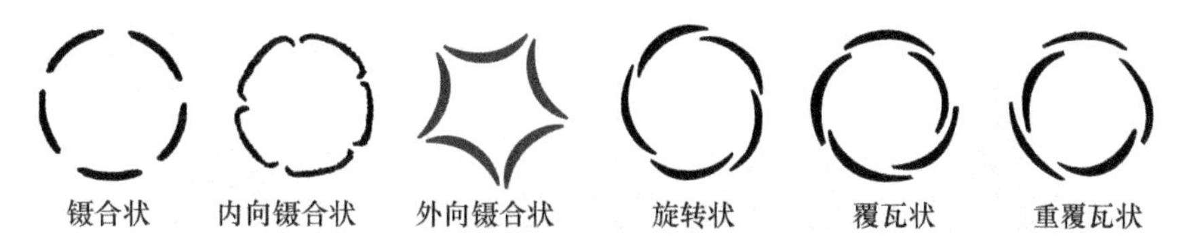

图 7-13　花被的排列方式

雄蕊群指一朵花中所有雄蕊的总称。雄蕊由花药和花丝构成。根据花药、花丝的离合状况，雄蕊可分为离生雄蕊和合生雄蕊。常见的雄蕊类型为二强雄蕊、四强雄蕊、冠生雄蕊、单体雄蕊、二体雄蕊、多体雄蕊和聚药雄蕊（图 7-14）。

图 7-14　雄蕊的类型（李连芳摄）

A. 冠生雄蕊（锦带花）；B. 四强雄蕊（油菜）；C. 二体雄蕊（紫藤）；D. 多体雄蕊（金丝桃）；E. 单体雄蕊（锦葵）；F. 聚药雄蕊（蒲公英）

雌蕊群是一朵花中所有雌蕊的总称。雌蕊由柱头、花柱、子房三部分组成。雌蕊由心皮构成，心皮边缘连合的缝线称为腹缝线，心皮背部相当于叶的中脉部分称为背缝线，胚珠着生在腹缝线上，胚珠着生的部位称为胎座。

根据心皮的数目和离合情况，雌蕊可以划分为单雌蕊、离生心皮雌蕊和复雌蕊三种类型（图 7-15）。

胎座是指胚珠着生的位置，包括边缘胎座、侧膜胎座、中轴胎座、特立中央胎座、基生胎座和顶生胎座（图 7-16）。边缘胎座：1 心皮 1 室子房，胚珠着生于子房的腹缝线上，如

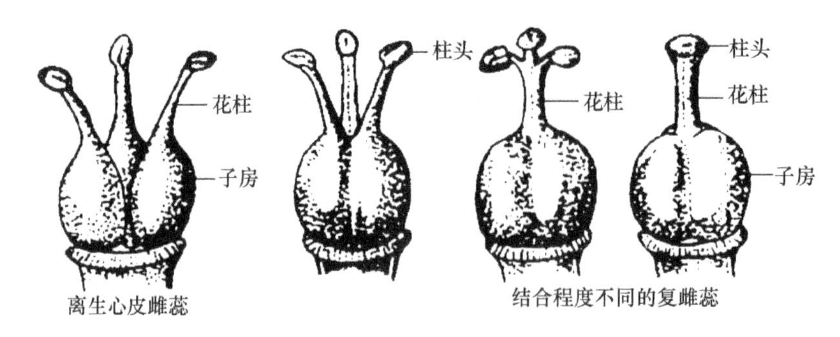

图 7-15　雌蕊的类型

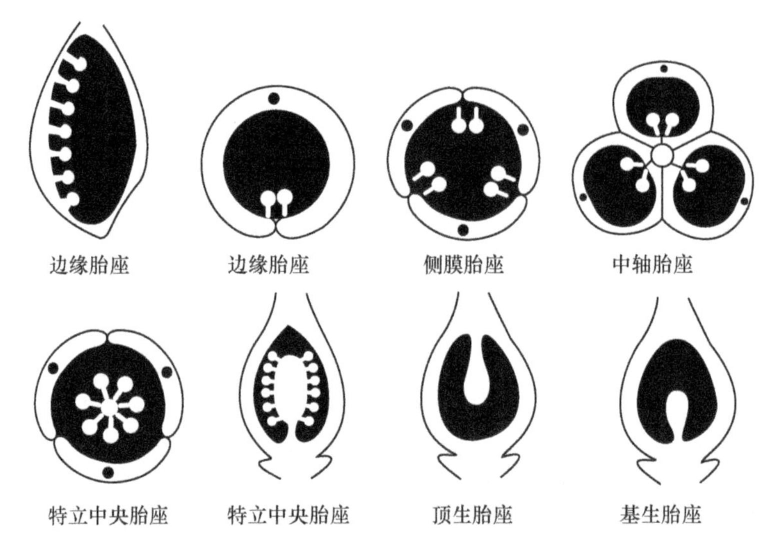

图 7-16　胎座的类型

豆科。侧膜胎座：2 心皮以上合生子房，胚珠沿腹缝线着生，如南瓜。中轴胎座：多心皮多室子房，腹缝线在中央连合成中轴，胚珠着生于中轴上，如番茄、苹果等。特立中央胎座：多心皮 1 室子房，多室隔膜消失，中轴存在，胚珠着生于中轴上，如石竹。基生胎座：子房 1 室，胚珠着生于子房室基部，如菊科。顶生胎座：子房 1 室，胚珠着生于子房室顶部，如榆、桑。

子房着生于花托上，根据子房与花托连合的情况，子房可以划分为上位子房、半下位子房和下位子房；根据子房与花部其他结构间的关系，分为上位花、下位花和周位花（图 7-17）。

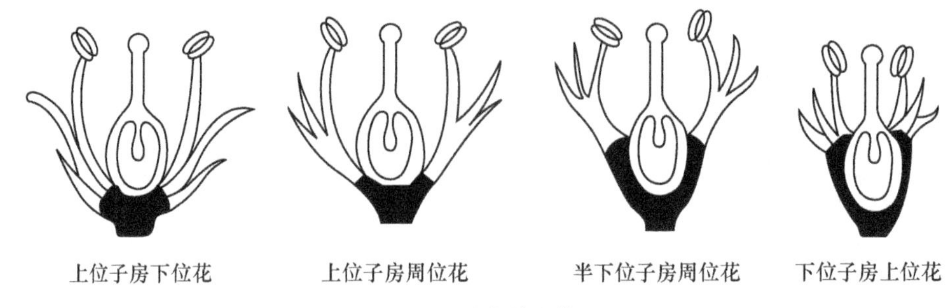

图 7-17　子房着生位置

取新鲜油菜、洋槐或蚕豆、桃花或月季、菊花和小麦等植物的花进行观察，先用刀片横剖待观察植物的花蕾，判断萼片与花瓣在花蕾中的排列方式，然后进一步深入解剖，从外到内逐层剥离，依次观察花萼、花瓣、雄蕊数目、排列情况及相互关系；接下来纵剖一朵花，观察花托形状、子房位置、胎座类型；最后横剖子房，观察子房室数、胎座类型和心皮数目。根据解剖观察，判断上述所观察植物的花被片排列方式、花冠类型、雄蕊类型、雌蕊类型、子房位置、胎座类型；比较离瓣花与合瓣花、两性花与单性花、两被花与单被花的差异。

2. 花序及类型　花序指花在花轴（花序轴）上的排列方式，每一朵花称为小花。苞片是着生在花器官的叶，所有苞片统称为总苞。花序的类型分为无限花序、有限花序和混合花序。无限花序：花序上的花由基向上或由边向内顺序开放的花序，其类型包括总状花序、穗状花序、葇荑花序、肉穗花序、伞形花序、伞房花序、头状花序、隐头花序、圆锥花序、复穗状花序、复伞形花序和复伞房花序。有限花序（聚伞花序）：其花轴呈合轴分枝或假二叉分枝，即花序主轴顶端先形成的花先开放，开花顺序是自上而下，由内向外，其类型包括单歧聚伞花序、二歧聚伞花序、多歧聚伞花序和轮伞花序。混合花序：同一花序上有无限花序也有有限花序，如主轴为无限花序、侧枝为有限花序，如丁香（图 7-18）。

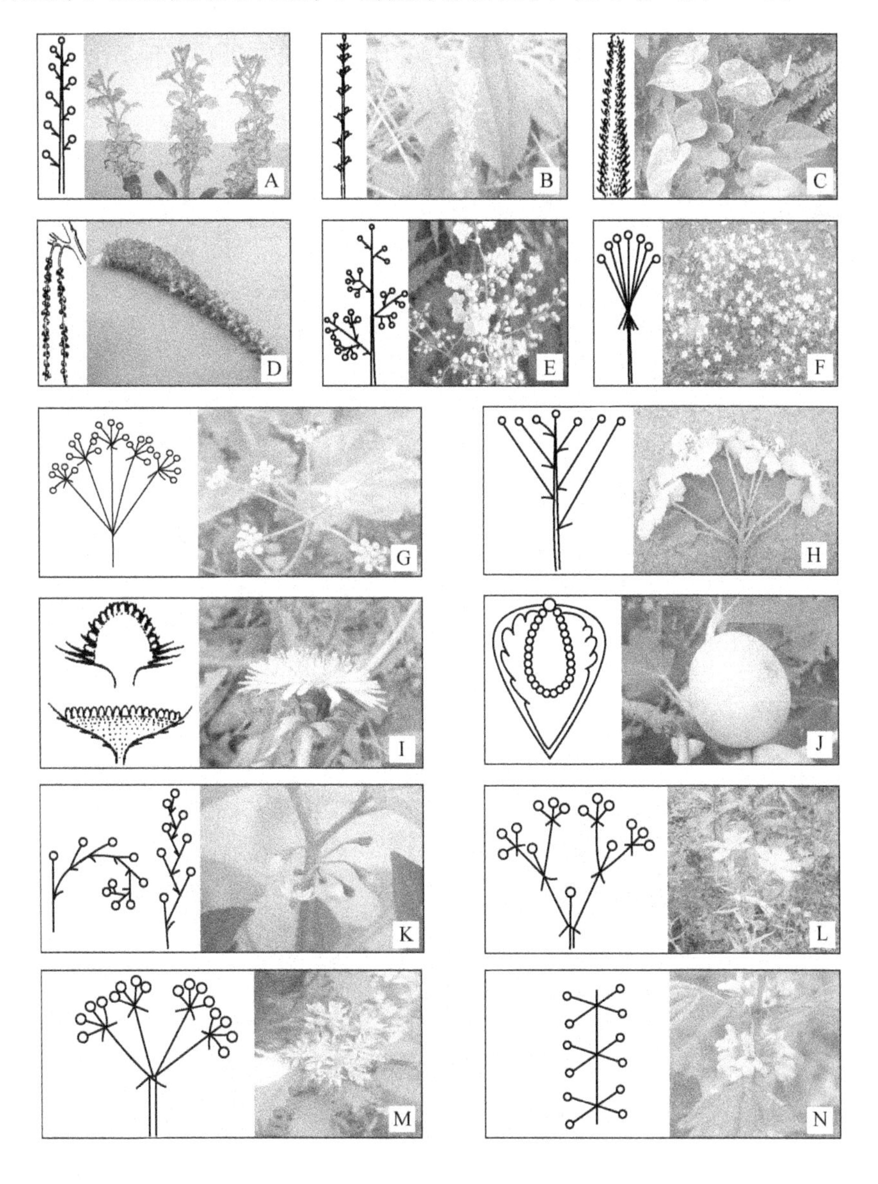

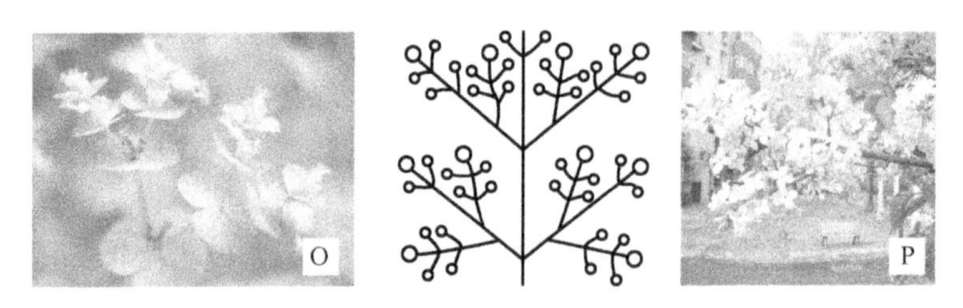

图 7-18　花序的类型（李连芳摄）

A. 总状花序（紫罗兰）；B. 穗状花序（车前）；C. 肉穗花序（红鹤）；D. 葇荑花序（毛白杨）；E. 圆锥花序（珍珠梅）；F. 伞形花序（点地梅）；G. 复伞形花序（茴香）；H. 伞房花序（梨）；I. 头状花序（蒲公英）；J. 隐头花序（无花果）；K. 单歧聚伞花序（龙葵）；L. 二歧聚伞花序（石竹）；M. 多歧聚伞花序（景天三七）；N. 轮伞花序（夏至草）；O. 杯状聚伞花序（猫眼儿）；P. 混合花序（紫丁香）

取新鲜油菜、洋槐或蚕豆、桃花或月季、菊花和小麦等植物的花进行观察，判断它们各属于何种类型的花序，以及区分不同类型花序的差异。

（五）果实的形态及类型

果实根据形态和结构可以分为单果、聚合果和复果（聚花果）三种类型（图 7-19）。

图 7-19　果实的类型（李连芳摄）

A. 浆果（葡萄）；B. 核果（桃）；C. 柑果（柑橘）；D. 梨果（苹果）；E. 瓠果（西瓜）；F. 荚果（豌豆）；G. 角果（荠菜）；H. 蒴果（早开堇菜）；I. 瘦果（荞麦）；J. 颖果（粟）；K. 翅果（平基槭）；L. 坚果（板栗）；M. 分果（苘麻）；N. 胞果（藜）；O. 聚合蓇葖果（八角）；P. 聚合瘦果（草莓）；Q. 复果（凤梨）

1. 单果　单果是由一朵花中单心皮或合生多心皮子房所形成的果实，分为干果和肉质果两类。

干果果实成熟时果皮干燥，根据果皮开裂与否，干果又分为裂果和闭果两种类型。其中裂果包括蓇葖果、荚果、角果和蒴果 4 种类型。蓇葖果：单心皮，子房 1 室，成熟时仅沿 1 个缝线开裂，如木兰属。荚果：单心皮，子房 1 室，成熟时沿背腹两缝线处开裂，如豆科。角果：合生 2 心皮，子房 2 室，成熟时沿背缝线和腹缝线开裂，如十字花科。蒴果：多数心皮合生，子房多室，成熟时开裂。闭果包括瘦果、颖果、翅果、胞果、坚果、分果、小坚果和双悬果 8 种类型。瘦果：一室一个种子，果皮坚硬，紧包种子不易分离，种皮退化，如向日葵，荞麦。颖果：一室一个种子，果皮和种皮完全愈合不易分离，如禾本科植物。翅果：果皮延展成翅，如槭树科（五角枫）、榆树、白蜡树等。胞果：一室一个种子，合生心皮的上位子房形成，果皮薄、种皮厚，成熟时果皮疏松地包在种子外面，如菠菜、藜等。坚果：果皮木质化坚硬，具一室一个种子，如板栗、榛子。小坚果：小而硬的坚果，如紫草科、唇形科。分果：2 个或 2 个以上的心皮组成，多室，每室一个种子，成熟时，各心皮沿着中轴分开，如蜀葵、锦葵、苘麻等。双悬果：伞形科植物的分果，由 2 个合生心皮的下位子房形成，成熟时，形成两个分离的小坚果，悬挂在中央心皮柄的上端，如茴香、胡萝卜等。

肉质果果实成熟后肉质多汁，其类型包括柑果、瓠果、浆果、核果和梨果。柑果：柑橘类植物特有，外果皮软而厚，与中果皮无明显分界，中果皮网络状，内果皮形成多室，内果皮表皮毛肉质，由复雌蕊多心皮合生上位子房发育形成，中轴胎座。瓠果：葫芦科植物特有果实，合生心皮下位子房并有萼筒参与形成果皮，果皮、胎座均肉质化，侧膜胎座，多数种子。浆果：合生心皮，上位或下位子房形成，外果皮薄，中果皮、内果皮肉质化或细胞分离成汁液状，如葡萄、番茄、柿子等。核果：单心皮或合生心皮上位子房形成，外果皮薄，中果皮肉质，内果皮坚硬，1 室，1 种子，如桃、梅、李、杏、核桃。梨果：合生心皮下位子房并由花托参与形成果皮，花托、外果皮、中果皮肉质，数室，每室数枚种子，如苹果、梨。

2. 聚合果　聚合果是由 1 朵花中多数离生心皮雌蕊子房发育形成，每一雌蕊发育形成一个小果，集生于膨大的花托上，小果为蓇葖果的称为聚合蓇葖果，如玉兰、八角、牡丹；小果为瘦果的称为聚合瘦果，如草莓、蔷薇；小果为核果的称为聚合核果，如悬钩子；小果为坚果的称为聚合坚果，如莲。

3. 复果　复果（聚花果）是由一个花序发育形成，每朵小花形成独立的小果，聚集在花序轴上，如悬铃木、桑果、菠萝（花序轴肉质化）等。

（六）种子的形态和结构

被子植物种子一般由种皮、胚、胚乳（部分植物种子中不具有胚乳）等部分组成。根据子叶数目的不同和胚乳的有无，可将种子分为 4 种类型，即双子叶植物有胚乳种子、双子叶植物无胚乳种子、单子叶植物有胚乳种子和单子叶植物无胚乳种子。

1. 双子叶植物有胚乳种子的形态和结构　取浸泡 1～2d 的蓖麻种子，观察外形，可见蓖麻种子呈扁椭圆形，有背腹面之分，背面向外突起，腹面平。种子坚硬、光滑、具有花纹，种子一端具有一浅色垫状的海绵质突起，为种阜，能吸水，有利于种子萌发。种孔被种阜遮盖，不易看到。在种子腹面，种阜内侧有一小的突起称为种脐，需用放大镜仔细观察。腹面中央有一条与种子几乎等长的纵向棱脊即为种脊。剥去种皮可见有一层白色膜质的结构是内种皮，其内肥厚的部分为胚乳。种子的胚包被其内。用刀片将去掉种皮的种子沿狭窄面和宽面分别纵切为两半，可见紧贴着胚乳内方有两片大而薄的具有明显脉纹的白色子叶；两片子叶近种阜端有圆锥状突起，即胚根；胚根的另一端夹在两子叶间的一个小突尖则为胚芽，分别连着两片子叶、胚芽和胚根（图 7-20）。

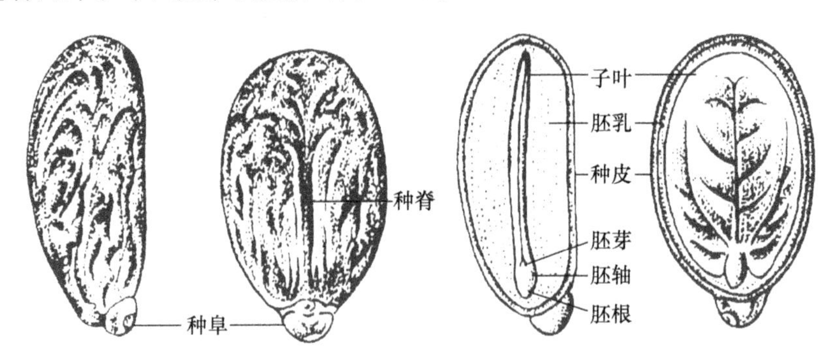

图 7-20　蓖麻种子的结构（贺学礼，2010）

2. 双子叶植物无胚乳种子的形态和结构　取浸泡过的大豆种子，观察外形、颜色，可见大豆种子种皮光滑，种脐位于种子的一侧，是一椭圆形深色斑痕，种脐一端有一明显的种脊，另一端是种孔，轻捏泡胀的种子，有水从种孔处溢出。剥去种皮，是两片肥厚的子叶，子叶着生在胚轴上；胚轴对着种孔的一端是胚根，另一端是胚芽，有两片幼叶，挑开幼叶，可以看见生长点和叶原基（图 7-21）。

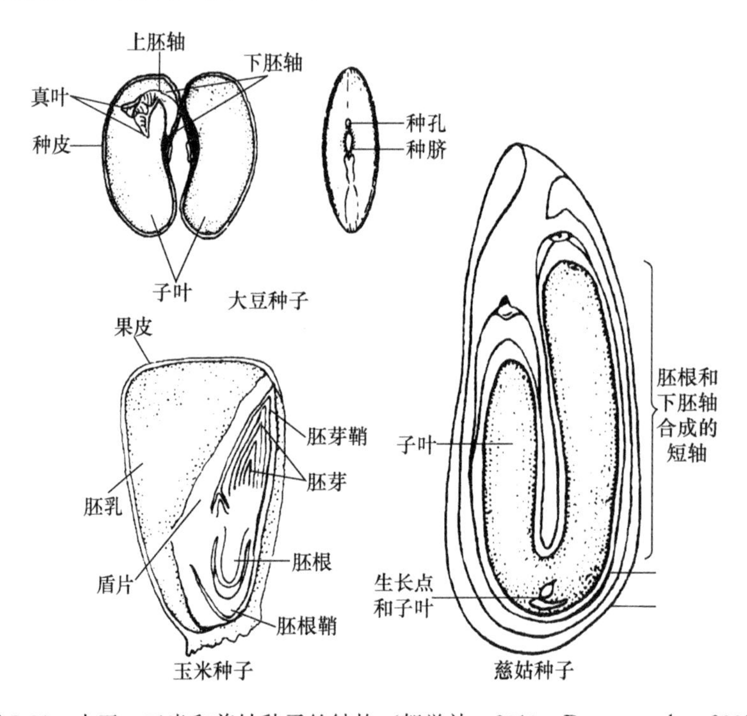

图 7-21　大豆、玉米和慈姑种子的结构（贺学礼，2010；Raven et al.，2005）

3. 单子叶植物有胚乳种子的形态和结构　取新鲜或浸软的玉米粒观察，外形为圆形或马齿形，稍扁，顶端残留有花柱的痕迹，下端是果柄，去掉果柄可见到呈黑色的种脐。透过种皮和果皮可清楚地看到种子的胚（略呈白色）。用刀片垂直颖果的宽面中央作纵切，观察其断面，可见包在外围的果皮和种皮（愈合），其内大部分体积是胚乳，分布在一侧基部的是胚。用放大镜观察，区分肥厚的子叶（盾片）、胚芽、胚芽鞘、胚轴、胚根和胚根鞘的位置和形状（图 7-21）。

另取玉米籽粒纵切片在显微镜下观察，可见种皮与果皮紧密合生，不易分开，种皮内大部分为胚乳。近种皮的胚乳有一到几层排列整齐，较紧密，近等径的细胞，内有贮藏蛋白质，即糊粉层。内部的胚乳细胞排列较疏松，内含大量的淀粉，称为淀粉贮藏细胞。盾片与胚乳交界处有一层排列整齐、呈柱状的细胞，是上皮细胞。胚位于颖果纵切片一端的侧方，由胚芽、胚芽鞘、胚轴、胚根、胚根鞘和一肥厚的子叶（盾片）构成。

4. 单子叶植物无胚乳种子的形态和结构　取慈姑种子切片观察，可见种子很小，由种皮和胚两部分组成。种皮极薄，仅一层细胞；胚弯曲，胚根的顶端与子叶端紧相靠拢，子叶长柱形，一片，着生在胚轴上，它的基部包被着胚芽；胚芽有一个生长点和已形成的初生叶；胚根和下胚轴连在一起，组成胚的一段胚轴（图 7-21）。

（七）种子的萌发及幼苗的类型

取萌发时间不同的豌豆、大豆、小麦标本进行观察，可见种子萌发时首先吸水膨胀，胚根突破种皮，向下生长，形成植物的主根；然后，胚芽也突破种皮向上生长，胚芽因胚轴的生长而外伸，直到长出具有幼根、幼茎、幼叶并能独立生活的幼苗。

种子萌发形成的幼苗，根据子叶出土与否可分为子叶出土型幼苗和子叶留土型幼苗，这是由于上、下胚轴的生长速度不同造成的（图 7-22）。观察已萌发成苗的大豆、蚕豆、豌豆、小麦、玉米的幼苗，仔细区分上、下胚轴？哪些是子叶？哪些是真叶？各属哪种幼苗类型？

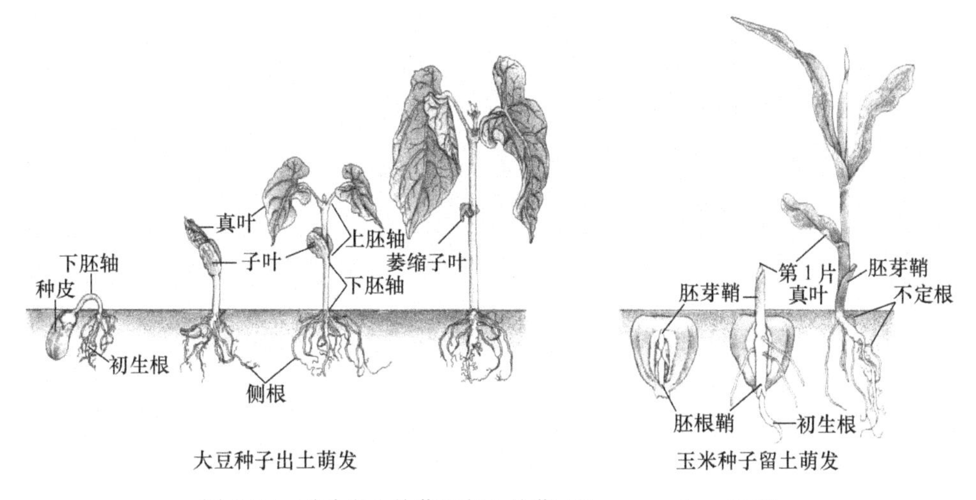

图 7-22　子叶出土幼苗和留土幼苗（Raven et al.，2005）

【结果辨析与思考】

（1）如何区分掌状复叶和羽状复叶？

（2）如何区分各类型的有限花序和无限花序？

（3）如何区分单果、聚合果和复果？它们各由什么发育而来的？

（4）以菜豆种子和玉米籽粒为例，比较双子叶植物种子和单子叶禾本科植物籽粒胚在构造上的异同点。

【作业】

（1）观察 10 种以上不同植物的营养器官形态，填写表 7-2。

表 7-2 植物营养器官的形态

植物名称	根系		变态根	茎		变态茎	叶序	单叶或复叶	叶型	叶脉	变态叶	芽类型	其他
	直根系	须根系		木质茎	草质茎								

（2）观察10种以上不同植物花及花序的形态，填写表7-3。

表 7-3 植物花和花序的形态

植物名称	花被			花瓣			对称类型	花冠类型	雄蕊类型	雌蕊类型	花序类型	单生花	子房位置
	两被花	单被花	裸花	数目	合瓣	离瓣							

（3）观察10种以上不同植物的果实，填写表7-4。

表 7-4 植物果实的形态和类型

植物名称	果实类型	肉质果果皮特征			干果果皮特征		心皮数	子房室数	每室种子数	胎座类型
		外	中	内	果皮质地	开裂方式				

实验八

被子植物分类

被子植物是植物界进化最高级、种类最多、分布最广、适应性最强的类群，包括双子叶植物和单子叶植物，前者子叶2枚，直根系，有形成层，维管束环状排列，网状叶脉，花4～5基数；后者子叶1枚，须根系，无形成层，维管束散生排列，平行叶脉，花3基数。本实验将选择一些常见科和系统分类方面较为重要的科进行观察（图版1）。

【实验目的】

（1）掌握常见科的主要识别特征，识别主要常见植物；能够绘花图式和写花程式，掌握编写植物检索表的方法。

（2）了解被子植物形态演化的基本规律。

（3）领会自然选择在被子植物演化中的意义。

【实验准备】

（一）材料

玉兰、毛茛、牡丹、芍药、繁缕、石竹、卷耳、酸模叶蓼、齿果酸模、扁蓄、油菜、萝卜、荠菜、毛白杨、垂柳、旱柳、麻叶绣线菊、蔷薇、桃、梨、蛇莓、草莓、珍珠梅、贴梗海棠、樱花、月季、玫瑰、合欢、紫荆、紫藤、皂荚、蚕豆、大豆、花生、草木樨、豌豆、槐、绣球、小冠花、紫花苜蓿、白车轴草、锦葵、陆地棉、木槿、圆叶锦葵、蜀葵、葡萄、乌蔹莓、秋葡萄、黄瓜、西瓜、冬瓜、南瓜、西葫芦、甜瓜、苦瓜、葫芦、胡萝卜、芫荽、芹菜、茴香、田旋花、日本打碗花、圆叶牵牛、菟丝子、番茄、茄子、马铃薯、辣椒、曼陀罗、枸杞、烟草、矮牵牛、夏至草、筋骨草、益母草、夏枯草、薄荷、向日葵、蒲公英、刺儿菜、阿尔泰狗娃花、野菊、菊花、牛蒡、茵陈蒿、艾蒿、莴苣、苦荬菜、一年蓬、小花鬼针草、苦苣菜、鸢尾、马蔺、射干、百合、葱、洋葱、山麦冬、小麦等。

（二）用品

解剖针，镊子，放大镜，解剖镜，刀片。

【实验内容】

（一）杨柳科（Salicaceae）：$♂P_0A_{2\sim\infty}♀P_0\underline{G}_{(2)}$

乔木。单叶互生。葇荑花序，单性花，雌雄异株；裸花，每朵花基部有一苞片，雄花具2至多数雄蕊，雌花为子房上位，侧膜胎座。蒴果。

毛白杨（*Populus tomentosa* Carr.）（图版1-24）：高大乔木，主干挺直，树皮淡绿白色。叶互生，有扁形叶柄，叶片三角卵形，先端渐尖，基部稍心形，截形或近圆形，边缘有裂，幼叶较大，上面暗绿色，有光泽，下面有灰白色绒毛，老则变光。雄花序下垂，注意观察苞片有裂，有白柔毛；雌花序下垂，子房一室。蒴果，有多数细小种子，种子有毛。

几种常见杨树主要区别点如下所述。

1. 长枝上的叶背面被绒毛。
  2. 长枝上的叶有圆裂 ………………………………………… 银白杨（*P. alba* L.）
  2. 长枝上的叶不为圆裂 ……………………………………… 毛白杨（*P. tomentosa* Carr.）
1. 全部叶背面无毛或有短柔毛，或在早期开展时有稀疏绒毛。
  3. 叶缘半透明。
    4. 叶较大，三角状卵形 ……………………………… 加拿大杨（*P. canadensis* Moenoh.）
    4. 叶较小，菱状卵形
      5. 树冠塔形；树皮沟裂，枝灰色 ……………………………………………………
      …………………………… 钻天杨 [*Populus nigra* L. var. *italica* (Moench) Koehne]
      5. 树冠狭塔形；树皮平滑或稍沟裂，枝白色 ………………………………………
      …………………………………… 箭杆杨 [*P. nigra* var. *thevestina* (Dode) Bean]
  3. 叶缘不透明。
    6. 叶柄扁形；叶片基部有2腺体 ……………………… 响叶杨（*P. adenopoda* Maxim.）
    6. 叶柄圆柱形；叶基心形，开展时有绒毛，后渐脱落 ………… 椅杨（*P. wilsonii* Schneid.）

垂柳（*Salix babylonica* L.）：落叶乔木，枝细长下垂。单叶互生，线状披针形。芽具芽鳞1枚。葇荑花序直立，裸花，单性，雌雄异株。用镊子各取雌花和雄花一朵，注意观察雄花基部生一苞片，雄蕊2个，基部有2个腺体；雌花基部亦有一苞片。注意腺体数目，子房上位，2心皮组成一室，具多数胚珠。蒴果，种子细小多数，由珠柄长出许多柔毛，俗称“柳絮”。旱柳（*Salix matsudana* Koidz）：乔木，枝直立，小枝黄色。雌花有2腺体（图版1-25）。

（二）蓼科（Polygonaceae）：⚥ $* P_{6\sim3} A_{6\sim9} \underline{G}_{(3\sim2)}$

常为草本，茎节膨大。单叶互生，有明显膜质托叶鞘。单被花，花被花瓣状，宿存。瘦果，三棱形或两面凸起。

酸模叶蓼（*Polygonum lapathifolium* L.）（图版1-38）：一年生草本。叶柄有短刺毛，托叶鞘呈筒状，膜质。圆锥花序，花萼4裂片，淡红色或白色；雄蕊6枚，雌蕊由2心皮构成，花柱2。瘦果卵形。

齿果酸模（*Rumex dentatus* L.）：草本。叶鞘膜质；圆锥花序顶生，花被片黄绿色；瘦果被卵形宿存内轮花被片，有3～4对不规则针状牙齿，背部有疣状瘤，瘦果卵状三棱形，有尖锐角棱。

扁蓄（*Polygonum aviculare* L.）：一年生草本，植株小型。单叶互生，托叶鞘状抱茎。花生于叶腋，花被片5，无花瓣，呈白绿色稍红色，雄蕊8枚，花丝短，雌蕊由3心皮构成。瘦果三棱形，外包宿存花萼。

（三）石竹科（Caryophyllaceae）：⚥ $* Ca_{4\sim5} Co_{4\sim6} A_{8\sim10} \underline{G}_{(5\sim2)}$

多草本，茎圆形，节膨大。单叶对生。聚伞花序，两性花，雄蕊数是花瓣的2倍，上位子房，特立中央胎座。蒴果。

石竹（*Dianthus chinensis* L.）（图版1-42）：叶条状披针形。萼下有叶状苞片4枚，长约为萼筒的1/2，萼筒5裂，花瓣先端裂成锯齿状，下部有长爪。

繁缕［*Stellaria media*（L.）Cyr.］：一年生草本，茎秆细，直立或平卧，茎上有一行短柔毛。单叶对生，叶片卵形，全缘，有或无叶柄。花单生叶腋或成顶生聚伞花序。镊取一朵花用放大镜观察，萼5枚，披针形，边缘膜质；花瓣5，白色，2深裂达基部，较萼片短。雄蕊10枚，雌蕊1枚位于花中央，子房上位，1室，特立中央胎座，花柱3枚。果卵形或椭圆形，先端开裂。

卷耳（*Cerastium arvense* L.）：全株被糙毛。叶条状披针形至矩圆状披针形。萼片分离，花瓣2裂，花柱5。蒴果圆柱形，果瓣10齿裂。

（四）毛茛科（Ranunculaceae）：⚥ * ↑ $Ca_{3\sim\infty}Co_{3\sim\infty}A_{\infty}\underline{G}_{\infty\sim1}$

草本。单叶分裂或羽状复叶，无托叶。萼片、花瓣各5枚或无花瓣而萼片花瓣状，雌蕊和雄蕊多数，螺旋排列于圆柱状花托上。蓇葖果或瘦果。

毛茛（*Ranunculus japonicus* Thunb.）（图版1-45）：多年生草本。茎直立，多分枝，注意观察茎和分枝上的平贴柔毛。基生叶柄长，基部扩大，微抱茎；注意观察叶片轮廓略呈五角形或肾形，3深裂，基部心形，中裂片倒卵状楔形，侧裂片2浅裂，边缘具缺刻状锯齿，两面被平贴短硬毛；茎生叶有短柄或无柄，3深裂、全裂或不裂，具缺刻状锯齿或全缘，两面被平贴毛。花数朵排列于腋生小枝顶端；萼片长圆状卵形，中央被长硬毛；花瓣黄色，有光泽，倒卵形，基部具1片鳞片状蜜腺；注意观察雄蕊、雌蕊和花托的特点。瘦果倒卵圆形，膨胀，先端喙很短，多数聚集成球状果穗。

毛茛与常见种石龙芮（*R. sceleratus* L.）和茴茴蒜（*R. chinensis* Bge.）的区别在于：毛茛为多年生草本，花托无毛；石龙芮和茴茴蒜为一年生草本，石龙芮花托被疏毛，瘦果歪倒卵形，膨胀；茴茴蒜花托密被白色柔毛，瘦果卵圆形。

牡丹（*Paeonia Suffruticosa* Andr.）：落叶小灌木。根肉质，茎直立，多分枝。叶互生，二回三出复叶，枝上部常为单叶，小叶片有披针、卵圆、椭圆等形状，顶生小叶常为2裂或3裂，总叶柄长8～20cm，表面有凹槽；花单生于当年枝顶，两性，花径10～30cm；花色多样；雄、雌蕊多数，常有瓣化现象，心皮5枚，少有8枚，边缘胎座，多数胚珠。聚合蓇葖果。

芍药（*Paeonia lactiflora* Pall.）：多年生宿根草本，根肉质，粗壮。叶互生，二回三出复叶，枝上部常为单叶。花数朵生于茎顶或叶腋，花径10～20cm，单瓣或重瓣，雄蕊多数，心皮3～5枚。聚合蓇葖果。

（五）木兰科（Magnoliaceae）：⚥ * $P_{3+3+3}A_{\infty}\underline{G}_{\infty}$

木本；叶互生，环状托叶痕；花被无分化；花托柱状；雌蕊和雄蕊分离，多数，螺旋状排列；聚合蓇葖果。

玉兰（*Magnolia denudata* Desr.）（图版1-51）：落叶乔木。注意观察幼枝叶基部的环状托叶痕，思考环状托叶痕是如何产生的？单叶互生，花单生于枝条顶端，两性花，先叶开放。花被白色，共9枚，排成3轮。注意观察雌蕊和雄蕊的数目及在突起的花托上是如何排列的？

（六）十字花科（Cruciferae）：⚥ * $Ca_4Co_4A_{4+2}\underline{G}_{(2)}$

草本。基生叶莲座状，茎生叶互生。花两性，萼片、花瓣各4枚，十字形花冠；四强雄蕊6枚，雌蕊由2心皮组成，有假隔膜，子房上位，侧膜胎座。角果。

油菜（*Brassica napus* L.）（图版1-57）：基生叶莲座状，具柄，茎生叶抱茎互生。总状花序；取一朵油菜花从外至内观察，看到萼片和花瓣各4枚，成十字形排列，花瓣黄色，有长爪，四强雄蕊 6 枚，排成两轮，注意内外轮的数目。在花托基部有 4 个蜜腺，与萼片对生，中央为 1 枚圆柱状雌蕊，用刀片横切子房，观察其心皮数目、胎座类型、假隔膜。

萝卜（*Raphanus sativus* L.）：花淡紫白色，长角果不裂。肉质直根发达，为重要蔬菜。

荠菜［*Capsula bursa-pastoris*（L.）Medic.］：叶互生，长圆披针形，羽状分裂。总状花序，花白色，子房三角状倒卵形。短角果，每室有多枚种子。嫩苗叶可作蔬菜。

（七）蔷薇科（Rosaceae）：⚥ $* Ca_{(5)} Co_{5,0} A_{5\sim\infty} \underline{G}_{1\sim\infty}, \overline{G}_{(5\sim2)}$

乔木、灌木或草本。叶互生，多具托叶。花 5 数，具杯状、盘状或壶状花托（萼筒），周位花；蔷薇花冠，雄蕊多数，轮生，心皮多数至 1 个。蓇葖果、瘦果、梨果、核果，稀蒴果。根据子房位置、心皮数目和果实类型不同，可分为 4 个亚科。

1. 绣线菊亚科（Spiraeoideae）　常无托叶。子房上位，心皮 5 枚，每心皮有 2 至多数胚珠。蓇葖果。

麻叶绣线菊（*Spiraea cantoniensis* Lous.）（图版 1-61）：枝条无毛。叶菱状椭圆形，边缘有规则缺刻或锯齿。花白色，伞房花序。解剖一朵花观察，其花托浅盘状，花冠整齐，雄蕊多数，心皮 5 个分离，组成 5 个直立的单雌蕊。聚合蓇葖果，成熟时沿腹缝线开裂。

2. 蔷薇亚科（Rosoideae）　有托叶。子房上位，心皮多数离生，花托凸起或下凹，每心皮有 1 个或 2 个胚珠。聚合瘦果。

蔷薇（*Rosa multiflora* Thunb.）（图版 1-64）：灌木，茎细长，有皮刺。奇数羽状复叶，托叶两枚与叶柄基部愈合。花红色或白色，伞房圆锥花序。取一朵花观察，外轮 5 枚萼片，有时可再分离成数片；花瓣先端凹入，有时因部分雄蕊变成花瓣，而出现重瓣；雄蕊多数着生花托边缘，花丝内曲。取刀片纵剖花部，观其花托形状，注意子房位置。瘦果与肥大花托合称蔷薇果。

3. 李亚科（Prunoideae）　有托叶。子房上位，心皮常为一个，着生于凹陷的花托上，子房上位，胚珠 1 或 2 个。核果。

桃（*Amygdalus persica* L.）（图版 1-67）：木本。叶长椭圆状披针形，叶柄顶端与叶片之间有腺体，托叶早落。花淡红色，顶生或侧生叶芽两侧；萼片、花瓣各 5 数；雄蕊多数，雌蕊由 1 心皮构成，子房上位，花周位。核果。

4. 梨亚科（Pomoideae）　有托叶。子房下位，心皮 2～5，子房下陷与瓶状花托内壁愈合，中轴胎座，每室有 1 个或 2 个胚珠。梨果。

白梨（*Pyrus bretschneideri* Rehd.）：幼枝和叶密被短柔毛，单叶互生，卵形，有托叶。伞房总状花序，花白色，5 基数，雄蕊多数，雌蕊由 5 心皮组成。子房与花托愈合，花柱分离。用刀片纵剖花，注意观察子房下陷入瓶状花托内，并与之愈合成下位子房。另取一朵花作横剖面，注意观察 5 个心皮联合成 5 个子房室，每室有 1 个或 2 个胚珠，判断胎座类型。梨果，具石细胞。

> 蔷薇科常见植物如下所示。
>
> 蛇莓（*Duchesnea indica* Fockn.）：匍匐草本，羽状 3 小叶。花黄色，副萼片有锯齿或浅裂。聚合果直立。
>
> 草莓（*Fragaria ananassa* Duch）：匍匐草本，羽状 3 小叶。花白色。聚合果下垂。

珍珠梅［*Sorbaria sorbifolia*（L.）A. Br.］：灌木，羽状复叶，小叶无毛。圆锥花序，花白色，雄蕊长于花瓣一倍。蓇葖果。

贴梗海棠［*Chaenomeles speciosa*（Sweet）Nakai］：灌木，有刺。单叶卵形至长圆形。花单生或簇生，红色，梗极短。

东京樱花（*Cerasus yedoensis* Matsum）：乔木，树皮暗灰色。单叶椭圆状卵形至倒卵形。总状花序，花白色至粉红色。果实球形黑色。

月季（*Rosa chinensis* Jacq.）：常绿或半常绿灌木，有或无弯曲皮刺。奇数羽状复叶，小叶3～5枚（稀7枚），表面有光泽；托叶边缘有睫毛状腺毛，基部与叶柄合生。花柱离生，长约雄蕊之半，显著伸出花托筒口之外。

玫瑰（*Rosa rugosa* Thunb.）：落叶灌木，小枝密被细长、微拱曲或直立皮刺。奇数羽状复叶，小叶5～9枚，表面有皱纹；托叶边缘有细锯齿，大部分与叶柄合生。花柱离生，微伸出花托筒口。

（八）豆科（Leguminosae）：$⚥ * \uparrow Ca_{5,(5)} Co_5 A_{10,(9+1),\infty} \underline{G}_1$

乔木、灌木或草本。叶互生，具托叶。花5数，蝶形、假蝶形或辐射对称花冠；雄蕊10枚，二体雄蕊、分离或雄蕊定数到多数；心皮1个，子房上位，边缘胎座。荚果。

根据花冠、雄蕊等特征将豆科分为3个亚科。

1. 含羞草亚科（Mimosoideae）　木本，少草本。一回或二回羽状复叶。整齐花，花瓣镊合状排列；雄蕊不定数到定数。

合欢（*Albizia julibrissin* Durazz.）（图版1-69）：乔木。二回羽状复叶，小叶镰刀形，入夜闭合。头状花序，花淡红色，整齐花，萼片花瓣各5个，基部联合，雄蕊多数，花丝很长，粉红色。荚果扁平不开裂。

2. 云实亚科（Caesalpinioideae）　木本。一回或二回羽状复叶，稀单叶。假蝶形花冠，雄蕊10枚，分离。

紫荆（*Cercis chinensis* Bunge.）（图版1-70）：落叶灌木。单叶，互生。花序腋生，花紫红色。解剖一朵花观察，花萼钟形，有5裂片，假蝶形花冠；雄蕊10，子房上位，边缘胎座。荚果，成熟后黑褐色。

3. 蝶形花亚科（Papilionoideae）　草本，少木本。多羽状复叶或羽状3小叶，有时有卷须。蝶形花冠，二体雄蕊、单体雄蕊或10枚分离，雌蕊花柱与子房成一定角度。

紫藤［*Wisteria sinensis*（Sims.）Sweet］（图版1-71）：木质藤本，没有卷须。叶互生，奇数羽状复叶，托叶早落，小叶9～19枚，具柄，有小托叶，叶片卵状矩形至卵圆形或披针形。解剖一朵花观察，花萼5裂片，蝶形花冠，最大一片为旗瓣，两侧的为翼瓣，里面两片稍联合的为龙骨瓣；雄蕊（9）+1，子房上位，边缘胎座；荚果。

豆科常见植物如下所述。

皂荚（*Gleditsia sinensis* Lam.）：乔木，具枝刺。偶数羽状复叶，小叶8～16枚。花整齐，5数。外果皮厚木质，可代肥皂用。

蚕豆（*Vicia foba* L.）：草本，茎近方形。偶数羽状复叶。总状花序，旗瓣有黑紫色斑条纹，翼瓣有浓黑斑纹。

大豆［*Glycine max*（L.）Merr.］：全株有毛，三出复叶。总状花序腋生，有2～10朵花。荚果密生硬毛。

花生（*Arachis hypogaea* L.）：偶数羽状复叶，小叶4个。花黄色，单生叶腋或2朵簇生。荚果膨大，不开裂。

草木樨（*Melilotus suaveloens* Leded.）：小叶3个。花小黄色。荚果倒卵形，1个种子。

豌豆（*Pisum sativum* L.）：一年生栽培作物。羽状复叶，有小叶2～3对，叶轴顶部有分枝卷须。花白色或紫色。荚果长椭圆形，种子黄褐色。

槐（*Sophora japonica* L.）：落叶乔木。奇数羽状复叶。花黄白色，雄蕊10个，分离。荚果念珠状。

绣球小冠花（*Coronilla varia* L.）：多年生草本，具匍匐根状茎。茎中空，羽状复叶。伞形花序或紧缩的总状花序，花白色、红色、紫色。荚果不裂。

紫花苜蓿（*Medicago sativa* L.）：主根发达，茎多分枝。花紫色。荚果螺旋形，有疏散毛。

白车轴草（*Trifolium repens* L.）：匍匐茎节上生根、叶和花序。小叶3。花冠白色或略带粉红色。

（九）葡萄科（Vitaceae）：⚥ $* Ca_{5\sim4} Co_{5\sim4} A_{5\sim4} \underline{G}_{(2)}$

木质或草质藤本，具茎卷须。单叶或复叶。花小，黄绿色，圆锥或聚伞花序；花萼4裂或5裂，花瓣与雄蕊同数对生，子房上位。浆果。

葡萄（*Vitis vinifera* L.）：落叶藤本，有茎卷须，髓褐色。单叶互生，掌状具3～5深裂。圆锥花序，花萼5裂，花瓣5枚，顶端联合，整个花冠成帽状脱落，雄蕊5个与花瓣对生，着生在花盘上，另有蜜腺5个，与雄蕊互生，雌蕊由2心皮构成，子房上位。浆果。

乌蔹莓［*Cayratia japonica* (Thund) Gaghop.］：草质藤本，有分枝卷须。掌状复叶，由5个小叶片构成。花盘黄赤色，浆果熟时黑色。

秋葡萄（*Vitis romaneti* Roman.）：髓褐色，幼枝及叶背面和叶柄均有黄棕色柔毛及长腺毛，叶为不明显的3浅裂。圆锥花序，果紫红色或黑色。

（十）锦葵科（Malvaceae）：⚥ $* Ca_5 Co_5 A_{(\infty)} \underline{G}_{(3\sim\infty)}$

植株多含黏液细胞，有星状毛，茎皮富含纤维。单叶互生，掌状裂。有副萼，萼片和花瓣各5枚；雄蕊多数，单体，中轴胎座。蒴果或分果。

锦葵（*Malva sinensis* Cavan.）（图版1-84）：草本；单叶互生；取一朵花观察，花单生叶腋，花大，淡紫色；5数花；具副萼；注意单体雄蕊；花药1室。

陆地棉（*Gossypium hirsutum* L.）：草本，单叶互生，叶片宽卵形，掌状3裂，稀5裂，中裂片深达叶片之半，叶柄长，托叶早落。花基部有3个副萼片，花萼杯状，5齿裂，花瓣5个离生；雄蕊多数，花丝结合成筒包围花柱和子房，构成单体雄蕊。子房上位，3～5室，花柱长棒状，柱头3～5裂。中轴胎座，多数胚珠。蒴果，种子具长毛。

木槿（*Hibiscus syriacus* L.）：灌木。叶卵形或菱状卵形，边缘具缺刻。花单生，具短梗，红、紫或堇色；萼片线状裂。蒴果长圆形，被毛。

圆叶锦葵（*Malva rotundifolia* L.）：草本，茎匍匐，具粗毛。叶圆肾形。花簇生叶腋，浅蓝、紫色或呈白色，花瓣倒心形。

蜀葵（*Althaea rosea* Cav.）：二年生草本，被毛。叶大，粗糙，圆心形，叶缘浅裂或波状。花大，近无梗。

（十一）伞形科（Umbelliferae）：⚥ $* \uparrow Ca_5 Co_5 A_5 \overline{G}_{(2)}$

草本，茎常中空。叶互生，叶柄基部扩大成鞘状抱茎。伞形或复伞形花序，两性花，5

基数，子房下位。双悬果。

胡萝卜（*Daucus carota var. sativa* DC.）（图版 1-90）：其形态近似野胡萝卜（*Daucus carota* L.），唯其根粗壮，肉质，菜用。二年生草本，根肉质，小圆锥形。叶互生，为 2 回或 3 回羽状全裂，叶柄基部扩大为鞘状抱茎，无托叶。复伞形花序顶生，基部有许多深裂的总苞片，各个小伞形花序的基部有许多条形小总苞片。注意观察花序边缘花的外花瓣较大，因此是两侧对称，花序中央的花整齐。

取一朵花观察，花萼 5 齿裂，极小，花瓣白色，5 枚，与萼互生，雄蕊 5 与花瓣互生，雌蕊位于中央，由 2 心皮组成，有两条花柱，基部膨大，形成花柱基，下位子房 2 室，每室一粒胚珠，着生于子房顶端。双悬果。

芫荽（*Coriandrum sativum* L.）：植物体有特殊气味，茎细长，光滑。叶裂片卵形或条形。复伞形花序不具总苞。

窃衣［*Torilis scabra*（Thunb.）DC.］：叶 2 回羽状分裂，裂片披针形。花白色，不具总苞。双悬果具刺，易附着人衣和动物体。

芹菜（*Apium graveolens* L.）：叶 1 回或 2 回羽状全裂，裂片卵圆形。花绿白色，无总苞和小苞。果球形，无刺毛，菜用。

茴香（*Foeniculum vulgare* Mill.）：叶裂片丝状。花黄色，无总苞和小苞片。双悬果矩圆形。茎叶作蔬菜，果作调料。

（十二）旋花科（Conolvulaceae）：$⚥ * Ca_{(5)} Co_{(5)} A_5 \underline{G}_{(2\sim3)}$

草质藤本，常含乳汁。单叶互生。合瓣花冠漏斗状，开花前向内褶合并旋转；冠生雄蕊 5 枚，子房上位，每室 2 胚珠。蒴果。

田旋花（*Convolvulus arvensis* L.）：多年生草本，茎平铺或斜向上缠绕，有角棱。单叶互生，叶片戟形或箭形，全缘或 3 裂。花 1～3 朵生于叶腋，花梗细弱，中部有 2 枚苞片，苞片狭细；花粉红色，萼片 5 枚，花冠漏斗状；雄蕊 5 枚，雌蕊 2 心皮合生，子房上位。注意观察每室 2 胚珠。蒴果球形。

日本打碗花（*Galystegia japonica* Choisy.）：缠绕茎，具长叶柄。花淡红色，2 枚苞片位于花萼外侧，将花萼覆盖。

圆叶牵牛［*Pharbitis purpurea*（L.）Voigr］：全株具长毛，叶广心形，全缘。花色变化大。

菟丝子（*Cuscuta chinensis* Lam.）：茎纤细多分枝，黄色，缠绕。叶退化为鳞片状。花小，蒴果圆形。常寄生在豆类作物上，危害很大。

（十三）唇形科（Labiatae）：$⚥ \uparrow Ca_{(5)} Co_{(5)} A_{4,2} \underline{G}_{(2)}$

植株多含挥发油，茎四棱。叶对生。轮伞花序；花冠唇形，2 强雄蕊，2 心皮合生，子房上位，常深裂为 4 室。4 个小坚果。

夏至草［*Lagopsis supina*（Steph. ex Willd.）Ik.-Gal. ex Knorr.］（图版 1-106）：多年生草本，茎直立，分枝甚多，枝方形。叶对生，基生叶圆形，茎生叶常 3 深裂。注意观察聚伞花序在节上对生形成轮伞花序，常具 6～14 小花；苞刺毛状，较萼短。取一朵花观察，花冠白色，2 唇形，上唇长圆形，下唇 3 裂，较上唇短，雄蕊 4 个，2 强，花丝短，着生于花冠中央；子房 4 深裂，花柱细，2 裂；雄蕊、花柱不伸出冠筒外。小坚果倒卵形。

筋骨草（*Ajuga ciliata* Bge.）：茎绿色或紫红色，被白色柔毛。叶卵状椭圆形或狭椭圆形，被糙伏毛。轮伞花序于茎顶成穗状；苞片大，卵形；花紫色或蓝紫色，冠筒基部有毛环，上唇短，直立，下唇具3裂片，中裂片大；雄蕊微外露。

益母草（*Leonurus artemisia* S. Y. Hu）：茎有倒向粗毛，叶3裂。花粉红色，冠筒常不藏于花萼内，雄蕊、花柱伸出冠筒外。

夏枯草（*Prunella vulgaris* L.）：茎常淡红色，叶卵形至长圆形。花密集呈头状，花常紫色。

薄荷（*Mentha haplocalyx* Briq.）：多年生草本，叶卵形至长圆状披针形。轮伞花序，花淡紫色。全草有强烈香气。

（十四）茄科（Solanaceae）：⚥ * $Ca_{(5)}Co_{(5)}A_5\underline{G}_{(2)}$

木本或草本，双韧维管束。单叶互生，无托叶。花两性，辐射对称；花萼常5裂，宿存，合瓣花冠5裂；雄蕊5枚，冠生雄蕊；心皮2，每室多胚珠。浆果或蒴果。

番茄（*Lycopersicon esculentum* Mill.）（图版1-110）：全株具软毛，并有较强气味。叶羽状全裂。侧生聚伞花序，花萼、花冠均5深裂，花冠黄色；雄蕊5枚，注意与花冠的关系如何（包括排列及花丝着生位置），花药半聚合状围绕雌蕊，纵裂。浆果。

茄子（*Solanum melongena* L.）：叶缘波状，两面具星状柔毛，叶基常歪斜。花紫色，浆果紫色。

马铃薯（*S. tuberosum* L.）：具块茎。叶羽状裂。聚伞花序，花白色或淡紫色。浆果球形。

辣椒（*Capsicum frutescens* L.）：叶卵状披针形或卵形。花白色，腋生。浆果。

曼陀罗（*Datura stramonium* L.）：叶缘牙齿状或深波状。花大，白色。蒴果直立，4瓣裂开。

枸杞（*Lycium chinense* Miu.）：小灌木，叶卵状披针形。花紫色。浆果红色。

烟草（*Nicotiana tabacum* L.）：一年生草本，植株有腺毛。叶披针状长椭圆形。花淡红色，漏斗状，顶生圆锥花序。蒴果。

矮牵牛（*Petunia hybrida* Vilm.）：全株被腺毛。漏斗状花冠，白色至深红色，花直径5～8cm，每室2胚珠。

（十五）葫芦科（Cucurbitaceae）：♂ * $Ca_{(5)}Co_{(5)}A_{1+(2)+(2)}$ ♀ * $Ca_{(5)}Co_{(5)}\overline{G}_{(3)}$

草质藤本，具卷须，单叶互生。花单性，雌雄同株或少数异株；花5基数，雄蕊花丝或花药有时结合；下位子房，侧膜胎座。瓠果。

黄瓜（*Cucumis sativus* L.）（图版1-119）：一年生草质藤本，卷须不分枝。单叶互生，掌状裂。花单性，雌雄异株，单生于叶腋；雄花萼片合生，有5个裂齿；合瓣花冠黄色，具5深裂；雄蕊3体，实为5枚，其中4个两两合生，第5个分离，花丝很短，着生于花冠筒上，花药连合并弯曲，又称为聚药雄蕊，雄花中央为退化的雌蕊。雌花的花萼、花冠和雄花相同；花冠下面具刺状凸起的绿色圆柱形部分为花托；子房包埋其中，下位子房，3个心皮合生，侧膜胎座，心皮连接伸入子房中心，向外曲折，看起来似6室，实为一室子房，其上着生多数胚珠，雌蕊花柱短小，柱头很大并3裂。瓠果圆柱形，常有刺尖瘤状凸起。

多为蔬菜或食用瓜类，如西瓜（*Citrullus lanatus* Mansfeld.）、冬瓜（*Benincasa hispida* Cogn.）、南瓜（*Cucurbita moschata* Duch. ex Poir）、西葫芦（*C. pepo* L.）、甜瓜（*Cucumis melo* L.）、苦瓜（*Momordica charantia* L.）、葫芦（*Lagenaria siceraria* Standl.）等。

（十六）菊科（Compositae）：⚥，♂♀；* ↑ $Ca_{0\sim\infty}Co_{(5)}A_{(5)}\overline{G}_{(2)}$

多为草本，有的具乳汁。叶互生、对生或轮生，单叶或复叶。头状花序，有1至多层总苞，全为舌状花或管状花，或边花为舌状而盘花为管状花，萼片变为冠毛或鳞片；花两性或单性，雄蕊5枚，花药合生成聚药雄蕊，2心皮合生，子房下位。瘦果。菊科分为两个亚科。

1. 管状花亚科（Tubuliflorae）　植物体不含乳汁，头状花序由舌状花和管状花组成或全为管状花。

向日葵（*Helianthus annuus* L.）（图版1-121）：一年生草本，植物体无乳汁，茎直立，粗壮，常不分枝。单叶互生，叶片宽卵形，叶柄长。注意观察大型头状花序顶生，花序下有数层总苞片，花序边缘有一轮黄色舌状花，中性；花序中央密集棕紫色管状花，两性。用镊子从花序边缘取一朵花观察，可见花冠金黄色，伸长的舌状花冠片顶端有小裂齿；下端连以短的花冠筒，花冠基部有2个或3个很小的鳞片状萼片。雌、雄蕊均已退化，故为不孕的中性花。

取一朵管状花用解剖镜观察，每朵花基部有一片膜质苞片，花冠连合成筒状，5齿裂；花冠下面有2片鳞片状萼片。用解剖针挑开花冠筒，可见其内侧着生5枚雄蕊，花丝分离，花药连合成管状，包围花柱，为聚药雄蕊。雌蕊由2心皮合生而成，下位子房，一室一胚珠，基生胎座，花柱细长，柱头2裂。果实长卵形或椭圆形，稍扁。

2. 舌状花亚科（Liguliflorae）　植物体具乳汁。头状花序均由舌状花组成。

蒲公英（*Taraxacum mongolicum* Hand.-Mazz.）（图版1-124）：多年生草本，植物体具乳汁。叶基生，呈莲座状平展，倒卵状披针形至线状披针形，常呈逆向羽状分裂。花葶数个，直立，中空，无叶；头状花序单生于花葶顶端，总苞钟形，总苞片常2层，头状花序全是舌状花。

用镊子取一朵花在解剖镜下观察，舌状花黄色，两性，花冠下面有许多刚毛状的冠毛；舌状花冠先端有5齿裂，上部片状，下部管状。用解剖针从花冠管口部向下挑开至花丝着生处，可见5枚雄蕊，花丝分离，着生于花冠管内侧；花药合生呈筒状，包于花柱外，花柱细长；柱头2裂，2心皮合生，子房下位，一室一胚珠。瘦果褐色，长圆形，先端有长喙，喙端有许多白色细软的冠毛。

菊科常见植物如下所述。

刺儿菜［*Cirsium setosum*（Willd.）MB.］：叶长圆状披针形，全缘或有齿裂，有刺。雄株头状花序小，雌株头状花序较大。

阿尔泰狗娃花（*Heteropappus altaicus* Novopokr.）：多年生草本。叶条形、倒披针形，有腺点。头状花序直径2～3.5cm，舌状花浅蓝紫色，管状花两侧对称，1裂片较长。

野菊（*Dendranthema indicum* Des Moul.）：多年生草本，分枝甚多。叶常五羽状深裂，缘具齿。舌状花黄色，较盘花为短，盘花管状。

菊花（*D. morifolium* Ramat.）：多年生草本，基部木质。叶卵形，有缺刻及锯齿。边缘多舌状花，中央多管状花。是著名的观赏花卉，品种极多。

牛蒡（*Arctium lappa* L.）：一年生或两年生草本。基生叶阔心状卵形，长至20cm，背面有毛。花管状，淡紫色。

茵陈蒿（*Artemisia capillaris* Thunb.）：幼叶细裂，有白绵毛。雌花结实，花冠绿色，两性花不育，花冠先端紫黑色。

艾蒿（*A. argyi* Levl. et Vant.）：茎被绵毛。叶羽状分裂，上面有腺点和绵毛，背面被绒毛。总苞片3～5层，被白色绒毛。

莴苣（*Lactuca sativa* L.）：植株无毛，有乳汁。叶无柄，基部叶丛生，带形或倒卵圆形，中部叶长圆形或三角状卵形，叶基耳状抱茎。头状花序在茎枝顶端排成伞房状圆锥花序，舌状花黄色。瘦果灰褐色。

苦荬菜（*Ixeris polycephala* Hance）：多年生草本，有乳汁。基生叶莲座状，大头羽状裂。总苞片2层，外层极短小。瘦果有锐纵棱。

一年蓬［*Erigeron annuus*（L.）Pers.］：茎被白色短硬毛。总苞片3层，舌状花白色，舌状花冠毛为膜质鳞片状，管状花冠毛2层。瘦果长圆形。

小花鬼针草（*Bidens parviflora* Willd.）：一年生草本，叶羽状裂。总苞片7，管状花黄色。瘦果线形，冠毛具倒刺毛。

苦苣菜（*Sonchus oleraceus* L.）：茎上部具黑褐色腺毛，叶羽状深裂。舌状花黄色。瘦果长椭圆状倒卵形，两面各具3条纵肋。

（十七）禾本科（Gramineae）：$\uparrow\!\!\!\!\text{⚥}\ P_{2\sim3}A_{3,6}\underline{G}_{(2)}$

1至多年生草本，少数为木本。通常具根茎，地上茎称为秆，秆有明显的节，节间中空或少为实心。叶互生，由叶鞘和叶片组成，叶鞘开放，少有闭合，叶脉平行；叶片与叶鞘间有呈膜质或纤毛状的叶舌；叶片基部两侧常有叶耳。花序由小穗排列组成，小穗含花1至多朵，2行排列于小穗轴上，基部常有2片不孕的苞片，名为颖片，上一片为内颖，下一片为外颖。花两性、单性或中性，外有外稃和内稃，外稃与内稃之内有2（少3或6，有时缺）小鳞片状物，名为鳞被或浆片；雄蕊3或6，子房上位，2心皮1室1胚珠，柱头常呈羽毛状或刷子状。颖果，种子有小胚和丰富的胚乳。

小麦（*Triticum aestivum* L.）（图版1-129）：一年生或两年生草本。秆中空，有明显的节与节间。叶鞘包茎，叶片与叶鞘连接处内侧有一膜质叶舌，叶鞘顶缘部引伸形成两个小叶耳。花两性，组成顶生穗状花序，小穗成两行，每一穗轴节上只着生一个小穗。

取一个小穗观察，小穗无柄，基部两侧各有一颖片，颖片以上含2～5朵小花，单生于穗轴各节上，仅基部2朵或3朵花能育，上部小花常不结实。

取一朵小花观察，花的外面有2片稃片，在外者为外稃，里面者为内稃。外稃厚纸质，顶端具芒，内稃几乎全部为外稃所包被，剥去外稃，可见内稃膜质，半透明，上有两条龙骨状的凸起成绿色的脉。用放大镜仔细观察子房外侧基部，可以看到2个细小鳞片状略带茸毛的浆片，它们相当于内轮的花被，3枚雄蕊，花药甚大，花丝细长，雌蕊由2心皮连合而成，子房近圆形，表面被茸毛，子房顶部伸出两根羽毛状的柱头（无花柱），以扩大接受花粉的面积。颖果长椭圆形，果皮与种皮愈合。

禾本科专用术语。

（1）小穗两侧压扁：颖与稃的侧面压扁呈舟状，使小穗的宽度小于背腹面的宽度。

（2）小穗背腹压扁：颖与稃的侧面不压扁，使小穗背腹面的宽度小于两侧的宽度。

（3）小穗脱节于颖之上：组成小穗的花成熟后，小穗在颖上逐节断落而将颖片保存下来。

（4）小穗脱节于颖之下：组成小穗的花成熟后，小穗连同下部的颖片同时脱落。

（5）芒：为颖、外稃或内稃的主脉所延伸而成的针状物。

（6）第一外稃：指组成小穗的第一（最下部）小花的外稃。

禾本科常见植物分为两个亚科。

(1) 竹亚科 (Bambusoideae)：木本，秆木质坚硬。叶片具短柄，与叶鞘连处常具关节而易脱落。雄蕊 6 枚，如各种竹类。

(2) 禾亚科 (Agrostidoideae)：草本，秆通常为草质。叶片不具短柄而与叶鞘连接，也不易自叶鞘上脱落。雄蕊 3 枚。

早熟禾属 (*Poa*)：多年生，仅少数为一年生。叶片扁平。圆锥花序，开展或紧缩；小穗含 2 至数花，小穗脱节于颖之上，最上一朵花不发育或退化；颖近于等长，第一颖具 1～3 脉，第二颖通常 3 脉；外稃无芒，薄膜质，具 5 脉，内稃和外稃等长或稍短。颖果和内外稃分离，如早熟禾 (*P. annua* L.)、硬质早熟禾 (*P. sphondylodes* Trin.)、草地早熟禾 (*P. pratensis* L.) 等。

臭草属 (*Melica*)：多年生。顶生圆锥花序紧密或开展；小穗较大，具 2 至数花，上部 2 朵或 3 朵小花退化，只有外稃；小穗脱节于颖之上；小穗柄细长，弯曲，并常自弯曲处折断而使小穗整个脱落；颖具膜质边缘，等长或第一颖较短；外稃无芒，内稃膜质，如臭草 (*M. scabrosa* Trin)、广序臭草 (*M. onoei* Franch. et Sav.) 等。

画眉草属 (*Eragrostis*)：多年生或 1 年生草本。顶生圆锥花序开展或紧缩；小穗含数花到多花，小穗通常两侧压扁；小穗脱节于颖之上，颖不等长或近于等长，通常较第一外稃为短；外稃无芒，具 3 脉，内稃具 2 脉，通常作弓形弯曲，如大画眉草 [*E. cilianensis* (All.) Link ex Vign.-Lut.]、知风草 [*E. ferruginea* (Thunb) Beauv] 等。

鹅冠草属 (*Roegnera*)：多年生草本。顶生穗状花序直立或下垂；穗轴每节着生 1 个小穗；小穗含 2～10 朵花，脱节于颖之上，外稃具芒或少数无芒，芒常比外稃长，劲直或向外反曲，内稃具 2 脊，如纤毛鹅冠草 [*R. ciliars* (Trin) Nevski]、鹅冠草 (*R. kamoji* Ohwi) 等。

穇属 (*Eleusine*)：一年生。穗状花序 2 至数枝簇生茎顶，呈指状排列；小穗无柄，紧密排列于穗轴一侧；小穗含数朵小花，两侧压扁，脱节于颖之上，两颖不等长，都短于第一外稃，第一颖较小；外稃具 3 条明显绿脉，互相靠近，形成背脊，最上外稃常无边缘脉，内稃具 2 脊。种子黑褐色包于疏松的果皮内，如牛筋草 [*E. indica* (L.) Gaertn.] 等。

狗尾草属 (*Setaria*)：一年生或多年生。顶生穗状圆锥花序，小穗含 1～2 朵花，单生或簇生；小穗下生刚毛，刚毛宿存而不与小穗同时脱落；第一颖具 3～5 脉或无脉，长为小穗的 1/4～1/2，第二颖和第一外稃等长或较短，如狗尾草 [*S. viridis* (L.) Beauv] 等。

(十八) 百合科 (Liliaceae)：⚥ $* P_{3+3} A_{3+3} \underline{G}_{(3)}$

多草本，有鳞茎、块茎或根状茎，单叶。花被片 6 枚，排成两轮，雄蕊 6 枚与之对生，子房上位，3 心皮 3 室，中轴胎座。蒴果或浆果。

百合 (*Lilium* sp.) (图版 1-138)：鳞茎球形。叶倒披针形。取一朵花观察，花喇叭形，上端稍外卷。花被片 6 枚，两轮排列，6 枚雄蕊与之对生，3 心皮 3 室，子房上位，中轴胎座。蒴果。

葱 (*Allium fistulosum* L.)：鳞茎棒槌状或圆筒形，具较强葱味。叶圆筒形，中空。伞形花序顶生，总苞膜质，卵形。花白色，花被片 6 枚，2 轮排列，6 枚雄蕊与之对生，3 心皮 3 室，子房上位，中轴胎座。蒴果。

洋葱 (*Allium cepa* L.)：鳞茎球形或扁球形，外包淡紫色或黄褐色叶鞘。花粉红色，总苞片 1～3 枚反卷，花被片披针形。

山麦冬 (*Liriope spicata* Lour.)：有地下匍匐茎和小块根。叶基生，禾叶状。总状花序长达 12cm，花淡紫色，偶白色。浆果黑色。

(十九) 鸢尾科 (Iridaceae): ⚥ * $P_{3+3}A_3\bar{G}_{(3)}$

多年生草本，具球茎、根状茎或鳞茎。叶多基生，叶基套褶状。顶生聚伞花序，花被 6 片，花瓣状，成两轮排列；3 枚雄蕊，子房下位，花柱 3 个，变异极大，常宽扁而成花瓣状。蒴果，背缝裂。

鸢尾 (*Iris tectorum* Maxim.) (图版 1-143)：具根茎。注意观察叶基生，常彼此套褶状，排列成 2 行。顶生聚伞花序。取一朵花观察，花被片 6 枚，两轮，黄色或紫色，宽大；花柱扩展为花瓣状，常被黄色或紫色毛茸；3 枚雄蕊，雌蕊由 3 心皮组成，子房下位。蒴果。

马蔺 (*Iris lactea* var. *chinensis* Koidz.)：根茎粗壮，叶线形，光滑。花淡蓝紫色，雄蕊紧贴花柱外侧，柱头稍宽，蓝色，花瓣状，2 裂。

射干 (*Belamcanda chinensis* Leman)：叶无柄，2 列，宽剑形，扁平。聚伞花序，花被片长倒卵形至长圆形。蒴果长椭圆形至倒卵形，顶端有干枯的花被。

【结果辨析与思考】

(1) 比较石竹科、十字花科和木兰科植物的主要形态特征。

(2) 列表比较蔷薇科各亚科的主要区别。

(3) 列表比较豆科各亚科的主要区别。

(4) 为什么菊科植物是双子叶植物中较进化的类型?

(5) 为什么禾本科植物有重要的经济价值? 试从花的结构阐明禾本科植物是单子叶植物中风媒传粉的典型代表?

【作业】

(1) 写出玉兰、毛茛、繁缕、油菜等植物的花程式。

(2) 绘刺槐花的蝶形花冠图，并注明各部分名称。

(3) 绘菊花的舌状花冠和管状花冠图。

(4) 绘小麦小穗的模式图，并注明各部分名称。

(5) 编制区分玉兰、毛茛、繁缕、油菜、毛白杨、垂柳、蜀葵、麻叶绣线菊、大豆等植物的检索表。

实验九

动物的组织

动物的组织分为上皮组织、结缔组织、肌组织和神经组织。上皮组织分为被覆上皮、腺上皮和感觉上皮三种类型。被覆上皮可分为单层上皮和复层上皮。单层上皮又可分为单层扁平上皮、单层立方上皮和单层柱状上皮等。复层上皮又可分为复层扁平上皮、复层柱状上皮和变移上皮。结缔组织包括疏松结缔组织、致密结缔组织、网状结缔组织、软骨组织、骨组织、脂肪组织、血液等。肌组织分为骨骼肌（横纹肌）、心肌、平滑肌。神经组织是由神经细胞和神经胶质细胞构成。神经细胞通常也称为神经元，具有感受机体内、外刺激和传导冲动的能力。神经细胞由胞体和突起构成，胞体表面有细胞膜，内有细胞质和细胞核，细胞质中有大量的尼氏体、神经原纤维和细胞器以及脂肪滴和色素，突起可分为树突和轴突。神经胶质细胞突起不分轴突和树突，胞体内无尼氏体，位于神经细胞之间，主要是对神经细胞起支持、保护、营养和修补等作用。

【实验目的】

（1）掌握动物各类组织的结构特征及血细胞类型。

（2）了解各类组织在动物体内的分布特点。

（3）领会各类组织结构特点和功能之间的关系。

【实验准备】

（一）材料

肠系膜单层扁平上皮、蛙皮肤复层扁平上皮永久制片，疏松结缔组织装片、肌腱永久制片、兔气管透明软骨横切片、长骨磨片、人血液涂片，小肠横切片、骨骼肌纵切片、羊心肌纵切片，兔脊髓横切面切片、神经元装片。

（二）用品和试剂

光学显微镜、香柏油、擦镜纸。

【实验内容】

（一）上皮组织

1. 单层扁平上皮　在低倍镜下观察以 $AgNO_3$ 染色的肠系膜伸展片的单层扁平上皮，选择标本最薄处可见多角形的上皮细胞，彼此紧密相连。细胞间的界限呈黑色波浪形线条状，细胞内可见 1 个或 2 个不明显的核，核周围区域常染色较浅（图 9-1）。

2. 复层扁平上皮　在低倍镜下观察蛙皮肤制片。蛙皮肤表皮由复层扁平上皮构成。表皮细胞的细胞核致密。换中倍镜观察，可见表皮由紧密相连的 5～7 层细胞组成。用高倍镜观察，表皮表层是一层染成浅粉红色、细胞界限不清楚的角质化层。在角化层能看到细胞

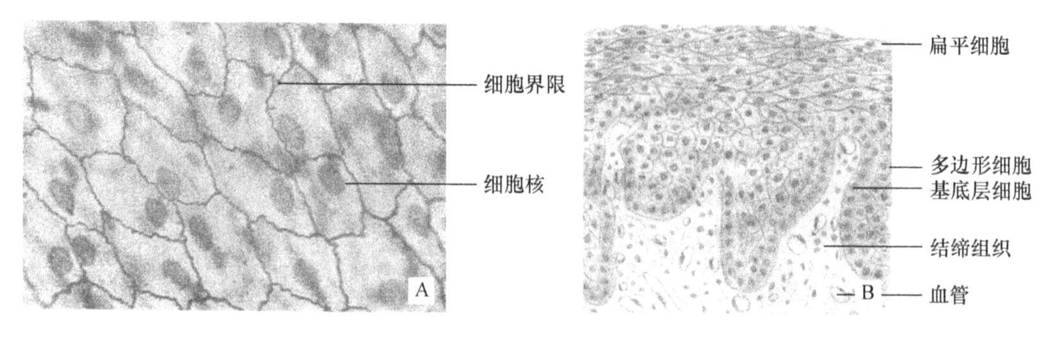

图 9-1　上皮组织

A. 单层扁平上皮（肠系膜表面观）（南京医学院组织胚胎学教研室和上海第二医学院组织胚胎学教研室，1981）；B. 复层扁平上皮模式图（白咸勇和谌宏鸣，2007）

核吗？在角质化层下有 3 层或 4 层多角形细胞，其细胞核呈圆形。基底部是一层矮柱状细胞，细胞核呈椭圆形。这些细胞整齐排列形成基底层，又称为生发层。思考一下基底层细胞有何功能？表皮通过基底层细胞的基部与基膜紧密相连（图 9-1）。

（二）结缔组织

1. 疏松结缔组织　在低倍镜下取疏松结缔组织装片观察，粉红色的带状纤维为胶原纤维。紫色细丝为弹性纤维。纤维之间分布有许多细胞。高倍镜下可以看到胶原纤维排列成束。弹性纤维多成单根，细丝状，末端有弯曲或分支。成纤维细胞的细胞体大，不规则，细胞核椭圆形，染色浅，核仁明显。巨噬细胞为不规则或圆形，细胞核小而圆，染色深。浆细胞圆形或椭圆形，大小不等（图 9-2）。在近胞核处有一浅染区，胞核小而圆，常偏于细胞一侧。肥大细胞常成群存在，胞体圆形或卵圆形，胞质内充满粗大的嗜碱性颗粒，胞核小而圆，染色浅，位于细胞中央。思考一下胶原纤维和弹性纤维有哪些不同？

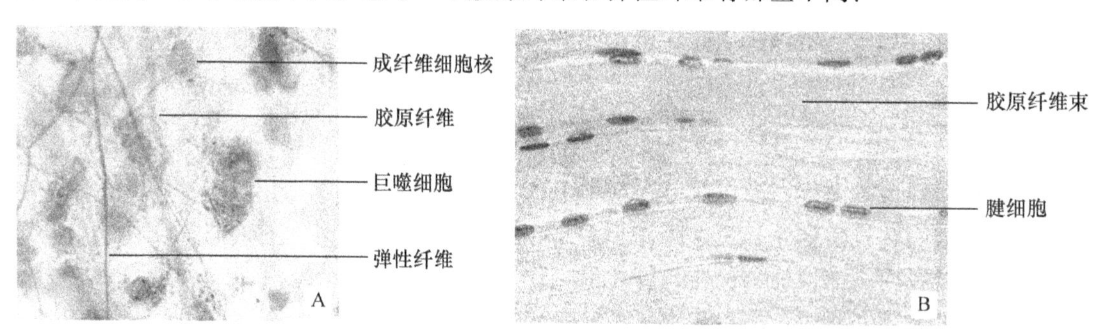

图 9-2　疏松和致密结缔组织

A. 疏松结缔组织（王荣华，2001）；B. 致密结缔组织（肌腱）（南京医学院和上海第二医学院组织胚胎学教研室，1981）

2. 致密结缔组织——肌腱　在低倍镜下取肌腱永久制片，注意观察区分制片中的各部分，哪部分是肌腱？哪部分是骨骼肌？找到肌腱部分后先用低倍镜观察，可见胶原纤维平行排列，腱细胞插在纤维束间。然后换中倍镜观察，可见腱细胞（图 9-2）。注意观察腱细胞以什么方式排列？在高倍镜下，可见腱细胞呈长梭形，细胞核着色深，呈长杆状。常见相邻细胞的核两两相对存在。

3. 骨组织

（1）透明软骨。观察兔气管透明软骨横切片。在气管壁内找到呈蓝色的“C”字形环，

即为透明软骨环。选择一段结构完整而又清晰的软骨，换中倍镜观察。透明软骨表面有染成鲜红的薄层，称为软骨膜。思考软骨膜由什么组织构成？软骨内侧和外侧的软骨膜有何不同？换高倍镜仔细观察。可见染成深蓝色的软骨囊（图 9-3A）。观察每个软骨囊内有几个软骨细胞？思考这些软骨细胞之间有何关系？基质内的胶原纤维因与黏在一起的软骨基质有相同的折光率，所以难以分辨。

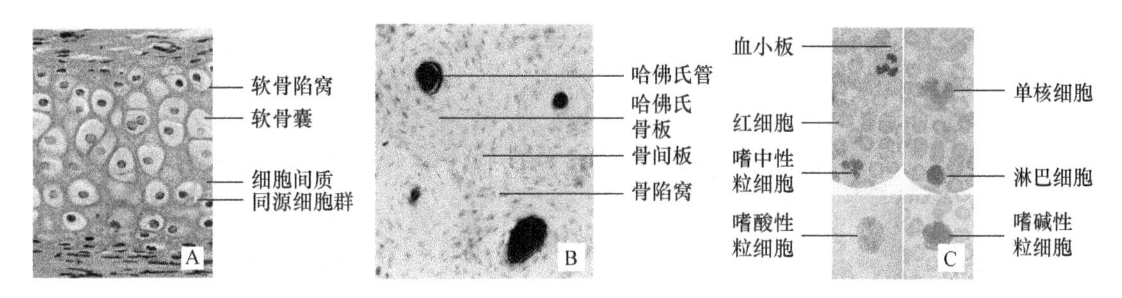

图 9-3　骨组织和血细胞

A. 透明软骨（气管）（白咸勇和谌宏鸣，2007）；B. 长骨磨片（罗灼玲和张立群，2004）；C. 血细胞（王荣华，2001）

（2）长骨。在低倍镜下观察长骨磨片，可见骨的两面都有平行于长骨纵轴的数层骨板。观察骨板弯曲方向和弧度有何特点？如何确定骨的外面和内面？这些骨板中，位于骨外面的称为外环板，位于骨内面的称为内环板。在内、外环板之间可见许多纤维骨板（或称为哈佛氏骨板）以同心圆形式排成的哈佛氏系统。换中倍镜观察哈佛氏系统，可见哈弗氏系统与周围部分之间由黏合线隔开（图 9-3B）。各哈佛氏系统之间还存在着一些互相平行排列的骨板，称为骨间板。观察骨间板是否形成同心圆？此外，哈佛氏系统中央的圆孔称为哈佛氏管，与其相接或横过内外环板的管道称为福氏管，无同心圆骨板环绕。两者均为血管的通路。

4. 血细胞　用低倍镜检查整个血液涂片，挑选血细胞彼此不重叠、均匀分布成薄薄一层的部位。换中倍镜先选择细胞形态正常、有核细胞较多的区域，再换高倍镜观察。红细胞（erythrocyte）是涂片上数量最多的细胞。胞体小，呈圆片状，无细胞核，胞质染成粉红色。白细胞（leukocyte）胞体大，染成蓝紫色的细胞核明显。其中，中性粒细胞（neutrophilic granulocyte）是白细胞中数量最多的细胞，胞体大于红细胞，细胞质染成蓝紫色，注意其中充满细小的褐灰色的小颗粒。其细胞核呈蓝色；形状变化较大，常呈分叶状，可分为 2～5 叶，叶间有细丝相连。少量的细胞核呈杆状，是幼稚型的中性粒细胞。嗜酸粒细胞（acidophilic granulocyte）数量少，胞体较中性粒细胞大，注意细胞质中充满被伊红染成鲜红的粗大而且大小一致的圆形颗粒；细胞核染成淡黄色，一般分为两叶，有时可见不分叶或 3 叶。嗜碱粒细胞（basophilic granulocyte）数量极少，细胞质染成淡蓝色，其中有大小不一、形状不规则的紫色或深蓝色的颗粒，分布不均匀，细胞核多为圆形或椭圆形，因染色浅，又被颗粒遮盖，图像不清晰。淋巴细胞（lymphocyte）中深蓝紫色的细胞核占比例很大，仅在细胞核一侧的凹陷处或在细胞的周缘可见极少的淡蓝色的细胞质。单核细胞（monocyte）是体积最大的白细胞，数量不多，细胞核的染色较淋巴细胞浅，核形呈椭圆形或马蹄形，常偏向细胞的一侧，胞质较多，染成淡灰蓝色，其中有细小的嗜天青颗粒。血小板（blood platelet）经常成堆分布在红细胞之间，高倍镜下一般只能看到成堆的紫色颗粒，用油镜才能看到颗粒周围的淡蓝色细胞质（图 9-3C）。

（三）肌肉组织

1. 平滑肌　在低倍镜下取小肠横切片观察，小肠壁的肌肉层染成粉红色。如何确定小肠壁的内侧和外侧？小肠壁上的平滑肌根据纤维的排列方向分为内环肌和外纵肌两层。观察两层厚度是否相同？换中、高倍镜观察平滑肌的纵切面和横切面。纵切面上可见肌细胞呈长梭形，彼此镶嵌排列，细胞界限不清，细胞核呈椭圆形或杆状。平滑肌纤维呈收缩状态时，细胞核常随之扭曲呈螺旋状。相邻肌纤维由于胞质的收缩形成染色深浅相间的收缩波。平滑肌纤维的横断面上可见肌纤维被结缔组织分隔成肌束，肌束直径大小不等，呈圆形（图 9-4）。

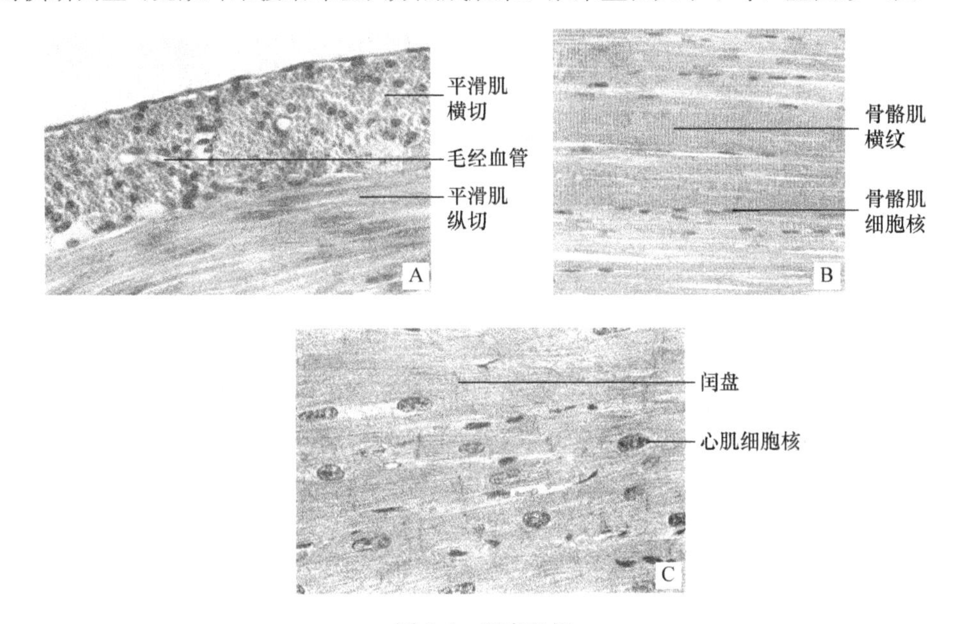

图 9-4　肌肉组织

A. 平滑肌（南京医学院组织胚胎学教研室和上海第二医学院组织胚胎学教研室，1981）；B. 骨骼肌纵切（王荣华，2001）；C. 心肌纵切（南京医学院组织胚胎学教研室和上海第二医学院组织胚胎学教研室，1981）

2. 骨骼肌　在低倍镜下取骨骼肌纵切片观察，首先观察骨骼肌的纵切面，可见肌纤维呈匀直的长条状，肌纤维之间有结缔组织和血管。选择其中染色较均匀的部分，换中倍镜观察，可见肌纤维具明暗相间的横纹，即明带与暗带。在肌纤维的表面有肌膜。细胞核为染成蓝色的卵圆形结构，观察细胞核处于肌纤维的什么位置？每个肌纤维中具有多少细胞核？换高倍镜观察，肌原纤维排列得非常紧密，每条肌纤维的横纹由彼此交替相间的明带（I 盘）和暗带（A 盘）构成（图 9-4）。明带染色浅，暗带染色深。选择较清楚的部分在油镜下观察，在暗带中心区可见的透明线称为 H 盘，穿过明带中心的一条暗线称为 Z 盘。H 盘和 Z 盘直达肌膜。两个 Z 盘之间称为一个肌节（sarcomere），是横纹肌原纤维的结构与机能单位。

3. 心肌　在低倍镜下取羊心肌纵切片观察，找到心肌的纵切面换高倍镜观察，来回微调细调焦螺旋，观察心肌上的横纹，与骨骼肌的横纹进行比较有何区别？心肌纤维的细胞核呈椭圆形，心肌纤维具有分支，各纤维以分支相连成网（图 9-4）。

在纤维中，可见有横过纤维染色较暗带深而宽的线条，即为闰盘，思考其功能是什么？

（四）神经组织

1. 兔脊髓横切面　取兔脊髓横切面切片，首先用低倍镜进行观察。脊髓的最外层为金黄色的薄层结缔组织，即脊髓的软膜。软膜内是脊髓的实质。实质分白质和灰质两部分，白质染色浅，主要由有髓鞘神经纤维组成；灰质染成深金黄色，主要由神经元的胞体、树突、少量交织的无髓鞘神经纤维和大量神经胶质细胞组成。从外形上看，脊髓腹面中央有腹正中裂，背面有背正中隔，在腹正中裂的两侧有发出脊神经腹根的腹外侧沟。背正中隔的两侧有背根进入的背外侧沟。白质被它们划分成以下几个束：腹正中裂和腹外侧沟之间的为腹束；背正中隔和背外侧沟间的为背束；背、腹外侧沟间的为侧束（图 9-5）。

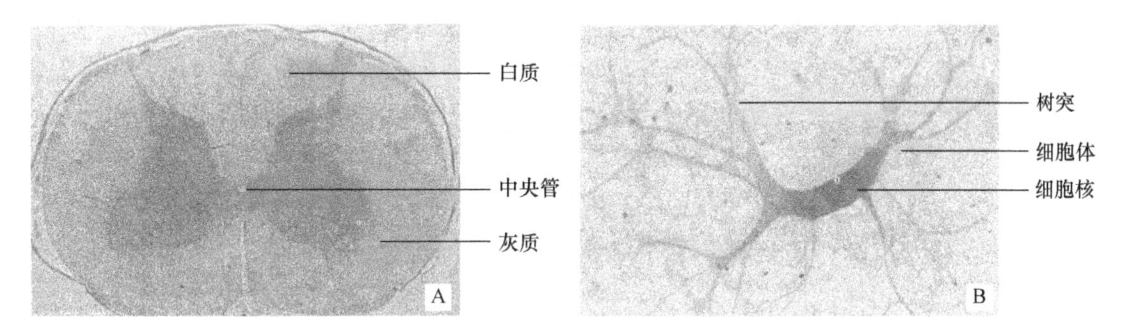

图 9-5　脊髓横切（A）运动神经元（B）（南京医学院组织胚胎学教研室和上海第二医学院组织胚胎学教研室，1981）

灰质形如蝴蝶，两翼为背角和腹角。腹角较宽，运动神经元分布在此处。背角较窄长，角的顶端覆盖有半月形的胶状质。两角之间的外侧有一个较小略呈三角形的外侧角，一般仅见于胸段和上腰段。左、右两半通过灰质联合相通，中间有中央管。

2. 神经元　用低倍镜观察神经元装片，辨别神经细胞的形态（图 9-5）。

【结果辨析与思考】

（1）总结各类动物组织的结构特征。

（2）思考各类动物组织的结构特征与功能间的关系。

【作业】

（1）绘制部分心肌切面图，注明结构名称。

（2）绘制硬骨的一个骨单位图，注明结构名称。

实验十

动物的生殖和胚胎发育

哺乳动物的精子是在睾丸的曲细精管中生成的。睾丸表面包有一层睾丸白膜，内部为睾丸实质。白膜将睾丸实质分割成许多小叶。每个睾丸小叶内含1～4条曲细精管，为精子发生的部位。曲细精管之间间质细胞能够分泌雄性激素。附睾的主要作用是帮助精子运动。精原细胞经过有丝分裂和减数分裂产生精子细胞，精子细胞变态转变成为具有顶体和细胞核的头部、短小的颈和一条细长尾的精子。

哺乳动物的卵子由卵巢产生。卵巢表面覆盖单层生殖上皮，内面为卵巢白膜，白膜内为卵巢实质，分为皮质和髓质。实质内含有不同发育阶段的卵泡和黄体。髓质由结缔组织和血管构成。成熟的卵子常分为均黄卵（少黄卵）、端黄卵和中黄卵。

受精卵经过卵裂、囊胚期、原肠胚期、神经胚期和器官分化形成胚胎。

【实验目的】

（1）掌握动物的生殖过程及其特点。

（2）了解动物生殖细胞的形态结构和脊椎动物胚胎早期发育的过程及各时期的主要特征。

（3）领会生物界个体发育是系统发育的浓缩的生物学含义。

【实验准备】

（一）材料

雄蛙活体动物，兔精子涂片，人精子涂片，动物精巢切片，蛙卵切片，昆虫卵切片，兔卵切片，鸡蛋，卵巢切片，蛙受精卵装片，蛙受精卵分裂装片，蛙囊胚期切片，蛙胚原肠早期切片，蛙胚原肠晚期纵切切片，蛙神经胚期切片，蛙神经褶晚期横切片，蛙胚神经板期横切片，蛙神经胚晚期胚胎切片。

（二）用品和试剂

光学显微镜，载玻片，盖玻片，培养皿，探针。

任氏溶液，蒸馏水。

【实验内容】

（一）动物精子观察

1. 蛙的精子观察　取一雄蛙，用探针处死后打开腹腔，取出精巢置于培养皿中，加入少许任氏溶液，并将其研磨成为悬液，即成精子悬浮液。取精子悬浮液制成临时装片在高倍镜下观察。蛙精子头部呈杆形，尾细长，可在尾的基部看到一个小的、浅色的膨大部，为中段。注意观察精子游动时，尾摆动的情形。

2. 兔精子涂片观察　取兔精子涂片在高倍镜下观察，兔的精子头部呈圆片形，颈在头下呈横的小杆形，尾细长。

3. 人精子涂片观察　形态与兔相似，但体积较小（图 10-1）。

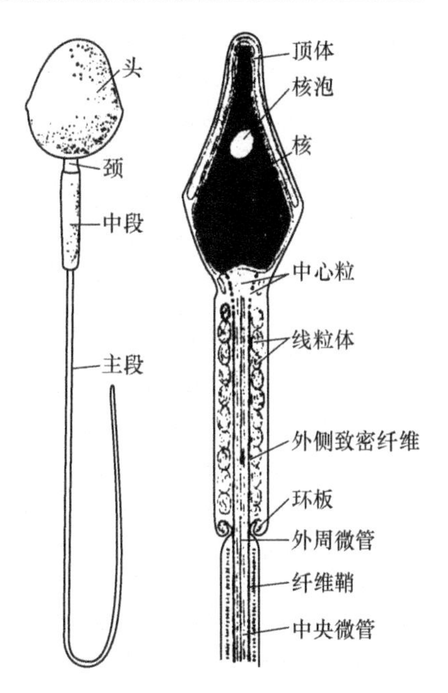

图 10-1　人精子结构（李云龙，2011）

典型的精子分为头部和尾部 2 部分，其中尾部可分为颈段、中段、主段和末段 4 部分，身体小而数量极多，能游动。思考精子的形态与功能有何关联？

（二）动物睾丸观察

取动物精巢切片在显微镜下观察，睾丸位于阴囊内，表面包有一层致密结缔组织膜，称为睾丸白膜，内部为睾丸实质。白膜在睾丸后缘增厚形成许多小隔，伸入睾丸实质内，将睾丸实质分割成许多小叶（图 10-2）。

每个睾丸小叶内含 1～4 条曲细精管，为精子发生的部位。充填在曲细精管之间的是结缔组织，其中存在能分泌雄性激素的间质细胞。

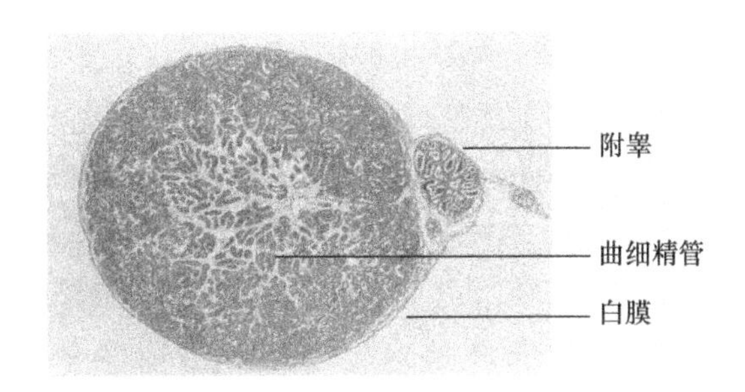

图 10-2　睾丸横切（南京医学院组织胚胎学教研室和上海第二医学院组织胚胎学教研室，1981）

附睾位于紧贴睾丸的后上缘，形似逗号，主要作用是帮助精子运动。

用高倍镜观察精巢切片中的曲细精管，可见精原细胞位于基膜上，细胞立方形或不规则性。由基膜至管腔依次可见初级精母细胞、次级精母细胞、精子细胞和精子。这些细胞之间是如何转变的？其染色体数量有何不同？

（三）动物卵的观察

1. 兔卵观察　在显微镜下观察兔卵切片，兔卵为均黄卵（少黄卵）。卵体积较小，卵黄含量少，且均匀分布在卵细胞质中。

2. 鸟卵观察　鸟卵为端黄卵。包在鸡蛋卵黄之外的卵白、壳膜及卵壳属于卵膜，由输卵管产生。鸡蛋的蛋黄为卵子，卵黄物质充满卵内，细胞质及核只占极小的部位，是端黄卵的极端情况。部分鸡蛋的卵黄上有一白色小圆片，称胚盘，是早期的鸡胚，胚盘代表未发育的卵细胞质及核的位置（图 10-3）。市场上卖的养鸡场生产的鸡蛋能否观察到胚盘？

3. 蛙卵观察　在显微镜下观察蛙卵切片，蛙卵为端黄卵。蛙卵体积大，含卵黄很多，分布不均匀。蛙卵表面有三层胶膜，由输卵管分泌形成。蛙卵的卵黄聚积在卵的一端，色白。卵细胞质与核在另一端，由于表面的细胞质中含有多量的色素，因此呈黑色。

4. 昆虫卵观察　在显微镜下观察昆虫卵切片，昆虫卵属于中黄卵。卵黄分布在卵中央，细胞质及核位于卵的表面。

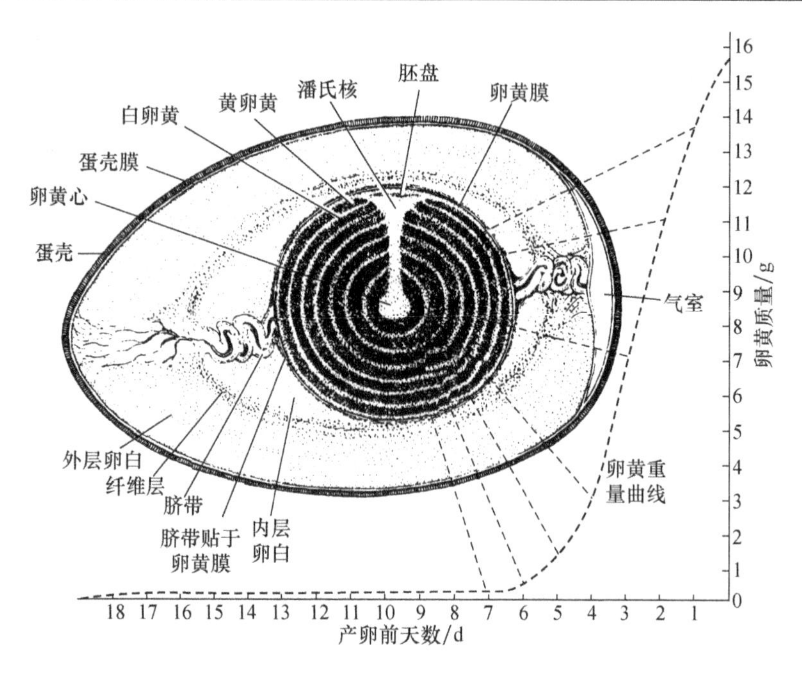

图 10-3　鸟卵结构（尤永隆等，2011）

动物成熟的卵子常依其卵黄的多少及分布情况分为三种类型：均黄卵（少黄卵），如兔、文昌鱼、海鞘等动物的卵；端黄卵，如蛙卵和鸡卵；中黄卵，如昆虫卵。

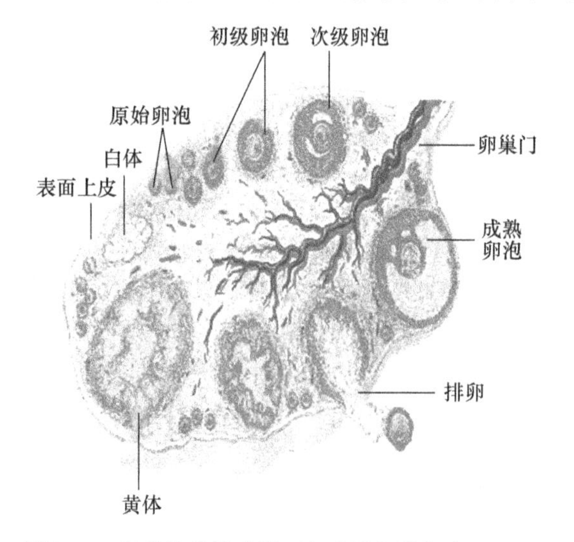

图 10-4　卵巢结构模式图（白咸勇和谌宏鸣，2007）

（四）卵巢的观察

在显微镜下取卵巢切片观察，卵巢为一对扁椭圆形的实质性器官。卵巢表面覆盖单层生殖上皮，内面为一层致密结缔组织，称为卵巢白膜。白膜内为卵巢实质，分为浅层的皮质和深层的髓质。实质内含有数以万计的不同发育阶段的球形卵泡以及卵泡排卵后形成的黄体。髓质狭窄，由结缔组织和较大的血管构成（图 10-4）。

（五）蛙的早期胚胎发育观察

1. 受精卵　取一张蛙受精卵装片置于解剖镜下观察。受精卵在第一次卵裂时，含卵黄多的一端为植物极，含卵黄少的一端为动物极。从动物极到植物极的中轴线称为卵轴。

在受精后不久第一次卵裂出现之前，在动物极和植物极之间的交界处，卵的一侧可见浅色新月形区，称为“灰色新月”。灰色新月确定了蛙卵的两侧对称性（左、右），蛙卵的第一次分裂大多数通过灰色新月的中间。

2. 卵裂　取 2 细胞期至 32 细胞期的蛙受精卵分裂装片，置于解剖镜下观察。受精卵从第一次分裂起，连续分裂为许多小细胞的过程，称为卵裂（图 10-5）。由卵裂所形成的细胞称为胚胎细胞或分裂球。蛙的卵裂方式为不等全裂。第一次卵裂为经裂，第二次卵裂面仍为经裂，分裂面与第一次分裂面位置有什么关系？前两次分裂将原来的受精卵分成大小相同的 4 个分裂卵球。第三次分裂是纬裂，分裂面位于赤道面上方，与前两次分裂面垂直，第三次分裂后分裂球有什么特点？第四次分裂为经裂，第五次分裂为纬裂，各有两个分裂面，分裂后共形成 32 个分裂球。此后的分裂失去同步性，各分裂球的排列就更不规则，形成一个中空、球形的细胞团。受精卵虽经多次分裂后，卵的体积是否有变化？

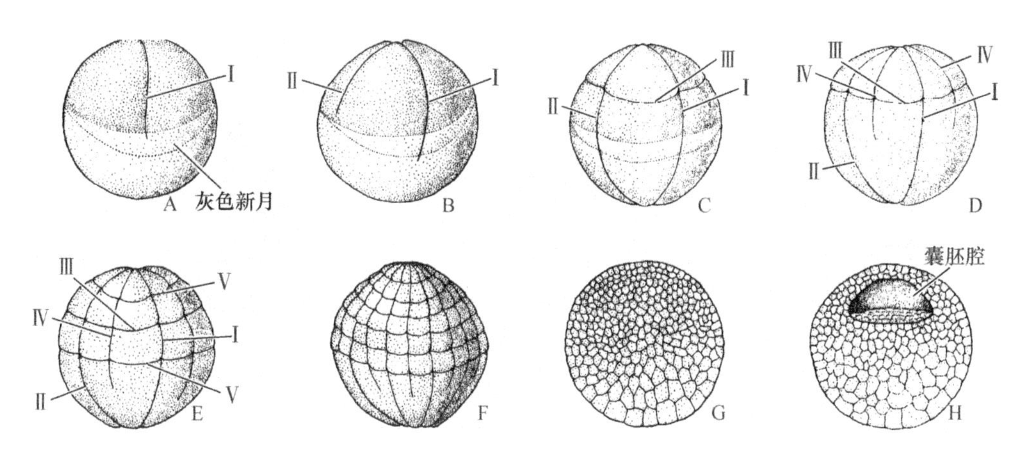

图 10-5　两栖类的卵裂（尤永隆等，2011）I～V 表示第一次至第五次卵裂的卵裂沟

A. 第一次卵裂；B. 第二次卵裂；C. 第三次卵裂；D. 第四次卵裂；E. 第五次卵裂；

F. 128 细胞期胚胎；G. 囊胚表面观；H. 囊胚纵切面，示囊胚腔

3. 囊胚期　取一张蛙囊胚期切片置于解剖镜下观察。蛙受精卵第六次卵裂后进入囊胚早期。这时其形状像篮球，动物极细胞小而颜色深，植物极的细胞大且颜色浅，赤道区域的细胞大小、颜色深浅介于两者之间。随着卵裂的进行，分裂球逐渐变小。在低倍显微镜下观察蛙囊胚晚期纵切面。可见动物极的细胞分界明显，而植物极的细胞外形模糊。囊胚中有一囊胚腔，囊胚腔顶部大约由 4 层动物半球的小细胞组成，最外层的细胞有深的色素，囊胚腔底部的大细胞层较多，细胞内贮有卵黄颗粒。

4. 原肠胚期

（1）原肠早期。取蛙胚原肠早期切片置于低倍显微镜下观察。可见胚胎赤道下方有一个横的浅沟或深色的凹陷，即为胚孔。这是原肠胚期形成过程的最初标志。浅沟的背缘即为背唇。胚孔背唇以上的区域将来成为胚胎的背部，下方的区域成为腹面（图 10-6）。囊胚腔明显。背唇出现后，动物极细胞分裂活跃。蛙胚由于分裂速度的差异，动物极细胞逐渐向下通过内卷和外包两种方式包围植物极，形成外胚层，被包围的植物极成为内胚层。当背唇由新月形向两侧缘继续延长，即形成侧唇，呈半圆形，此时就进入原肠中期。

（2）原肠晚期。取蛙胚原肠晚期的纵切置于低倍显微镜下观察。此时侧唇向腹面延伸并相遇，形成腹唇。由背唇、侧唇、腹唇围成的环形孔称为胚孔。胚孔被乳白色的卵黄细胞充塞，称为卵黄栓。此时可见裂缝状的原肠腔。注意观察原肠腔位于什么位置？注意和囊胚腔区别。由于卵黄的位置发生了改变，引起胚胎重心的改变。所以当原肠期完成时，胚体事实上已做了 120°的旋转，即上方为胚体的背部、下方为腹部，具孔的一端相当胚体后端，相对的一端为前端（图 10-6）。

蛙胚原肠胚在形成过程中，细胞经过一系列的移动和重新排列，形成了外胚层、内胚层和中胚层三个胚层。原肠胚的外表面被一细胞层所覆盖，为未来的外胚层。外胚层可见表皮

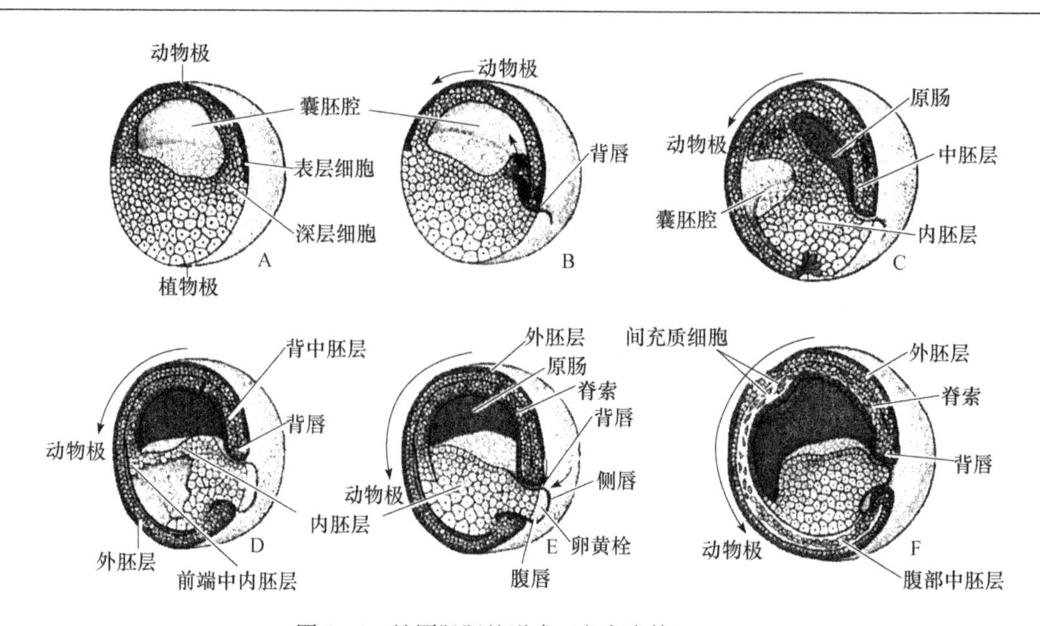

图 10-6　蛙原肠胚的形成（尤永隆等，2011）

A. 囊胚；B. 瓶状细胞内陷，胚乳形成，背唇出现，背唇的细胞内卷；C. 原肠腔扩大，囊胚腔缩小，侧唇出现；D. 中期原肠胚，腹唇出现，卵黄栓出现；E. 囊胚腔消失，卵黄栓缩小；F. 晚期原肠胚，卵黄栓即将消失，三胚层位置确定

外胚层和神经板外胚层两部分。由胚孔的背唇和侧唇内卷进去的细胞形成未来的脊索和背中胚层（体节）。由胚孔侧唇及腹唇内卷的细胞形成未来的侧中胚层（侧板）。思考原肠胚期能否观察到囊胚腔？

5. 神经胚期

（1）脊索的形成。取蛙神经胚期切片置于低倍显微镜下观察。脊索中胚层位于原肠的背壁，最初为连续的一层。随后，脊索中胚层的细胞由前向后与原肠逐步分离。此时脊索中胚层的背中线部分较厚，称为脊索板。其两侧的内胚层沿着脊索板两侧裂开，中间的脊索板完全脱离原肠逐渐形成脊索。

（2）中胚层的发生。取蛙神经褶晚期横切片置于低倍显微镜下观察。脊索形成的同时，位于原肠两侧壁的中胚层首先与脊索中胚层分离。邻近原肠腔的中胚层组成侧中胚层，侧中胚层分裂为体壁中胚层和脏壁中胚层两层。观察体壁中胚层和脏壁中胚层分别位于什么位置？之后，侧中胚层沿胚体两侧外胚层与内胚层之间向下伸展，于腹中线相汇合并打通，形成一个连续的腔，即体腔。

（3）神经板期。取蛙胚神经板期横切片置于低倍显微镜下观察。胚胎背中部的外胚层厚而平坦，即神经板。神经板外部由色素表皮层和内部神经层两层构成。色素表皮层薄，神经层较厚且由长柱形细胞组成。神经板腹面中央是脊索，脊索两侧是中胚层，脊索腹面的腔是原肠腔（图 10-7）。此时能否看到明显的体腔？

（4）神经褶期。神经褶期神经板边缘的左、右两侧细胞向背方隆起，但尚未在背正中愈合。稍后期，神经褶在愈合过程中原肠腔逐渐缩小（图 10-7）。

（5）神经管期。取蛙神经胚晚期胚胎切片置于低倍显微镜下观察。此时神经褶已向背方靠拢合并为神经管，神经管已与其上方的表皮外胚层分开（图 10-7）。神经管腹面的实心细胞团是脊索。位于脊索两侧是背中胚层和侧中胚层。在脊索腹面的腔是原肠腔。此期即为神

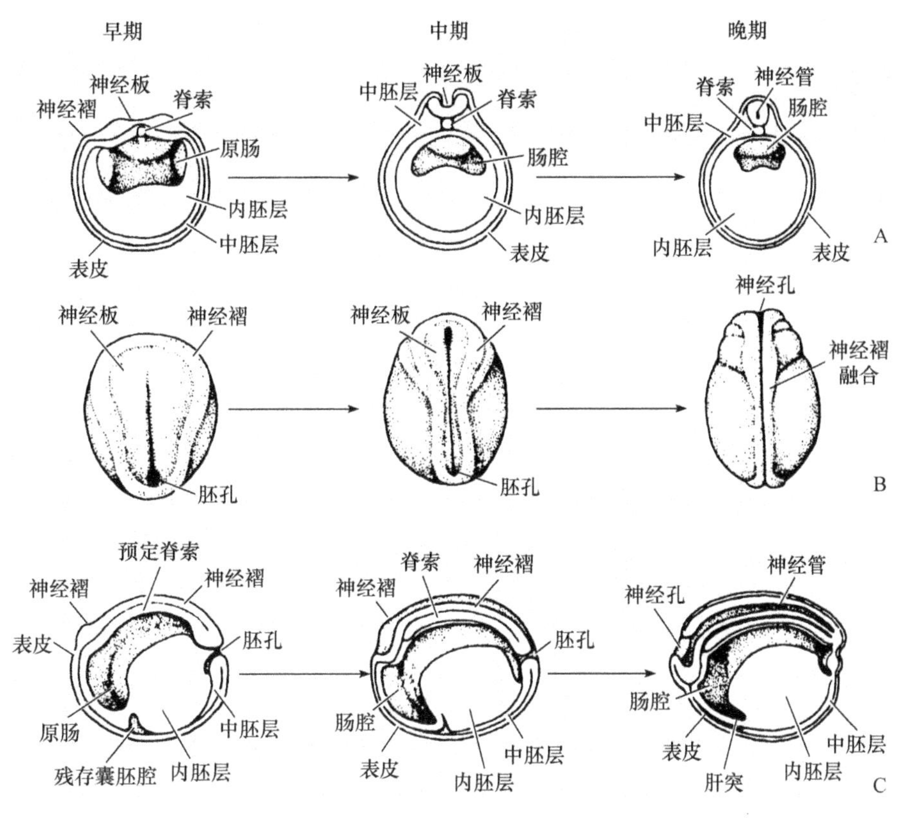

图 10-7　蛙神经胚的形成（张卫红，2011）

A. 横切面；B. 背面观；C. 矢切面

经管期。侧中胚层已出现空腔（体腔）。当背中胚层将来分化为位于神经管两侧的体节时，体腔将继续扩大，并将侧中胚层分成两层。

【结果辨析与思考】

（1）比较各发育阶段卵泡的形态和结构有何异同？

（2）体腔是什么？它是怎样形成的？

【作业】

（1）绘制动物精巢纵切片图，注明结构名称。

（2）绘制动物卵巢纵切片图，注明结构名称。

（3）绘制蛙原肠晚期纵切片图，标明外胚层、中胚层和内胚层。

实验十一

无脊椎动物的解剖观察

无脊椎动物（invertebrate）是背侧没有脊柱的动物类群。在动物界中，除脊索动物门脊椎动物亚门以外的其他动物都是无脊椎动物，常见的有线形动物、环节动物和节肢动物。

线形动物又称为假体腔动物或原腔动物。它们都是原体腔，有发育完善的消化管；体表被角质膜；排泄器官属原肾系统；雌雄异体。

环节动物身体分节，运动敏捷；次生体腔出现，促进循环系统和后肾管的发生，从而使各种器官系统趋向复杂，机能增强；神经组织进一步集中，脑和腹神经索形成，构成索式神经系统；感官发达，接受刺激灵敏，反应快速。

节肢动物绝大多数种类演化成真正的陆栖动物；全身包被坚实的外骨骼，可防止体内水分的大量蒸发；有灵活的附肢、伸屈自如的体节及发达的肌肉，增强了运动能力；还具备气管等空气呼吸器，能高效进行呼吸，完全适应陆上生活。在无脊椎动物中节肢动物成为登陆最成功的一门动物类群。

【实验目的】

（1）掌握线形动物、环节动物和节肢动物的一般特征。

（2）了解它们的适应性特征。

（3）领会无脊椎动物的进化阶元和无脊椎动物的主要进化特征。

【实验准备】

（一）材料

蛔虫（猪蛔虫）（*Ascaris sum*）浸制标本及横切片标本，环毛蚓（*Pheretima* sp.）活体、浸制标本及其横切片标本，棉蝗（*Chondracris resea*）的浸置标本。

（二）用品

放大镜、解剖镜、显微镜、蜡盘、尖头镊、解剖盘、解剖剪、解剖针、大头针、滴管、载玻片、盖玻片、培养皿、甘油、吸水纸等。

【实验内容】

（一）猪蛔虫的外形观察与内部解剖

1. 标本解剖观察　将雌、雄蛔虫置解剖盘中，分别观察其形态，辨认其前、后、背、腹。注意雌、雄蛔虫有什么差别？蛔虫的前端逐渐变细，后端较粗钝。其身体上有很多细的条纹，表面有角质膜，全身光滑；前端的开口为口，口的背侧有1个背唇，腹侧有2个腹唇，各唇上均有乳突，背唇上有2个，腹唇上各有1个。口稍后，离腹唇2mm处有1个排泄孔。肛门开口于腹部的中线上。雄性后端常向腹面弯曲呈钩状，在腹面近末端有两根交接刺，由生殖孔与肛门合并的泄殖腔孔中伸出，能自由伸缩；雌虫较粗大，腹面后端不弯曲，横裂的肛门开口于腹面近体的末端，生殖孔开口在腹面的前端约身体的1/3处（图11-1）。

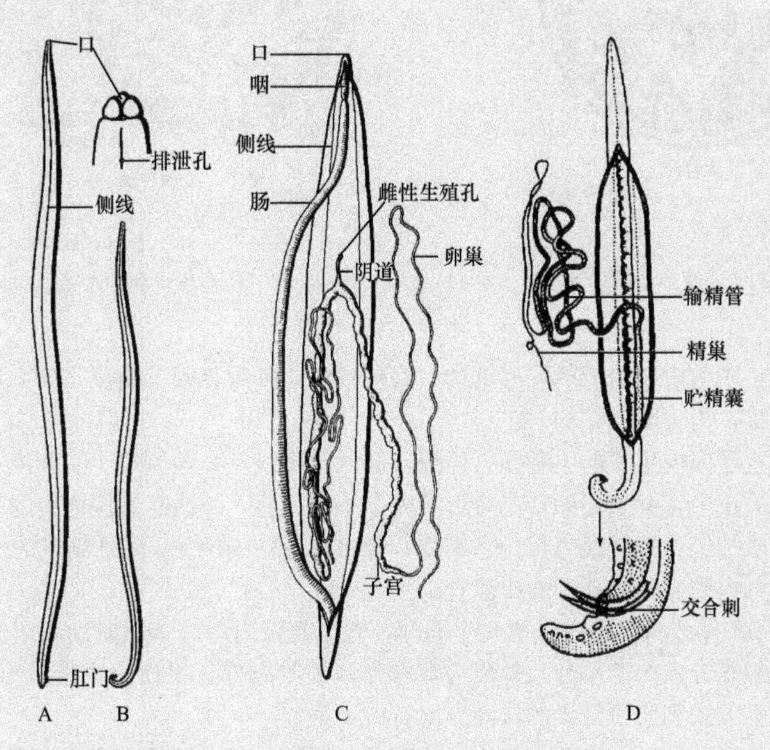

图11-1　蛔虫的外形及解剖示生殖系统（Buchsbaum and Pearse，1907）

A. 雌虫；B. 雄虫；C. 雌虫解剖；D. 雄虫解剖

从虫体背部略偏中线的地方剪开，用镊子拉开两侧的体壁，勿伤及蛔虫的内部结构。用大头针将体壁钉在解剖盘上，略加水，以免虫体干燥，便于观察。

与扁形动物的消化系统相比，为什么说蛔虫具有完善的消化管？消化管简单，为一直管，是由口、咽、肠、直肠及肛门组成的长扁形消化管。体中央有一粗大的淡黄色的扁管几乎贯穿于整个假体腔（pseudocoel），为肠；肠的前端为细而有弹性的肌肉质短管，为咽；肠的后端为直肠，与肠的界限不明显，以肛门（或泄殖孔）通向体外。

蛔虫的排泄系统有两条排泄管位于侧线中，属于管型。神经系统简单，有围绕咽的神经环及从神经环上通出的前、后各6条神经。

最后是生殖系统。

（1）雄虫：体中部靠前端有一个细长、弯曲成管状的精巢，与其后较粗的输精管和最粗大的管状贮精囊相连，贮精囊后为细直的射精管，末端为雄性生殖孔开口于泄殖腔中（图11-1）。

（2）雌虫：体中部靠后端有两条细长、弯曲呈管状的卵巢，各通入输卵管，再通入较粗大的子宫。两条子宫汇合成管状的阴道，末端有生殖孔，开口于腹面前端1/3处（图11-1）。

2. 切片观察　取蛔虫横切片标本，放在低倍镜下观察（图11-2）。

（1）体壁由多层结构组成。角质膜：身体表面的一层非细胞结构的膜。

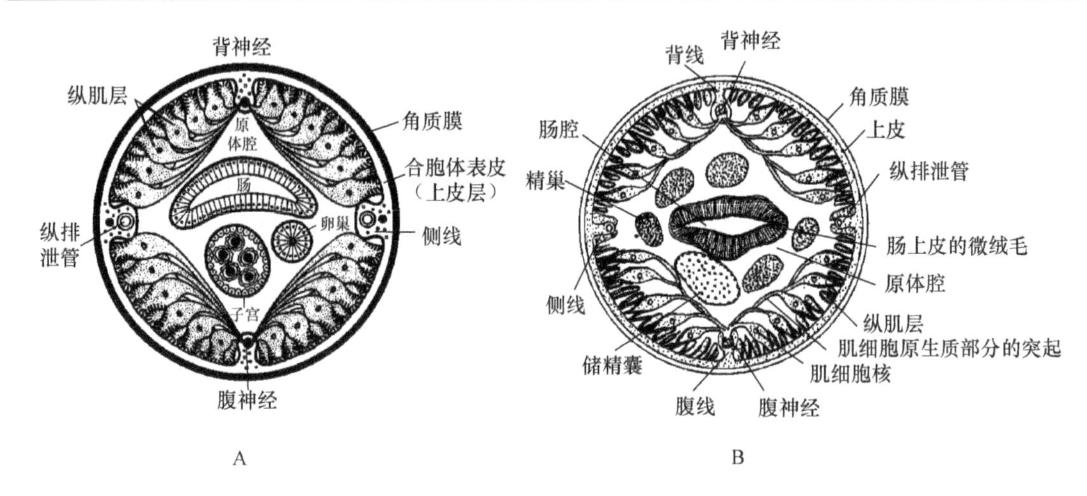

图 11-2 蛔虫的横切面（Buchsbaum and Pearse，1907；刘凌云和郑光美，1997）
A. 雌虫；B. 雄虫

上皮层：位于角质膜内侧的一层结构，染色较深，细胞界限不明显，仅可见颗粒状的细胞核及纵行纤维，为合胞体结构。

体线：上皮层向内生长的 4 个纵行体线，即背、腹线及 2 条侧线。①背线及腹线：在身体背面及腹面的正中，线条很细，二者形状完全不同。背、腹线靠近假体腔的一侧膨大，内包有背神经及腹神经，腹神经较粗。②侧线：分布在身体的两侧。2 条侧线的形状与构造完全相同。侧线的内侧有一圆孔即为排泄管。

肌肉层：4 条体线将体壁分隔成 4 个间隙，每个间隙内由许多纵肌细胞组成较厚的肌肉层，每个纵肌细胞分成 2 个部分，外面为富有弹性的收缩部，里面为原生质部细胞核部位。思考蛔虫的运动方式和肌原纤维的排列方向有何关系？

（2）肠：横切面的正中央有一扁圆形的管子，即肠，它由柱状上皮细胞组成。肠中间的空隙称为肠腔，肠腔的内面有内角质膜。

（3）假体腔：肠与体壁之间的空隙。

（4）生殖器官：并非每张切片都能看到生殖系统的所有器官，可通过多观察切片以全面了解各器官的结构（图 11-2）。

雌性生殖系统：卵巢位于原体腔中形似车轮，中心称轴，周围有辐射状排列的卵原细胞。比卵巢略大的圆形物为输卵管，轴已消失。比输卵管还大一些的圆形切面为子宫，其空腔内有卵。

雄性生殖系统：精巢圆形染色深，最细，内充满排列紧密的生殖细胞，生殖细胞与分支状的轴连接，细胞之间界限不明显。输精管较粗，精子在其内排列不很紧密。贮精囊壁较厚，比较粗大（直径达假体腔的 1/3 以上），思考为什么每张切片最多只有一个储精囊的断面？

（二）环毛蚓外形的观察和内部解剖

环毛蚓属于环节动物门寡毛纲。观察生活的环毛蚓，将它放在纸上，当它蠕动时便可以听到沙沙的声音。这是由于它体节上的刚毛（seta）与纸接触而产生的声音。蚯蚓的刚毛是它的运动器官，也是固着于穴洞中的器官。用手轻轻抚摸蚯蚓，向前和向后抚摸感觉有何不同，为什么？

1. 观察环毛蚓的前端、后端和背腹面　蚯蚓的背面颜色较深，腹面色浅而富有光泽。头端微膨大，尾端细而圆。由环节组成，环节之间有节间沟，各节中央环上有一圈刚毛。思考环节的出现对蚯蚓的运动和身体各器官的功能完成有什么意义？

(1) 前端：在第 14～16 节有棕红色加厚的环带，这一端即为前端，在前端第 1 节有围口节，中间是口。围口节上有突出的皱褶，即口前叶，它有钻掘泥沙的功能。

(2) 后端：无环带的一端为后端，末端的开口为肛孔。

(3) 背侧：颜色深暗的一面即为背侧，在背中线处，每节之前有 1 个背孔（仅前端几节缺），背孔的起始自节间沟，种类不同起始位置各异。用吸水纸将蚯蚓背部擦干，用手指轻轻捏压其体后端两侧体节，以免损伤内部器官，可见背孔处有体腔液排出，有何作用？

(4) 腹侧：颜色浅淡的一面即为腹侧，在 6/7、7/8、8/9 节间沟的两侧有受精囊孔 3 对，在第 14 节腹中线上有 1 个雌性生殖孔，在第 18 节腹面两侧各有 1 对雄性生殖孔。在受精囊孔与雄性生殖孔附近常有一些小的生殖乳突。

2. 内部解剖　置蚯蚓于蜡盘上，用解剖剪在其身体背面略偏背中线处，从肛门剪到口。剪体壁时剪刀尖应略上翘，以防戳破消化管壁使其内泥沙外溢而影响观察（图 11-3）。

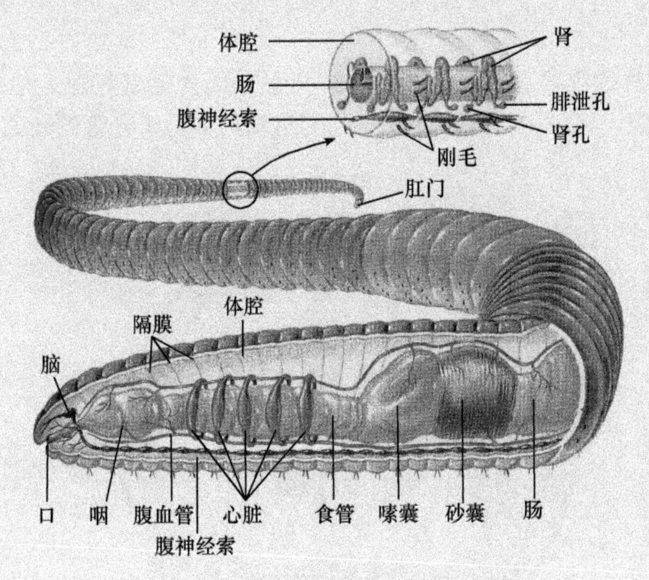

图 11-3　环毛蚓的解剖（Teresa，1996）

(1) 隔膜：将解剖开的蚯蚓放入解剖盘，用解剖针划断（从中间开始向前和向后划）连于体壁和内脏之间的隔膜，将体壁与内脏分离，先保留第 9～14 体节的隔膜，这些节内容纳着生殖器官，防止破坏该处的精巢囊、卵巢、卵漏斗等器官。

(2) 消化系统：消化管分化为口、口腔、咽、食管、砂囊、胃、肠、肛门等。口腔位于消化管最前端，其后为咽，肌肉发达，硬且有弹性，隔膜也较厚，旁边有单细胞的咽线。咽后连有细而长的食道。其后为薄壁的嗉囊不明显。之后为球状的砂囊，肌肉发达。砂囊之后为细管状的胃，常被生殖器官所掩盖，胃后接肠，一直到体末端，并在第 26 或 27 节在肠两侧向前伸出 1 对锥形盲肠，肛门开口于体外。思考盲肠有何作用？

(3) 循环系统：在肠的背面正中央，是 1 条由后向前行的血管，为背血管。将身体中后部的一段肠轻轻拨开，可见肠下、腹中线处有 1 条略细的血管，为腹血管。在第 7、9、12、13 等体节内，是连接背、腹血管的一种环血管，共 4 对或 5 对，称为动脉弧（或心脏），麻醉的蚯蚓可以观察到动脉弧的搏动。思考蚯蚓的血循环是如何完成的？

（4）生殖系统：雌雄同体。

雄性生殖系统：精巢 2 对，位于第 10、11 节内的精巢囊内，精漏斗 2 对，仅靠精巢下方，储精囊 2 对，紧接在精巢囊之后。用解剖针戳破精巢囊，用水轻轻冲去囊内絮状物，解剖镜下观察，可见精巢囊前方内壁上有一白色小点状物，即精巢，下方皱纹状的结构即为精漏斗。每侧的前、后精巢囊向外侧通出 1 条细小的输精管。输精管细线状，在两侧的前后输精管各汇合成 1 条，向后通到第 18 节处，与前列腺管汇合，由雄性生殖孔通向体外。

雌性生殖器官：卵巢 1 对，在第 13 节的前缘，用镊子外拉 12/13 隔膜，同时将消化管轻轻拨开，紧贴于 12/13 隔膜之后有两团很小的絮状结构，就是卵巢。在卵巢之后，13/14 隔膜之前，有 1 对皱状的卵漏斗。用镊子夹起 13/14 隔膜，可见在第 14 节前半部有 1 对很短的输卵管，2 条输卵管在第 14 节腹中央汇合，由雌性生殖孔通向体外。受精囊共 3 对，在 6/7～8/9 隔膜的前或后，由主体和盲管组成，主体又分坛及坛管两部分。

（5）神经系统：蚯蚓为典型的索式神经。轻轻推开消化管，可见紧贴腹中央体壁的白色的链状结构，为腹神经索。腹神经索在每体节各有一稍膨大的神经节，并在每一节内分出 3 对神经。腹神经索向前为咽下神经节，两侧的分支为围咽神经，围咽神经在咽上方汇合，并膨大为脑。脑埋于肌肉中，要仔细剥离。

3. 环毛蚓横切片的观察　环毛蚓横切片可见外面为体壁较厚，里面为肠壁较薄，体壁和肠壁之间为体腔，体腔中为许多无序排列的组织，多为小肾管的断面（图 11-4）。

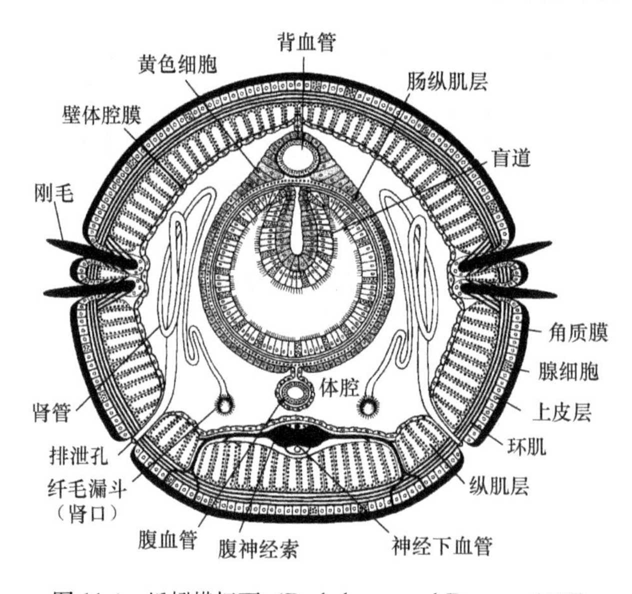

图 11-4　蚯蚓横切面（Buchsbaum and Pearse，1907）

（1）体壁：可分为 5 层。体表的一层非细胞结构的薄膜为角质膜。蚯蚓以体表进行气体交换。角质膜内由单层柱状细胞组成，其中还有少数腺细胞和感觉细胞。上皮之下为一薄层环肌，紧贴环肌的纵肌层较厚，成束。位于体壁的最内一层由单层扁平细胞组成，为体腔膜。有些切片可见略透明、淡黄色的刚毛，自体壁穿出。

（2）肠壁：分为 4 层。肠壁的最外层为单层细胞组成的脏体腔膜（也称为黄色细胞）。其下为很薄的纵肌层，纵肌层内为薄的环肌，肠壁最内侧一层比较厚，由单层柱状上皮组成，为肠上皮层。肠背面下凹成一纵槽，称为盲道。思考盲道有什么作用？可以根据盲道的位置区分蚯蚓的背腹。

（3）其他器官：肠背面中央、盲道的上方红色斑块为背血管；腹面中央的红色斑块为腹血管，以系膜与肠相连；在神经索下面有一条神经下血管，有时还可看到排泄管肾管位于两侧体腔内及生殖腺附近。

（三）棉蝗的外形观察和内部解剖

1. 棉蝗的外形观察　棉蝗的浸制标本呈黄褐色，体表被有几丁质外骨骼。身体明显分为头、胸、腹3个部分（图11-5）。

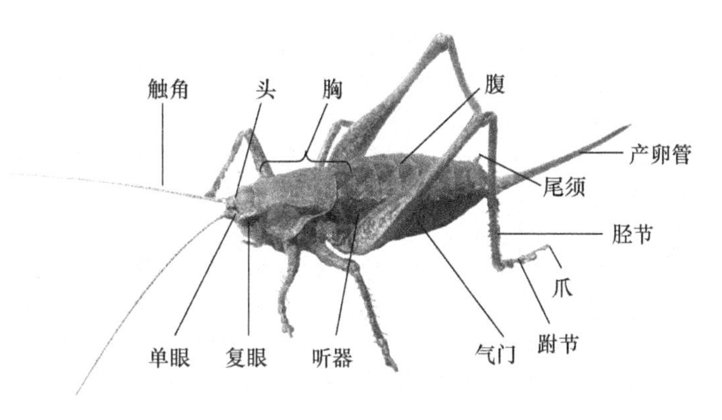

图11-5　昆虫的外部形态（李连芳摄）

（1）头部：卵圆形，以略收缩的膜质颈与胸节相连。头的上方为钝圆的头顶；前方为略成方形的额，额下连一长方形的唇基，复眼以下的两侧部称为颊。头顶两侧有1对卵圆形，棕褐色的复眼。头部还有3个单眼，1个在额的中央，2个分别在两复眼内侧上方。单眼形小，浅黄色。用刀片在复眼表面切下一薄片，置于载玻片上，加甘油，盖上盖玻片，显微镜下观察，可见复眼由许多六角形的小眼组成。思考复眼和单眼的视觉功能有何不同？触角1对，位于复眼内侧的中央，细长呈丝状，由柄节、梗节及鞭节组成；鞭节又分为许多亚节。

口器为咀嚼式。在唇基之下连一近方形的上唇。用镊子紧镊其基部，向腹面拉下，置于培养皿中，加清水在解剖镜下观察，注意内面有何构造？上颚1对，位于颊部下方，以解剖针沿颊下缝插入，使缝间联系分离，即可取出上颚。上颚具切齿部（注意齿状突的个数）及臼齿部，强大而坚硬，呈棕褐色。思考其有何功用？下颚1对，用镊子紧镊其与头部相接处，用力拉下。下颚基部有一轴节，中部有一茎节，其外侧有瓣状的外颚叶和内侧具齿尖（注意齿尖数）的内颚叶，其旁的细小颚须节上有一根5节的下颚须，位于下颚后方，用镊子紧镊其基部将其下拉，可见基部为一弯月形的后颏，其前接一片状的前颏，两侧有1对3节的下唇须，前颏前缘有1对侧唇舌。舌1个，位于口腔中央，黄褐色，卵圆形，有一个小柄，舌壁上有很多毛带（图11-6）。

（2）胸部：由前胸、中胸和后胸3节组成。胸部体壁高度骨化，为坚硬的几丁质骨板构成外骨骼。每一胸节均由背板、腹板及侧板构成。前胸背板发达，马鞍形，向两侧和后方延伸；中胸背板和后胸背板在前胸背板下方，呈方形，表面有沟，可分为若干小骨片。前胸腹板呈长方形，较小，中有一横弧线；中、后胸腹板合成一块，但可明显区分。每腹板有沟，可分为若干骨片。前胸侧板位于背板下方前端，退化为小三角形骨片。中、后胸节侧板发达，有纵、横沟将每侧板分为3块骨片。在中胸和后胸侧板前缘的薄膜上各有1对气门（图11-5）。中胸的1对气门须将前胸背板稍掀起方可看到。

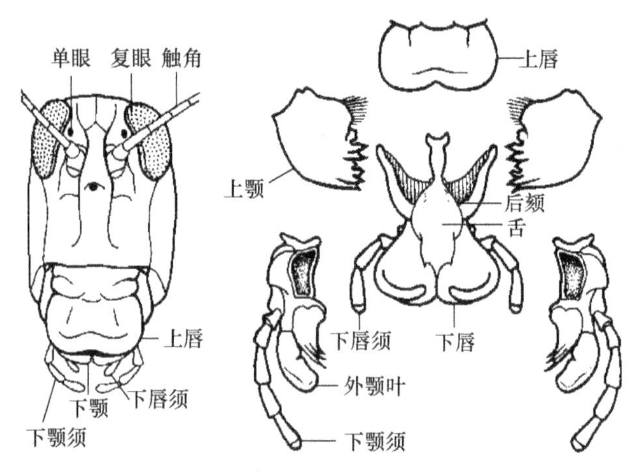

图 11-6　蝗虫口器（Snodgrass，1935）

附肢：胸部各节依次着生前足、中足和后足各 1 对。每足分为基节、转节、腿节、胫节、跗节和前跗节。用放大镜观察，跗节又分为 3 节，第 1 节较长，有 3 个假分节；第 2 节很短；第 3 节较长。前跗节位于第 3 跗节的端部，为 1 对爪，爪间有一中垫。胫节生有小刺，注意其排列形状与数目。后足强大，适于跳跃，为跳跃足。

中、后胸各具 1 对翅，依次称为前翅和后翅。前翅着生于中胸，革质，形长而狭，休息时覆盖在背上，称为覆翅。后翅着生于后胸，休息时折叠而藏于覆翅之下，将后翅展开，可见它宽大、膜质、薄而透明、翅脉明显，注意观察其脉相。

（3）腹部：由 11 个体节组成。壳多糖（原称几丁质）的外骨骼较柔软，由背板和腹板组成，侧板退化为连接背、腹板的侧膜。第 1～8 腹节形态构造相似，在背板两侧下缘前方各有 1 个气门。在第 1 腹节气门后方各有 1 个大而呈椭圆形的膜状结构，称为听器。第 9、10 两节背板较狭，且相互愈合；第 11 节背板形成背面三角形的肛上板，盖着肛门；第 10 节背板的后缘，肛上板的左、右两侧有 1 对小突起，即尾须，雄虫的尾须比雌虫的大，两尾须下各有 1 个三角形的肛侧板。腹部末端还有外生殖器。雄蝗虫的外生殖器称为交配器。雄虫第 9 节腹板发达，向后延长并向上翘起形成匙状的下生殖板，将下生殖板向下压，可见内有一突起，即为阳茎。

雌蝗虫的外生殖器称为产卵器。雌虫第 9、10 节无腹板，第 8 节腹板特别长。产卵器呈瓣状，共 2 对，背侧的 1 对称为背瓣，由第 9 腹节的 1 对附肢演变而成，腹侧的 1 对称为腹瓣，由第 8 腹部的 1 对附肢变成（图 11-7）。

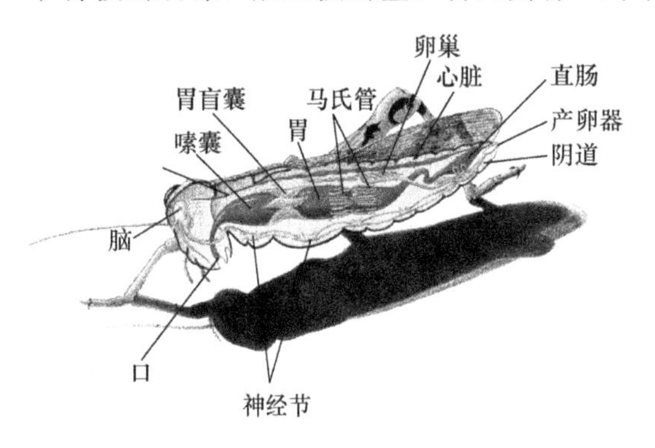

图 11-7　雌蝗虫的解剖图
（Raven and Johnson，1996）

2. 棉蝗的内部解剖　用解剖剪剪去棉蝗的翅和足。再从腹部末端尾须处开始，自后向前沿气门上方将左右两侧体壁剪开，剪至前胸背板前缘。在虫体前后端两侧体壁已剪开的裂缝之间，剪开头部与前胸间的颈膜和腹部末端的背板。将蝗虫背面向上置于解剖盘中，用解剖针自前向后小心地将背壁与其下方的内部器官分离开，最后用镊子将完整的背壁取下，依次观察下列器官系统。

1）循环系统　观察取下的背壁，可见腹部背壁内面中央线上有一条半透明的细长管状构造，即为心脏。心脏按节有若干略膨大的部分，为心室。观察棉蝗有几个心室？各在何腹节？心脏前端连一个细管，即为大动脉。心脏两侧有扇形的翼状肌。

2）呼吸系统　自气门向体内，可见许多白色分支的小管分布于内脏器官和肌肉中，即为气管；在内脏背面两侧还有许多膨大的气囊。用镊子撕取胸部肌肉少许，或剪取一段气管，放在载玻片上，加水制成装片，置显微镜下观察，即可看到许多小管，其管壁内膜有几丁质螺旋纹管（气管）。思考螺旋纹有何作用？

3）生殖系统　棉蝗为雌雄异体异形，实验时可互换不同性别的标本进行观察（图 11-8）。

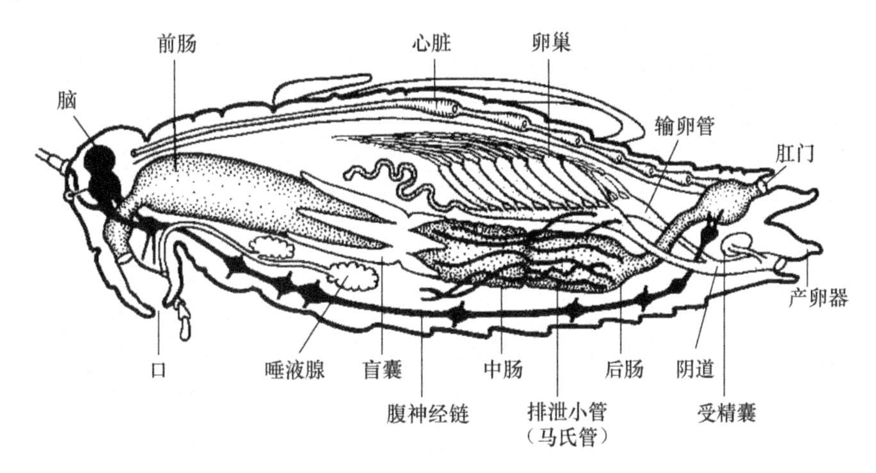

图 11-8　蝗虫的内部解剖模式图（Snodgrass，1935）

（1）雄性生殖器官。

精巢：位于内脏器官的背方，1 对，左右相连成一长椭圆形结构，仔细观察，可见由许多小管，即精巢管组成。

输精管和射精管：精巢腹面两侧向后伸出 1 对输精管，分离周围组织可看到，两管绕到消化管腹方汇合成 1 条射精管。射精管穿过生殖下板，开口于阳茎末端。

副性腺和储精囊：位于射精管前端两侧，为一些迂曲的细管，通入射精管基部。仔细将副性腺的细管拨散开，还可看到 1 对储精囊也开口于射精管基部。观察时可将消化管末段向背方略挑起，以便寻找，但勿将消化管撕断。

（2）雌性生殖器官。

卵巢：位于腹部消化管的背方，1 对，由许多自中线斜向后方排列的卵巢管组成。

卵萼和输卵管：卵巢两侧有 1 对略粗的纵行管，各卵巢管与之相连，此即为卵萼，是产卵时暂时储存卵粒的地方，卵萼后行为输卵管。沿输卵管走向分离周围组织，并将消化管末段向背方略挑起，可见 2 个输卵管在身体后端绕到消化管腹方汇合成 1 条总输卵管，经生殖腔开口于产卵腹瓣之间的生殖孔。

受精囊：自生殖腔背方伸出一弯曲小管，其末端形成一椭圆形囊，即受精囊。

副性腺：为卵萼前端的一弯曲的管状腺体。

4）消化系统　由消化管和消化腺组成。消化管可分为前肠、中肠和后肠。前肠之前有由口器包围而成的口前腔，口前腔之后是口。用镊子移去精巢或卵巢后进行观察。前肠是自咽至胃盲囊，包括下列构造：口后的一段肌肉质短管咽、食管、嗉囊和前胃。中肠又称为胃，在与前胃交界处有12个呈指状突起的胃盲囊，6个伸向前方、6个伸向后方。后肠包括回肠、结肠、直肠，其末端开口于肛门，肛门在肛上板之下。唾液腺1对，位于胸部嗉囊腹面两侧，色淡，葡萄状，有1对导管前行，汇合后通入口前腔。思考消化系统各器官分别具有什么功能？

5）*排泄器官* 为马氏管，着生在中、后肠交界处。将虫体浸入培养皿内的水中，用放大镜观察，可见马氏管是许多细长的盲管，分布于血体腔中。

6）*神经系统* 用剪刀剪开两复眼间头壳，剪去头顶和后头的头壳，但保留复眼和触角。再用镊子小心地除去头壳内的肌肉，即可见到脑位于两复眼之间，为淡黄色块状物。注意观察脑向前发出的主要神经，各通向哪些器官？围食管神经为脑向后发出的1对神经，到食管两侧。用镊子将消化管前端轻轻挑起，可见围食管神经绕过食管后，各与食管下神经节相连。除留小段食管外，将消化管除去；再将腹隔和胸部肌肉除去，然后观察。腹神经链为胸部和腹部腹板中央线处的白色神经索。它由两股组成，在一定部位合并成神经节，并发出神经通向其他器官。数数有多少个神经节，各在什么部位？

【结果辨析与思考】

（1）总结蛔虫适应于寄生生活的特征。

（2）蚯蚓的哪些特征代表了环节动物们的主要特征？

（3）通过对棉蝗的解剖和观察，说明昆虫纲的主要特征。其中哪些是与陆生生活相适应的特征？

（4）总结无脊椎动物进化历程及各进化阶元代表动物的特征。

【作业】

（1）绘蛔虫的横切面图。

（2）绘环毛蚓横切面图。

（3）绘棉蝗外形图和消化系统图，注明各部分结构名称。

实验十二

脊椎动物的解剖观察

脊椎动物（vertebrata）是脊索动物门（Chordata）中数量最多和结构最复杂完善的一个亚门。脊椎动物神经管的前端分化成五部脑，后端分化成脊髓，出现了具有眼、耳、鼻等感觉器官的头部，所以又称为有头类；脊椎（或脊柱）是支持身体的中轴，脊索只在胚胎发育中出现；多数口具有上、下颌（圆口类除外），称为有颌类；多数具成对的附肢作为运动器官（圆口类除外），扩大了生活范围，提高了摄食、求偶和避敌的能力。

现存的脊椎动物分为圆口纲（Cyclostomata）、鱼纲（Pisces）、两栖纲（Amphibia）、爬行纲（Reptilia）、鸟纲（Aves）和哺乳纲（Mammalia）6 个纲。

【实验目的】

(1) 掌握鱼纲、鸟纲和哺乳纲的主要结构特点，以及内部解剖的基本操作方法

(2) 了解脊椎动物在进化中的形态结构进化特征

(3) 领会脊椎动物的形态结构特征对适应生活环境的意义。

【实验准备】

（一）材料

鲤鱼、家鸽、兔鲜活材料。

（二）用品和试剂

骨剪、解剖剪、解剖刀、镊子、解剖盘、放大镜、钟形罩，乙醚。

【实验内容】

（一）鲤鱼的外形结构和内脏解剖

1. 鲤鱼外形观察

(1) 外形。鲤鱼体呈纺锤形，略侧扁，背部灰黑色，腹部近白色。身体可区分为头、躯干和尾 3 部分。头和躯干之间以鳃盖后缘或最后一对鳃裂的腮孔为界，躯干和尾的分界线为肛门或泄殖孔。思考鱼的外部形态与其生活环境有何适应关系？

鳃鱼口位于头部前端（口端位），口两侧各有 2 个触须。思考触须有何作用？吻背面有鼻孔 1 对，鼻腔通口腔吗？眼两侧有 1 对大而圆的眼。头部两侧为宽扁的鳃盖，鳃盖后缘有膜状的鳃盖膜，借此覆盖鳃孔。

(2) 鳍。鳍由奇鳍和偶鳍组成。奇鳍包括背鳍、臀鳍和尾鳍。偶鳍包括胸鳍和腹鳍各 1 对。

鱼鳍内有鳍条支持，鳍条包括棘和软鳍条两类，棘坚硬而不分节；软鳍条分节，又可分

为末端分支和末端不分支的鳍条。棘和软鳍条的数码是鱼类分类学上的鉴别特征之一，通常用鳍式表示。D代表背鳍、A代表臀鳍、C代表尾鳍、P代表胸鳍、V代表腹鳍，鳍棘用罗马数字表示、鳍条用阿拉伯数字表示、连字符表示棘鳍相连、逗号表示棘鳍分离。思考鳍在鱼类的运动中发挥着怎样的作用？请写出鲤鱼的鳍式。

（3）皮肤及其衍生物。鲤鱼体表为鳞片所覆盖，鳞片外有一黏液层。

鲤鱼体表被覆一薄层表皮，表皮下是覆瓦状排列的圆鳞，鳃盖后方至尾部有一行被侧线孔穿孔的鳞片，称为侧线鳞，侧线孔成点线排列称为侧线，各种鱼的鳞片数目基本是固定的，鱼鳞的排列方式因种而异，是分类的鉴定标准之一，通常用鳞式表示鳞片的排列方式。鳞式的写法为：$侧线鳞数=\frac{侧线上鳞数}{侧线下鳞数}$。

侧线上鳞数是背鳍起点斜列至侧线的鳞数，侧线下鳞数是臀鳍起点斜列至侧线的鳞数。思考鱼体表的黏液有什么作用？侧线有什么功能？

2. 内脏解剖　将新鲜鲤鱼置于解剖盘上，其腹部向上，用剪刀在肛门前与体轴垂直方向剪一小口，将剪刀尖插入切口，沿腹中线向前剪至下颌；使鱼侧卧，左侧向上，自肛门前的开口向背方剪到脊柱，沿脊柱下方剪至鳃盖后缘，再沿鳃盖后缘剪至下颌，除去左侧体壁肌肉，暴露心脏和内脏。剪刀插入口腔，沿眼睛后缘将鳃盖去除后进行观察。

（1）原位观察。观察围心腔和心脏、鳔、肾脏、头肾、生殖腺、肠管、肝胰脏、脾脏等内脏器官的正常自然位置（图12-1）。心脏位于鳃弓后下方的围心腔内，它借横隔与腹腔分开。腹腔内白色囊状鳔的前、后鳔室之间的三角形暗红色组织为肾脏的一部分。长形生殖腺位于鳔的腹方，雄性为乳白色的精巢，雌性为黄色的卵巢。腹腔内肠管之间的肠系膜上散漫地分布着暗红色的肝胰脏。脾脏是位于肠管和肝胰脏之间的红褐色细长管。

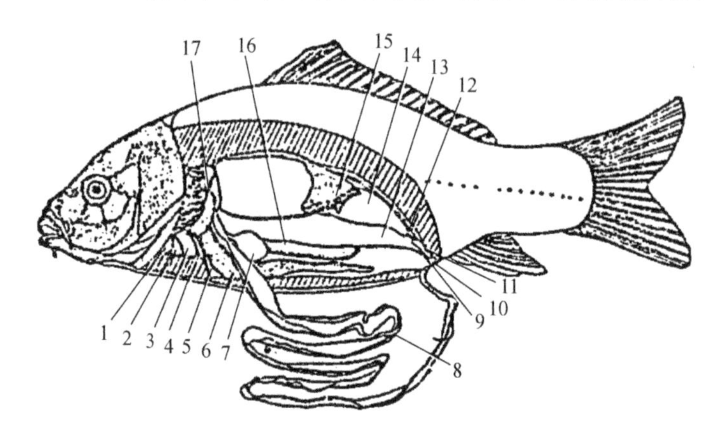

图12-1　鲤鱼的内脏解剖（仇存网等，2010）

1. 动脉球；2. 心室；3. 心房；4. 静脉窦；5. 心腹隔膜；6. 肝胰脏；7. 胆囊；8. 肠；9. 泄殖孔；10. 输精管；11. 膀胱；12. 输尿管；13. 精巢；14. 鳔；15. 肾脏；16. 脾脏；17. 头肾

（2）消化系统。

口与咽喉：口腔背壁由厚的肌肉组成，表面有黏膜，底部有一个三角形的舌，由口向后即为咽喉，其左右两侧都是呼吸器官——鳃。

食道：位于肠的最前端，很短，接续咽喉到达胃。食道背面通有鳔管。

胃：较食道为长而宽，消化道对膨大的部分，后接小肠。

肠：较长，为体长的2～3倍，前粗后细。盘旋在腹腔内，一般大、小肠的界限不清。

肝胰脏：肝脏呈弥散状分散在肠管之间的肠系膜上，因混杂有胰细胞而称肝胰脏。两种腺体的分泌物分别由胆管和胰管导入肠内。

胆囊：很大，椭圆形，深绿色，嵌埋在肝胰脏内，胆囊有短的胆管通入胃肠前部。

(3) 呼吸系统——鳃。

鳃盖与鳃盖膜：鳃盖骨可活动，鳃盖开关口称为外鳃孔，鳃盖后缘的薄膜称为鳃盖膜。

鳃弓：腮的支持骨架，在咽喉两侧各有5条，第1～4鳃弓都有二列鳃片，第五鳃弓没有鳃片（图12-2）。

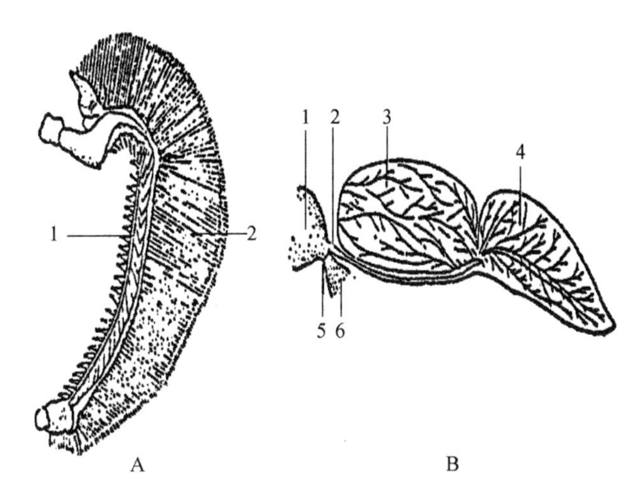

图12-2　鲤鱼鳃弓左侧图和鳔（彭玲，2006）

A. 鲤鱼鳃弓左侧图：1. 鳃耙；2. 鳃片。B. 鳔：1. 咽喉；2. 鳔管；3. 前室；4. 后室；5. 食道；6. 小肠

鳃片：由鳃丝组成的片状物，每一鳃丝的两侧又有许多小鳃片，每一列鳃片形成半鳃，每一鳃弓有二列鳃片者称为全鳃。思考腮片的作用是什么？

鳃耙：每一鳃弓的内侧面有两行三角形突起物，即为鳃耙，鳃耙左右互生。第5鳃弓只有一行鳃耙，可阻挡食物溢出。

鳔：与取食、保护鳃片有关，与呼吸关系不大。鳔位于消化道的背面，银白色的胶质囊。中央细缩将鳔分为前、后两室，从后室前面腹部伸出一个鳔管，通到食道背面（图12-2）。

(4) 排泄系统。排泄系统由肾脏、输尿管和膀胱组成。

肾脏：1对，位于脊柱下方，紧贴体腔背面，两个肾有一部分相连。每个肾的前端有一头肾，向前侧面扩展，头肾是拟淋巴腺，不是肾脏本体。肾脏本体向后变成细长的两条，为余肾部分。

输尿管：每一肾脏通出一细管，沿腹腔背壁向后，在邻近末端愈合，进入膀胱。

膀胱：两输尿管后端相合稍扩大即为膀胱，其末端有一孔通泄殖窦。

(5) 生殖。

雄性生殖系统：由精巢、输精管构成。性成熟时色纯白，未成熟时常呈淡红色的为精巢。精巢左右各一个，呈扁的长囊状，体积很大，占体腔长度的大半，输精管在精巢后端，很短，左、右两管合二为一，通入泄殖窦。

雌性生殖系统：由卵巢和输卵管组成。卵巢1对，性未成熟的卵巢淡橙黄色，呈长带状；性成熟的呈微黄红色，长囊形，几乎充满整个体腔，内有许多小形的卵。输卵管位于卵巢的后端，很短，左右两管向后汇合，开口于泄殖窦。

（二）家鸽的外形结构和内脏解剖

1. 外形观察　家鸽身体呈纺锤形，体表被羽。身体可分为头、颈、躯干、尾和翼等部分。

(1) 头部：头端具角质喙，上嘴喙基部隆起的软膜，称为蜡膜，是鸽形目的重要特征。颈长而灵活；眼大，具眼睑和瞬膜，可保护眼球。耳孔略凹陷，周围着生耳羽，有助于收集声波。前肢特化为翼，后肢具四趾。尾端着生后扇状的尾羽。

(2) 羽毛：家鸽体表被羽，有羽区和裸区之分（图 12-3）。按羽毛构造可将其区分为正羽（翮羽）、绒羽和纤羽（毛羽）3 种。思考羽毛分区在飞翔时有何意义?

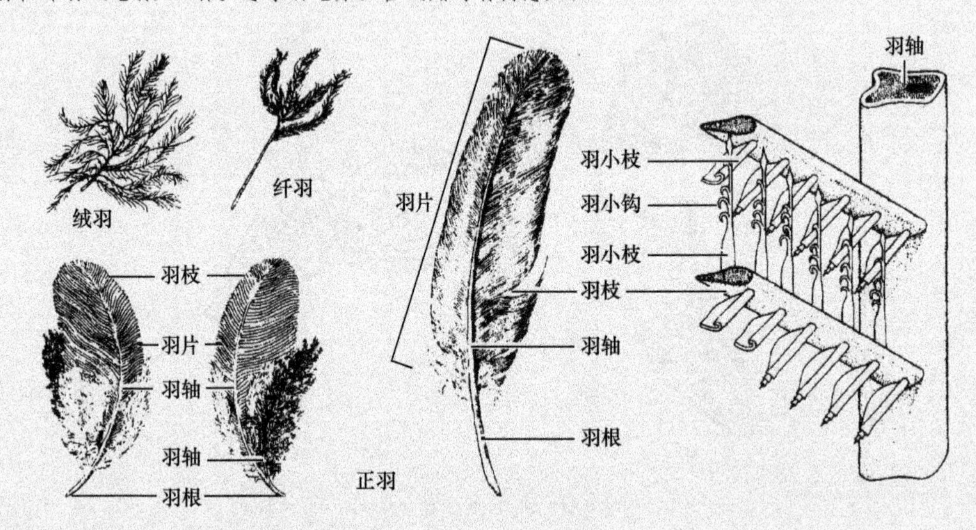

图 12-3　羽毛的结构和分类（左仰贤，2001）

正羽：由羽轴和羽片构成，覆盖全身各处。正羽的色彩及在翼部和尾部的数目在各种鸟类是恒定的，为鸟类分类的依据。

羽轴的下段没有羽毛的部分称为羽柄或羽根，其下部深入皮肤内。羽轴上段称为羽干，羽干两侧斜生许多平行的羽枝，羽枝的两侧又密生出有许多带钩或齿的羽小枝，羽小枝互相勾连组成坚实有弹性的羽片。

绒羽：位于正羽下面，呈棉花状。羽小枝不发达，不能构成坚实的羽片。

纤羽：呈毛状，仅具光裸的羽干，或顶端有少数互不相连的羽枝，拔掉正羽和绒羽后可见到。

2. 骨骼观察

(1) 脊柱。分为 5 个区，即颈椎、胸椎、腰椎、荐椎和尾椎。除颈椎及尾椎外，大部分椎骨已愈合在一起，使其背部更为坚强而便于飞翔。

颈椎：3 个或 14 个，彼此分离。第一、二颈椎特化为寰椎与枢椎。取单个颈椎（寰椎与枢椎除外），观察椎体与椎体之间的关节面；观察其上面和侧面有何不同? 由于鸟类的颈椎具有这种旋转自如的鞍形椎体，因而鸟的头部可旋转半周。

胸椎：5 个胸椎互相愈合，每一胸椎与一对肋骨相关节。试与鱼类的肋骨相比较有何区别?

愈合荐骨：由胸椎（1 个）、腰椎（5 个或 6 个）、荐椎（2 个）、尾椎（5 个）愈合而成。

荐椎后方有 6 个比较分离的尾椎骨，其后即为尾综骨。尾综骨系由 4 个尾椎骨融合而成。

(2) 头骨。组成头部各骨多为薄而轻的骨片，骨片间几乎无缝可寻（仅于幼鸟时，尚可认出各骨的界限）。头骨的前部为颜面部；后部为顶枕部，后方腹面有枕骨大孔。头骨的两侧中央有大而深的眼眶。眼眶后方有小的耳孔。注意上颌与下颌延伸成喙，不具牙齿。

(3) 肩带、前肢及胸骨。

肩带：分为左、右两部，在腹面与胸骨连接，由肩胛骨、乌喙骨和锁骨构成，三骨的连接处构成肩臼，与翼的肱骨相关节。

肩胛骨：细长，位于背方，与脊柱平行。

乌喙骨：粗壮，远端与胸骨连接，在肩胛骨的腹方。

锁骨：细长，在乌喙骨之前，左、右锁骨在腹端愈合成为V形的叉骨。生活时由韧带与胸骨相连，上端与乌喙骨连。

前肢：特化为翼，注意观察其腕掌骨合并及指骨退化的特点。

胸骨：躯干部前方正中宽阔的骨片，左、右两缘与肋骨连接，腹中央有一个纵行的龙骨突起。

(4) 腰带及后肢。

腰带：髂骨、耻骨、坐骨相互愈合形成薄而完整的骨架，髂骨部分向前后扩展，与愈合荐骨的两侧相连。左、右坐骨和耻骨一起向侧后方伸展，构成开放型骨盆。

后肢：腓骨退化成刺状，胫骨与跗骨愈合成胫跗骨，跗骨与蹠骨合并成跗蹠骨。二骨间的关节为跗间关节。

3. 家鸽的处死　家鸽的处死方法较多，一般采用翼翅静脉注射空气法。取10mL注射器，装好针头，抽入空气待用。取活家鸽一只，拔去一侧肱骨处翼翅羽毛，用酒精棉球擦静脉处，以使静脉血管充血，注射者左手持翼翅，右手持已充有空气的注射器，将针插入（注意角度要小）静脉血管。将注射器略回抽一点，若有血液回流入针管，证明针头确已插入静脉，即可将空气注入。1～2min后，可见家鸽挣扎而死。

将死家鸽腹朝上置解剖盘内，用水打湿腹侧的羽毛，然后拔掉它。在拔颈部的羽毛时要特别小心，每次不要超过2枚或3枚，顺着羽毛方向拔。拔时以手按住颈部的薄皮肤，以免将皮肤撕破。把拔去羽毛的鸽放于解剖盘里。沿着龙骨突起切开皮肤。切口前至嘴基，后至泄殖腔。用解剖刀钝端分开皮肤；当剥离至嗉囊处要特别小心，以免造成破损。分离完毕后，将皮肤翻向外侧，即可看到气管、食道和胸大肌，原位观察各脏器自然位置及形态（图12-4）。

4. 内脏解剖结构观察

1）消化系统

(1) 消化道。

口腔：剪开口角进行观察。上、下颌的外缘生有角质喙。舌位于口腔内，前端呈箭头状。在口腔顶部的两个纵走的黏膜褶壁中间有内鼻孔。口腔后部为咽部。

食道：位于咽的下方，沿颈的腹面左侧下行，在颈的基部膨大成嗉囊。嗉囊可贮存食物，并能部分软化食物。食道后端与胃相连。

胃：由腺胃和肌胃组成。腺胃又称为前胃，上端与嗉囊相连，呈长纺锤形。穿过心脏的背方，被肝的右叶所盖。其右侧有卵圆形的脾脏，贴于肠系膜上。剪开腺胃，可观察到内壁上丰富的消化腺。肌胃又称为砂囊，上连前胃，位于肝脏的右叶后缘，为一扁圆形的肌肉囊。剖开肌胃，可见辐射状排列的肌纤维。肌胃胃壁硬厚，内壁覆有硬的角质膜，呈黄绿色，内藏砂粒用以磨碎食物。

小肠：包括十二指肠、空肠和回肠。十二指肠位于前胃和肌胃的交界处，呈U形弯曲（在此弯曲的肠系膜内，有胰腺着生）。找寻胆管和胰管的入口处。空肠和回肠之间没有明显的界线，最后与短的直肠连接。

直肠（大肠）：短而直，开口于泄殖腔。其与小肠的交界处有一对豆状的盲肠。

(2) 消化腺。

肝脏：位于胃内侧腹部，分成2叶，鸽子没有胆囊，肝脏发出的胆管直接通入十二指肠。

胰脏：位于十二指肠间，分为3叶，有3条胰管直接通入十二指肠末端，开口于胆管附近。

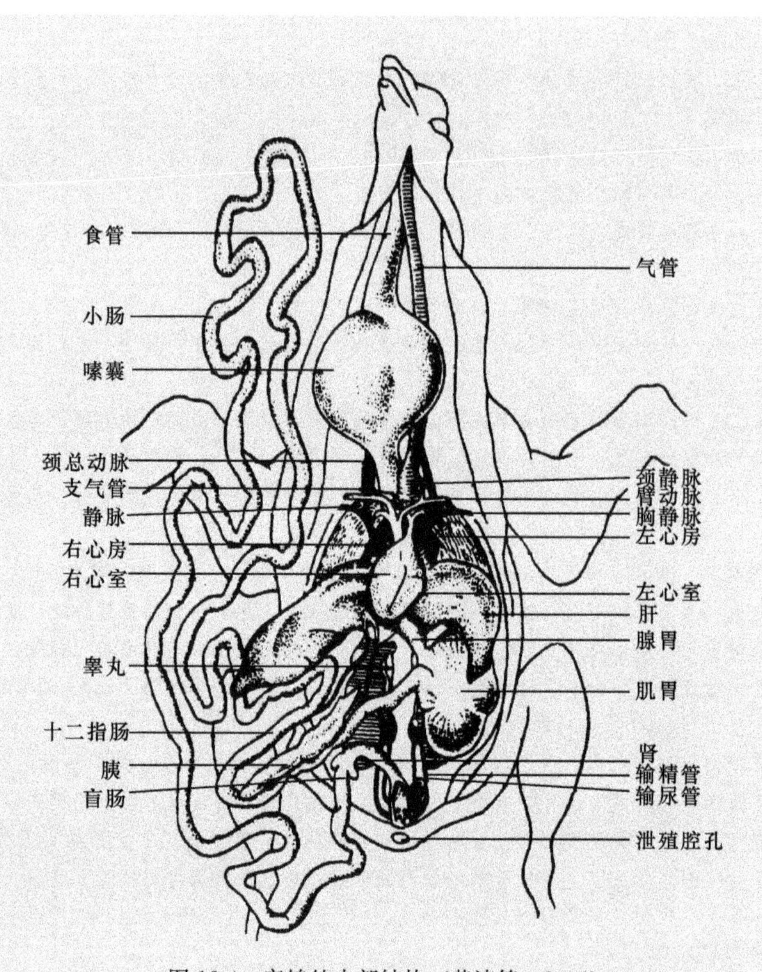

图 12-4　家鸽的内部结构（黄诗笺，2006）

2）呼吸系统

外鼻孔：1对，椭圆形，位于喙的基部，开口于蜡膜的前下方。

内鼻孔：位于口腔顶中央的纵向裂缝内。

喉：位于舌根之后，中央的纵裂为喉门。

气管：一般与颈同长，由环状环构成。气管向后分为左、右两支支气管入肺。

肺：左、右2叶。位于胸腔的前方，为弹性较小的海绵状结构。

气囊：与肺连接的数对膜状囊，分布于颈、胸、腹和骨骼的内部。在喉门处注入有色液体，气囊则更为明显。

3）循环系统

心脏：位于胸腔内，体积很大。去除心包膜，可见心脏呈圆锥形，被脂肪分为前后两部分，前方薄壁的部分是心房，后方壁厚的部分是心室。心室的腹面可见到冠状静脉，背面可见到冠状动脉。

右体动脉弓：用钝镊子将心脏略往下按，可见从左心室发出向右弯曲的右体动脉弓，将心脏输出的血液输送到全身。

从实验观察中可以看到，鸟的心脏体积很大，并分化成4室，静脉窦退化，体动脉弓只留下右侧的一支。因而动、静脉血完全分开，建立了完善的双循环。思考上述特点与鸟类的飞翔生活方式有何联系？

4）排泄系统

肾脏：1对，赤褐色，各分成3叶，紧贴于体腔后部脊柱的两侧。

输尿管：由肾脏中叶腹面发出，沿体腔腹面下行，直接开口于泄殖腔中部。

泄殖腔：剪开后，可看到腔内具2横褶，将泄殖腔分为3室：前面较大的为粪道，直肠即开口于此；中间为泄殖道，输精管（或输卵管）及输尿管开口于此；最后为肛道。在泄殖腔背面有一圆形盲囊，淡黄色，与泄殖腔相通，称为腔上囊，是鸟类幼体特有的淋巴器官。

5）生殖系统

雄性生殖系统：1对，乳白色卵圆形睾丸，位于肾脏的前端。从睾丸伸出输精管，与输尿管平行进入泄殖腔。无交接器。

雌性生殖系统：右侧卵巢退化，仅左侧的卵巢和输卵管发达。有发达的输卵管，输卵管位于卵巢后方附近，前端由喇叭口通体腔，后方弯曲部分的内壁富有腺体，可分泌蛋白质、卵膜和卵壳，末端膨大为子宫，子宫开口于泄殖腔。

（三）兔的外形结构和内脏解剖

1. 外形观察 兔体外被毛。毛分为3种类型：针毛粗长而稀，具毛向；绒毛细短而密，缺毛向。用手翻毛向（由后向前）轻摸毛被，易于区分绒毛与针毛。触毛称为须，长而硬，生长于嘴边，可用手触摸之。思考哺乳动物的毛有什么作用?

兔从外形看可分为头、颈、躯干和尾4部分。

（1）头和颈。头可分为两区，眼以前为颜面区，眼以后为头颅区。口围以肉质唇，兔上唇中央有明显的纵裂，口边长有硬而长的触须。眼位于头部两侧（试想兔是如何视物的），具上、下眼睑及退化的瞬膜。可用镊子从眼内角将瞬膜拉出。眼后有一对长而大的外耳壳。

兔颈短，大、中型兔的颈下具下垂的肉髯。

（2）躯干及尾。躯干较长，分为胸部、腹部和背部。背部有明显的腰弯曲。胸、腹部的界限为最后一肋骨与剑状软骨后缘。雌兔胸腹部有4对（3～6对）乳头。注意前后肢指（趾）数。肛门位于尾基部，泄殖孔位于肛门之前。

注意在外形上如何区分雌、雄。用右手抓住兔背皮肤，左手托住臀部使腹部朝上，左手食指与中指夹住兔尾，拇指轻轻向下按压生殖器，若顶端是圆形，下为圆柱状者为雄性；顶端左、右阴唇向两侧分开，前联合圆而后联合尖者为雌性。也可根据成年雄兔在肛门两侧有一对明显的阴囊（睾丸位于其内）以此区分雌、雄，尤其在繁殖季节甚易判断。兔尾短，一般尾的背、腹面毛色相异。

2. 兔的处死 将兔置于解剖盘内或实验室的地面上，用湿抹布将其一耳外侧毛擦湿，用剪刀沿耳外侧静脉血管上方将毛剪去一些，然后用手指揉（或用酒精棉球擦）兔耳外沿，以使静脉血管充血，在耳缘静脉处插入针头，注射进10mL空气，几分钟内兔即可死亡。注意从耳缘静脉的远端开始注射。也可以用乙醚熏或断颈法处死活兔。

四肢用线绳固定后，用解剖刀或剪刀将皮肤从尾基至下颌最前端沿腹中线剪开（剪时应注意剪刀头向上挑着剪，以免伤及皮下的肌肉）。然后自腹中线剖口处沿四肢内侧中央剪至腕和踝部，再在腕部和踝部各剪一圈，此时可用解剖镊和刀自腹中线开始分离皮肤与骨肉之间的结缔组织，直至将皮肤全部剥去。在剥头部皮肤时，注意不要伤及耳根腹面与颌下的唾液腺。

3. 内脏解剖观察

1）消化系统 哺乳动物的消化管长而分化复杂，消化腺多而发达。

（1）唾液腺。兔具 4 对唾液腺，即腮腺（或称耳下腺）、颌下腺、舌下腺和眶下腺。

腮腺（或耳下腺）：位于外耳壳基部腹前方，紧贴皮下，沿咬肌后缘下延，腮腺为不规则的淡红色腺体，形状不规则，其腺管开口于口腔底部。可用注射器吸取少许墨汁，从此腺体注入，以观察其导管之走向与开口。

颌下腺：位于下颌后部腹面两侧，为 1 对卵圆形的腺体。其腺管经过舌下腺内侧向前延伸口于舌两侧的口腔中。

舌下腺：较小，位于左、右颌下腺的外上方，形小，淡黄色。由腺体的内侧伸出 1 对舌下腺管，伴行舌下腺管开口于口腔底。

眶下腺：位于眼窝底部前下角，呈粉红色，剪去一侧的眼球，用镊子从眼窝底部可夹出此腺体。兔有眶下腺，其他哺乳动物一般没有。

（2）口腔及咽。用解剖刀将口腔两侧壁肌肉和骨骼等剪断，将下颌拉下，使口完全张开，观察口腔内部结构。

齿：分为门齿、犬齿、前臼齿和臼齿，一般以齿式来表示一侧牙齿的数目，如兔上颌一侧有门齿 2，犬齿 0，前臼齿 3，后臼齿 3，下颌一侧有门齿 1，犬齿 0，前臼齿 2，后臼齿 3，齿式为 $\frac{2 \cdot 0 \cdot 3 \cdot 3}{1 \cdot 0 \cdot 2 \cdot 3}=28$。

口腔：前壁为上、下唇，两侧壁是颊部，上壁是腭，下壁为口腔底。口腔前面牙齿与唇之间为前庭。硬腭与软腭构成鼻通路。肌肉质的舌基部为舌骨所支持，前端游离，舌表面有许多突起的小乳头，其上有味蕾。用剪子从咽部沿软腭后缘中线向前剪开，可见硬腭后的 1 对内鼻孔。

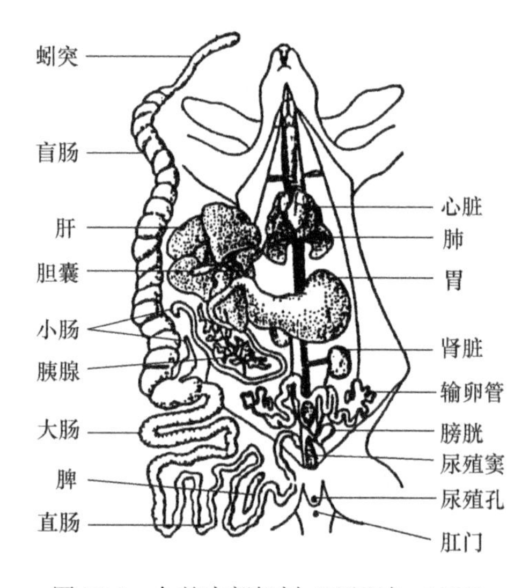

图 12-5　兔的内部解剖（丁汉波，1983）

咽：口腔后方即为咽部，咽的前部被软腭分隔为口咽部和鼻咽部，软腭的腹面为口咽部，背面为鼻咽部，鼻咽部与鼻腔相通。咽部两侧有耳咽管（欧式管）的开口，用铅丝探测此管可达中耳腔。咽的后面可见突起的喉门，其上有一软骨小片为会厌软骨。喉门背面有食道开口，食物经咽部时压迫会厌软骨盖住喉门以使食物顺利进入食道。试描述哺乳动物是如何完成吞咽动作的？

（3）消化管和消化腺。用剪刀从泄殖孔稍前方沿腹中线向前剪开腹壁肌肉（注意剪刀头向上挑，以免损伤内脏），直至骨剑突处，此处即为胸腔下缘，向两侧割开腹壁，然后沿泄殖孔向左、右割开腹壁，暴露整个腹腔。先观察腹腔内各器官的自然位置，辨认肝、胃、小肠、大肠和直肠各部分（图 12-5）。

食道：消化管起始于口，经口腔进入食道，位于气管的背方，可用解剖针的柄或镊子从喉头背侧探入食道。食道下行穿过横膈而达胃。

胃：为食道后方消化道的膨大部分，横卧于膈肌后面，入口称为贲门，出口处为幽门，与十二指肠相连。胃前缘的弯曲称为胃小弯，后缘较大的弯曲为胃大弯。

小肠：肠管细而长，由十二指肠、空肠和回肠组成。十二指肠呈 U 形，前部较粗，向后渐细，空肠和回肠界限不易区分。

大肠：可分为盲肠、结肠和直肠三段。盲肠为大肠的起始段，肠管最粗大，末端游离且变细，称为蚓突。肠前部有纵肌带，使结肠壁形成许多膨袋，称为结肠膨袋，考虑其有何作用？结肠后为直肠，两者之间无明显分界，一般直肠内有粪球而使之成念珠状，直肠末端以肛门开口体外。

消化腺：除唾液腺外，还有小肠附件的胰脏和肝脏。胰脏在十二指肠和结肠间的系膜上，分散而不规则，胰管细小，通入十二指肠。肝脏位于腹腔的前部，分为6叶。胆囊位于肝的背侧，借胆总管开口于十二指。

试问哺乳动物的体腔分哪几部分？在心脏的腹前方有一浅红色的腺体为胸腺，它是重要的免疫器官，随年龄增长而缩小。

2）呼吸系统　由鼻腔、喉、气管和肺组成。

将颈部腹面肌肉从中间纵向分离，露出气管与喉头，由前向后观察。用骨剪剪开肋骨，除去胸骨，即可观察胸腔的内部构造。

喉（喉头）：由软骨构成喉腔。喉腹面的盾形软骨是甲状软骨，喉的背面是弯曲片状的会厌软骨。甲状软骨下为环状软骨，下接气管。环状软骨的背面前端有1对小型的杓状软骨，呈三棱形。喉头腔内壁上的褶状物为声带。喉头的下方为气管。

气管：位于食道腹面，由半环形软骨和软骨间的膜构成。气管进入胸腔后分成左、右支气管，下行经肺门进入左、右肺。

肺：位于胸腔，左肺2叶、右肺4叶。

3）循环系统　把肺与消化管推向另一侧，暴露出心脏，首先看到在心脏的腹前方中间有一粉红色的腺体，即胸腺（幼兔大，成年或老年兔小或无）。

（1）心脏。用镊子夹起心包膜并剪开，观察心脏。肌肉壁最后的部位是心室，心室上方是心房。在心室的背腹的冠状沟，它们在外形上为左心室与右心室的分界。用镊子将脂肪略加分离，可见冠状动脉和冠状静脉（为营养心脏本身的血管）。

将心脏做背腹之间的横向纵切，心房与心室均切开。心房壁薄，心室壁较厚，尤其左心室壁最厚，左、右房室口有瓣膜，左边二尖瓣，右边为三尖瓣，能防止血液倒流。

（2）体动脉弓。由左心室发出的粗大血管，稍向前伸后即向左侧弯曲，走向心脏的背面，沿脊柱内侧向后行，并穿过膈肌进入腹腔。从心室出来向左弯曲的这一段称为左体动脉弓。

（3）肺动脉弓。由右心室向前发出的大血管，分成左、右2支分别进入左、右肺。

（4）肺静脉。分为左、右2支，从肺伸出，由心脏背侧进入左心房。

（5）左、右前大静脉、后大静脉。在右心房右后侧汇合后进入右心房。

4）排泄系统　肾脏：1对紫红色蚕豆形脏器，紧贴于腹腔背面，以系膜连接在体壁上。每肾的前端内缘各有一个小的淡黄色扁圆形的肾上腺（为内分泌腺）。除去肾表面的脂肪和结缔组织，可见肾的内侧有一凹陷的肾门。取下一侧肾脏，通过肾门从侧面切开，用水冲洗后观察。肾脏实质外层色深部分为皮质部，内层颜色较浅，有辐射状纹理的部分为髓质部，是集合管所在位置。肾中央的空腔为肾盂。从髓质部有乳头状突起伸入肾盂，称为肾乳头（肾锥体）。尿即经肾乳头汇入肾盂，再经输尿管通入膀胱。

输尿管：由肾门伸出的一条白色细管，与肾血管、神经管相伴行，通入膀胱的基部。

膀胱：呈倒梨形，位于腹腔最后部的腹面。其后部缩小通入尿道。

尿道：由膀胱通向体外，是排尿的管道。雄兔的尿道很长，开口于阴茎头；雌兔的尿道短，开口于阴道前庭的腹壁上。尿液由膀胱经尿道通向体外。

5）生殖系统

（1）雄性生殖系统。包括睾丸、附睾、输精管、副性腺和交配器。

睾丸：1对，卵圆形。生殖期位于阴囊内，非生殖期则位于腹腔内，阴囊和腹腔以腹股沟管相通，睾丸可自由地下降到阴囊或缩回腹腔。若实验用雄兔的睾丸位于阴囊内，可先找到位于膀胱背面两侧的白色输精管。沿输精管向前可发现精索。精索呈索状，包括生殖动脉、静脉和神经，用手提拉精索将位于阴囊内的睾丸拉回腹腔进行观察。

附睾：睾丸背侧的白色带状隆起，由盘旋细管构成。连接睾丸输出管和输精管。

输精管：由附睾引出的白色细管。在膀胱背面两侧可找到，其末端略为膨大处称储精囊，其后通入尿道，沿阴茎通向体外。

副性腺：用骨剪或解剖刀柄将骨盆的耻骨联合打开，并用力将其掰向两侧，左手持解剖镊夹住并略提起阴茎游离端，用解剖剪从背侧将阴茎和其上所附的一些副性腺从体壁上分离开并翻向腹腔，然后观察。靠近膀胱与储精囊处有扁平的囊状腺体，前为精囊（大白鼠的精囊大而成对），位于膀胱背外侧。精囊后为精囊腺，在它的后面，输精管与尿道会合处有一半球状腺体，分为左、右二叶，为前列腺。前列腺之后接近阴茎处可见分成左、右两侧的球海绵体肌。剪开此肌，可见被其覆盖的暗红色尿道球腺。

（2）雌性生殖器官。包括卵巢、输卵管、子宫和阴道。

卵巢：在肾的后侧可见一对不大的椭圆形，其上可见一些颗粒状突起（为各不同发育阶段的卵）使表面显得不光滑。

输卵管：卵巢后可见曲折盘旋较细的输卵管，以输卵管系膜连于背壁。输卵管上端接近卵的背侧可见一开口，为喇叭口，其边缘不规则称为输卵管伞，输卵管下端与子宫相连。

子宫：输卵管向后膨大成的1对较粗的管道。在繁殖季节较粗大，雌性幼兔及非繁殖期显得较细。左、右两侧子宫在后端会合成阴道。兔的两侧子宫没有合并，为双子宫类型。有的标本可见子宫内有小胚胎或已被吸收的“子宫斑”（紫色斑点）。

思考哺乳类共有几种子宫类型？阴道向后延续成前庭，其腹面有尿道开口。前庭以泄殖孔开口体外。泄殖孔之腹缘有一小的突起为阴蒂，阴蒂外围有隆起的阴唇。思考在雄兔中阴蒂的同源器官是什么？雌性与雄性的肛门、尿道和生殖孔的开口各有何不同？

【结果辨析与思考】

（1）试归纳硬骨鱼类的主要特征，以及鱼类适应于水中生活的形态结构特征。

（2）从结构上分析为什么鸟类善于飞翔？

（3）胎生和哺乳对动物生存有何意义？

（4）哺乳动物的哪些结构与其能进行口腔咀嚼和消化有关？它们分别有何功能？

【作业】

（1）绘鱼类的内部解剖图，注明各器官名称。

（2）绘家鸽内部结构解剖图，注明结构名称。

（3）绘兔的消化、排泄和生殖系统基本结构图。

实验十三

无脊椎动物多样性观察

目前已被人们认识的动物界种类有150余万种，其中，无脊椎动物种类数约占到总种类数的95%。在无脊椎动物中，软体动物门（Mollusca）为动物界第二大门；该门动物身体柔软，左右对称，不分节，由头部、足部、内脏囊、外套膜和贝壳5部分组成；主要包括无板纲（Aplacophora）、多板纲（Polyplacophora）、单板纲（Monoplacophora）、掘足纲（Scaphopoda）、瓣鳃纲（Lamellibranchia）、腹足纲（Gastropoda）、头足纲（Cephalopoda）等。节肢动物门（Arthropoda）是动物界最大的一门，两侧对称，异律分节，身体可分为明显的头、胸、腹3部，体外覆盖着几丁质的外骨骼和具有关节的附肢是节肢动物的重要特征，一般分为原节肢动物亚门（Protarthropoda）和真节肢动物亚门（Euarthropoda），有爪纲（Onychophora）也称原气管纲（Prototracheata）、肢口纲（Merostomata）、蛛形纲（Arachnoida）、甲壳纲（Crustacea）、多足纲（Myriapoda）、昆虫纲（Insecta）6个纲，约100万种以上，占整个动物界种类的75%～80%。本实验参见图版2。

【实验目的】

（1）掌握无脊椎动物中各门、各纲的分类特征，识别常见的代表性物种。

（2）了解各门无脊椎动物的基本形态结构。

（3）领会无脊椎动物的基本生活习性和在人类生产生活中的作用和意义。

【实验准备】

（一）材料

圆田螺、灰巴蜗牛、河蚬、背角无齿蚌、蜻蜓类、豆娘类、蟑螂、螳螂、竹节虫、中华蚱蜢、中华螽斯、蟋蟀、蝼蛄、负子蝽、大水黾、蝽、枯蝉、东方丽沫蝉、凤蝶、绢蝶、粉蝶、眼蝶、蛱蝶、大蚕蛾、瓢虫、锹甲、金龟子、蚂蚁、蜂类、蝇、蚊、虻、鼠妇、蜘蛛、蝎、蜱、螨、花蚰蜒的浸制或干燥标本。

（二）用品和试剂

实体显微镜、放大镜、镊子。

【实验内容】

（一）软体动物的形态及分类

重点观察贝壳的形状、层数及旋转方向，掌握软体动物分类特征。

1. 腹足纲　腹足纲通称螺类。是软体动物中最大的一纲，海水和各种淡水水域以及陆地环境都有它们的分布。腹足纲动物的头部明显，有触角和眼等感觉器官，体外有一枚螺

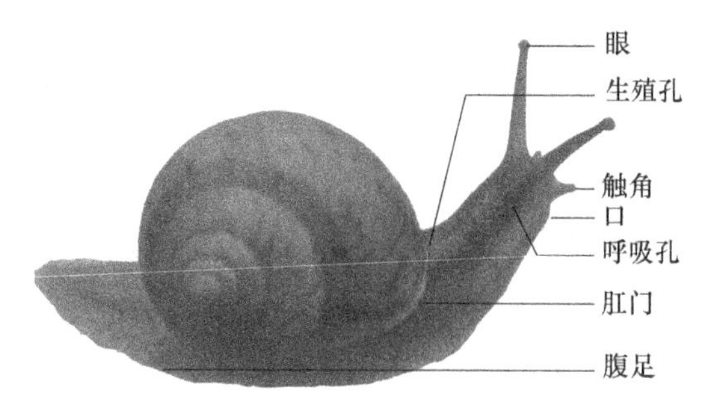

图 13-1 腹足类外部形态图（李连芳摄）

旋卷曲的贝壳。头、足、内脏囊、外套膜均可缩入壳内（图 13-1）。

（1）圆田螺（*Cipangopaludina*）。贝壳大，薄而坚，壳高 5cm，宽 4cm，呈卵圆形。螺旋部短而宽，螺层 6 层或 7 层。壳表面绿褐色或黄褐色。壳口卵圆形，周围具黑色框边。圆田螺属为淡水中常见的大型螺类，分布较广，栖息在淡水的河池或田中以宽大的肉质足在水底爬行。中国圆田螺（*Cipangopaludina chinensis*）及中华圆田螺（*Cipangopaludina cathayensis*）等在我国分布甚广，前者为世界性种。

（2）灰巴蜗牛（*Bradybaena ravida*）。蜗牛一般指腹足纲的陆生所有种类。灰巴蜗牛是常见的危害农作物的陆生软体动物之一。贝壳中等大小，壳质稍厚，坚实，呈圆球形。有 5 个或 6 个螺层，顶部螺层略膨胀，体螺层急骤增长、膨大。壳面有细而稠密的生长线和螺纹。壳顶尖。壳口呈椭圆形，口缘锋利，略外折。脐孔狭小，呈缝隙状。个体大小、颜色变异较大。卵圆球形，白色。

2. 瓣鳃纲 身体侧扁，贝壳分左、右两瓣，也称为双壳纲（Bivalvia），无头部、齿舌或触角等构造，又称为无头纲（Acephala）。思考瓣鳃纲动物是如何控制其两瓣贝壳闭合的？又是如何运动的？

壳左、右两瓣，等大，近椭圆形，前端钝圆，后端稍尖；两壳铰合的一面为背面，分离的一面为腹面。壳背方隆起的部分为壳顶，略偏向前端。壳表面与壳的腹面边缘相平行的弧线是用来判断年龄的生长线。左、右两壳背方关联的角质韧带具韧性，给予贝壳张开的力，连接两片贝壳的闭合肌收缩导致贝壳关闭。贝壳的背缘有齿和齿槽，贝壳闭合时构成了铰合部，铰合齿的有无和数量是分类的重要依据（图 13-2）（瓣鳃纲动物全部生活在水中，大部分海产，少数生活在淡水中。该纲全部种类均可食用，多种可入药，部分种能产珍珠）。

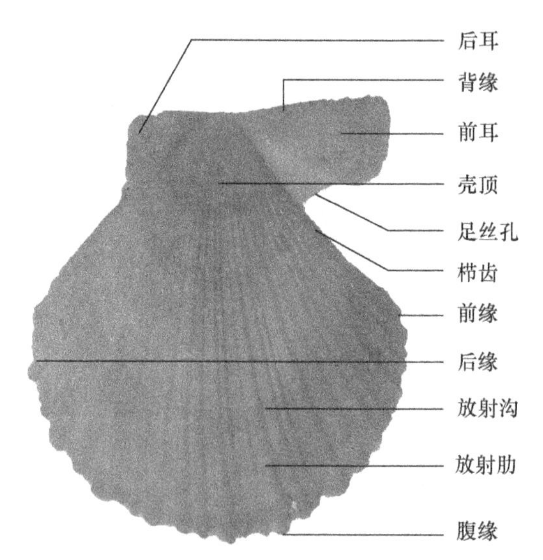

图 13-2 瓣鳃纲（栉孔扇贝）形态结构（李连芳摄）

（1）河蚬（*Corbicula fluminea*）。壳厚而坚，外形圆形或近三角形。壳面光泽，具同心圆的轮脉，黄褐色或棕褐色，壳内面白色或青紫色。铰合部有 3 枚主齿，左壳前、后侧齿各 1 枚，右壳有前、后侧齿各 2 枚，侧齿上端呈锯齿状。足大，呈舌状。雌雄异体或同体。成熟的卵子或精子排入水中受精，发育成幼蚬后沉入水底，营底栖生活。约 3 个月可发育成熟。也有卵胎生的种类。生长于淡水水域内。肉味鲜美，营养价值高，可供食用，也可入药，是鱼类、水禽的天然饵料。

（2）背角无齿蚌（*Anodonta woodiana*）。大部分能在体内自然形成珍珠。外形呈椭圆形或卵圆形。壳质薄，易碎。两壳膨胀，后背部有时有后翼。壳顶宽大，略隆起，位于背缘中部或前端。壳面光滑，具同心圆的生长线或从壳顶到腹缘的绿色放射线。胶合部窄，无齿。斧足发达。

（二）节肢动物的形态及分类

观察常见节肢动物特征，了解节肢动物的外骨骼和附肢在动物对环境适应性中发挥的作用?

1. 昆虫纲

1）主要分类特征　昆虫的触角、口器、足和附肢的类型是分类的主要依据。

（1）昆虫的触角类型。大部分昆虫都有触角，一般着生在额区的触角窝（antennalsocket）内。围角片上有一个小突起，称为支角突，与触角基部连接，这是触角的关节。触角靠此关节可以自由转动。触角的类型是辨识昆虫种类和雄雌的特征之一。触角着生的位置、分节的数目、长短比例等也常作为分类的特征。例如，叶蝉的触角着生于复眼之间，飞虱、蜡蝉的触角着生于复眼之下；叶蝉类触角的节数是分科的重要特征；触角的长短可以区分螽斯和蝗虫等；蚜虫触角上感觉器的形状、数目和排列方式等也是常用的分类特征。昆虫的触角基本由 3 节组成。基部一节，通常粗短，称为柄节（scape）。触角的第二节，较细小，里面常具有感觉器官，称为江氏器，如在雄蚊中是听觉器官，称为梗节（pedicel），触角的第三节，通常分成很多亚节，称为鞭节（flagellum）。昆虫的触角有如下几种类型（图 13-3）。

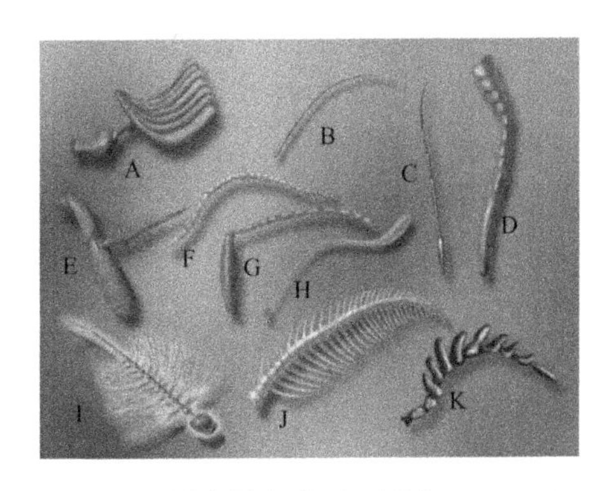

图 13-3　昆虫触角类型（潘洪玉，2003）
A. 腮状（金龟子）；B. 丝状（蝗）；C. 刚毛状（蜻蜓、蝉）；D. 锤（头）状（郭公甲）；E. 具芒状（蝇）；F. 念珠状（白蚁）；G. 膝状（蜜蜂）；H. 棒状（蝶）；I. 环毛状（雄蚊）；J. 羽状（雌蛾）；K. 栉状（雄蚕蛾）

刚毛状（setaceous）：触角很短，基部一、二节较粗大，其余各节突然缩小，细似刚毛，如蜻蜓、蝉等。

线状或丝状（filiform）：触角细长，呈圆筒形。除基部一、二节较粗外，其余各节的大小、形状相似，逐渐向端部缩小，如蝗虫、蟋蟀及某些雌性蛾类等。

锯齿状（serrate）：鞭节各亚节的端部一角向一边突出，像一锯条，如叩头虫、雌性绿豆象等很多甲虫。

双栉状或羽状（bipectinate）：鞭节各亚节向两边突出成细枝状，很像篦子或鸟类羽毛，如雄性蚕蛾、毒蛾等。

膝状或肘状（geniculate）：柄节特别长，梗节短小，鞭节由大小相似的亚节组成，在柄节和梗节之间成膝状或肘状弯曲，如象甲、蜜蜂等

具芒状（aristate）：触角短，鞭节不分亚节，较柄节和梗节粗大，其上有一刚毛状或芒状构造，称为触角芒，为蝇类特有。

环毛状（plumose）：除基部两节外，大部分触角节具有一圈细毛，越近基部的毛越长，逐渐向端部递减，如雄性蚊类和摇蚊等。

鳃片状（lamellate）：端部数节扩展成片状，可以开合，状似鱼鳃，如金龟子等。

（2）昆虫的胸足类型（图 13-4）。

步行足：6 条腿细长，如瓢虫、步行虫、天牛等。

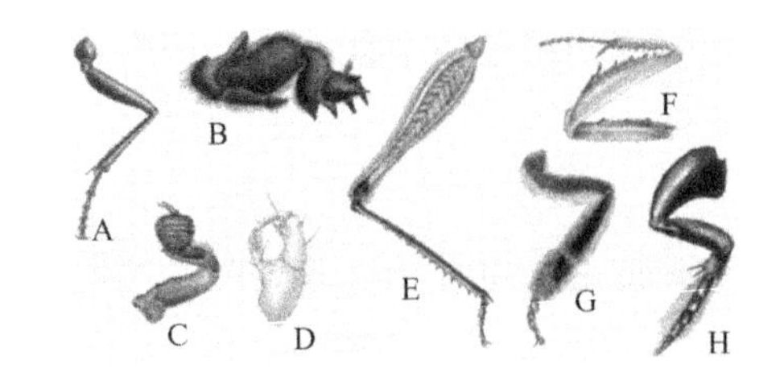

图 13-4　昆虫胸足基本类型（许再福，2011）
A. 步行足（步甲）；B. 开掘足（金龟子）；C. 抱握足（雄龙虱）；D. 攀悬足（虱子）；E. 跳跃足（蝗）；F. 捕捉足（螳螂）；G. 携粉足（蜜蜂）；H. 游泳足（龙虱）

开掘足：前足粗壮，上面有大齿，如蝼蛄。

抱握足：前足附节膨大，上面有吸盘状的结构，如雄性龙虱。

攀悬足：跗节只有1节，最末一节为钩状的爪，胫节肥大，外缘有一指状的突起。当爪向内弯曲时，尖端可与胫节端部的指状突起密接，构成钳状，如虱类。

跳跃足：后足腿节膨大，有发达的肌肉，可以控制胫节的屈伸，产生跳跃行为，如蝗虫、蟋蟀、蚤蝼、跳甲等。

捕捉足：有一对刀状的前足。这种前足的基节延长，腿节腹面有槽，胫节可以折嵌到腿节的槽中，腿节和胫节上还常装备着锐刺。如螳螂、猎蝽等。

携粉足：后足胫节宽扁，上面有长毛相对环抱用来携带花粉，如蜜蜂。

游泳足：中足和后足长扁，内面长着一排整齐的长毛，如龙虱、仰蝽等。

2）主要类群

（1）蜻蜓目（Odonata）。大、中型昆虫，头大且转动灵活，触角刚毛状，复眼发达，咀嚼式口器。两对膜质翅，翅多网状，翅前缘近翅顶处常有翅痣。腹部细长，雄性交合器生在腹部第2、3节腹面。幼虫水生（半变态）。

蜻蜓类：体粗壮，后翅基部比前翅宽，休息时2对翅平伸，如宽纹北春蜓（*Ophiogomphus spinicornis*）。

豆娘类：身体细，2对翅的形态很相似，休息时4翅直立在背上，如蓝胸细蟌（*Ischnura senegalensis*）。

（2）蜚蠊目（Blattodea）。俗称蟑螂，中型或大型，丝状触角，咀嚼式口器，前翅覆翅，后翅膜质。腹部有臭腺，渐变态，夜出性，如蟑螂。

（3）螳螂目（Mantodea）。中型或大型昆虫，前胸极长，前足为捕捉足，咀嚼式口器，前翅覆翅。头三角形，可自由转动。前翅革质复翅，后翅膜质。渐变态。肉食性，捕食小虫。雌虫有取食雄虫的现象，如宽腹螳螂（*Hierodula patellifera*）。

（4）竹节虫目（Phasmida）。大型或非常大型的昆虫，体形修长，呈圆筒形，棒状或枝状；少数种类扁平如叶。丝状触角。咀嚼式口器。翅有或无。渐变态。植食性。多有拟态现象。

（5）直翅目（Orthoptera）。中型或大型。口器咀嚼式。后足适于跳跃，或前足适于开掘。前翅革质复翅，后翅膜质。渐变态。雌虫腹末多具产卵器。

蝗科（Acrididae）：体粗壮。触角短于体长，呈丝状、剑状或棒状等。多数种类有2对翅，少数种类翅退化或缺翅。跗节3节，第1跗节腹面常有3个垫状物，雄虫能以后足腿节摩擦前翅发音，听器位于第1腹节两侧，产卵器短、瓣状，如中华蚱蜢（*Acrida chinensis*）。

螽蟖科（Tettigonidae）：体侧扁，常为绿色。触角长于体长，丝状，30节或以上。复翅膜质，较脆弱。听器位于前足胫节基部。产卵器发达，呈剑状或马刀状，如中华螽斯（*Tettigonia chinensis*）。

蟋蟀科（Gryllidae）：通称蟋蟀，又名促织，中国北方俗名蛐蛐。蟋蟀多数中小型，少数大型。黄褐色至黑褐色。头圆，胸宽，触角长丝状，长于体长。咀嚼式口器。前足和中足相似并同长；后足发达，善跳跃；听器位于前足胫节基部。产卵器针状、长矛状或长杆状；尾须长，如油葫芦（*Cryllus testaceus*）。

蝼蛄科（Grylbtalpidae）：通称蝼蛄，俗名拉拉蛄、土狗。大型、土栖昆虫。触角短于体长，前足开掘式，产卵器不外露。复翅短，后翅突出体后，成尾状，如华北蝼蛄（*Gryllotalpa unispina*）。

（6）半翅目（Hemiptera）。身体由小型至大型不等，体形、体色均多样。刺吸式口器，前翅基部增厚为革质，端部为膜质，后翅膜质。身体含有臭腺（成虫的臭腺开口于后胸侧板内侧，若虫的臭腺开口于腹部背面）。臭腺分泌物常有特殊气味，并具一定的刺激性，有驱避敌害的作用。

负子蝽科（Belostomatidae）：身体长流线形，前足特化为捕捉足，中后足为游泳足。腹末有一短呼吸管。肉食性，水生。雄虫有负卵习性。雌虫将卵产在雄虫的背上，将抚育后代的任务交给雄虫，如负子蝽（*Sphaerodema rustica*）。

黾蝽科（Gerridae）：生活于水面，腹面有防水的毛被。前翅膜质，分区不明显；腹部腹面有一层绒毛。常群集在水面，捕食落水的昆虫，如大水黾（*Aquarlus elongates*）

蝽科（Pentatomidae）：一般称为椿象或蝽。身体小至大型，阔卵圆形或盾形，头小，三角形。前胸大，三角形。翅发达。刺吸植物汁液。此类昆虫有臭腺孔，能分泌臭液，在空气中挥发成臭气，所以又有放屁虫、臭板虫、臭大姐等俗名，如斑须蝽（*Dolycoris baccar*）。

（7）同翅目（Homoptera）。体小型、中型或大型。刺吸式口器。2 对翅质地相同，同为膜质或革质，静止覆盖在体上如屋脊状。渐变态。多数为农业害虫。

蝉科（Cicadidae）：大型种类，雄虫有发音器。植食性。蝉蜕能入药，如枯蝉（*Subpsaltria yangi*）。

沫蝉科（Cercopidae）：长度很少超过 1.5cm。后足胫节有 1 个或 2 个侧刺，有 2 横列端刺。后足基节短而呈锥状。若虫灰白色，其肛门分泌物与腹部腺体分泌物形成混合液体，再由腹部特殊的瓣引入气泡而形成泡沫状，可使若虫不致干燥和受天敌的侵害，如东方丽沫蝉（*Cosmoscarta heros*）。

（8）鳞翅目（Lepidoptera）。俗称蝶、蛾。体小型至大型。翅、体及附肢上布满鳞片，虹吸式口器或退化。幼虫蠋形，口器咀嚼式，身体各节密布分散的刚毛或毛瘤、毛簇、枝刺等，有腹足 2～5 对，以 5 对者居多，具趾钩，多能吐丝结茧或结网。全变态。思考如何区分蝶与蛾?

蝶类：触角端部膨大，多白天活动。静止时翅多直立或平置。

蛾类：触角丝状或羽毛状。多夜间活动。静止时翅多呈屋脊状。

凤蝶科（Papilionidae）：大型蝴蝶，色彩艳丽，许多种具金属光泽，前后翅多呈三角形，后翅多有尾突。凤蝶科体大美丽，具有较高的观赏价值，如宽尾凤蝶（*Papilionidae agehana elwesi*）。

绢蝶科（Parnassiidae）：与凤蝶科接近，多数为中等大小，白色或蜡黄色。成虫触角短，端部膨大呈棒状；下唇须短；体被密毛。翅近圆形，翅面鳞片稀少（鳞片种子状），半透明，有黑色、红色或黄色的斑纹，斑纹多呈环状。后翅后缘明显凹入。多生活在高海拔地区，飞行缓慢。均为保护种类，如小红珠绢蝶（*Parnassius nomion*）。

粉蝶科（Pieridae）：中等大小的蝴蝶，翅多为白色或黄色，素淡。头部的下唇须发达，前足发达。前翅通常三角形，少数圆形或顶角突出，后翅无尾突，如黑角方粉蝶（*Dercas lycorias*）。

眼蝶科（Satyridae）：中型或小型蝴蝶，前足退化。暗色种类，前足退化，毛刷状，折在胸下不能行走，无爪。翅正面或反面有眼状斑，如边纹黛眼蝶（*Lethe marginalis*）。

蛱蝶科（Nymphalidae）：蝶类中最大的一科，中型或大型蝴蝶，少数体型较小。前足退化，触角长，棍棒状或锤状。翅形丰富多变，色斑变化大。翅的正面常有亮丽的色彩，反面常有伪装色，如细带闪蛱蝶（*Apatura metis*）。

大蚕蛾科（Saturniidae）：又称野蚕蛾、天蚕蛾，最大的蛾类。触角双栉状，胫节无距，体大型，翅色鲜艳，翅中各有一圆形眼斑，后翅肩角发达，某些种的后翅上有燕尾。常制成工艺品，如大尾大蚕蛾（*Actias maenas*）。

(9) 鞘翅目（Coleopter）。通称甲虫。昆虫纲中最大的目（已知约 33 万种）。体小型（0.25mm）至大型（150mm）。体型多样，触角形状多变。咀嚼式口器，触角形状多样，10 节或 11 节；前胸发达，中胸小盾片外露。体型大小差异甚大，体壁坚硬；口器咀嚼式；前翅为角质硬化的鞘翅，后翅膜质；幼虫为寡足型，少数为无足型等。

瓢虫科（Coccinellidae）：通称为瓢虫，中、小型；体背面圆隆，腹面平坦；跗节为隐 4 节类；常具鲜明色斑的甲虫，如七星瓢虫（*Coccinella septempunctata*）。

锹甲科（Lucanidae）：体多为黑色或褐色的大形甲虫，有光泽，体壁坚硬，头大而强。触角膝状，11 节，末端 3 节呈叶状。雄虫上颚特别发达，突出成鹿角状。跗节 5 节。以第 5 节最长。幼虫蛴螬形，但体节背面无皱纹，肛门 3 裂状。

金龟子科（Scarabaeidae）：成虫体多为卵圆形，或椭圆形，触角鳃叶状，由 9～11 节组成，各节都能自由开闭。体壳坚硬，表面光滑，多有金属光泽。前翅坚硬、后翅膜质，多在夜间活动，有趋光性。有的种类还有拟死现象，受惊后即落地装死，如独角仙（*Allomyrina dichotoma*）。

(10) 膜翅目（Hymenoptera）。咀嚼式或嚼吸式口器。2 对翅，翅膜质透明。雌虫产卵器发达，锯状、刺状或针状，在高等类群中特化为螫针。多数为害虫的天敌，如蚂蚁、各种蜂类。

(11) 双翅目（Diptera）。体小型到中型（0.5～50mm）。触角丝状、具芒状等。刺吸式或舐吸式口器。仅具一对膜质前翅，后翅退化为平衡棒。完全变态。许多为卫生害虫，如蝇、蚊、虻。

2. 甲壳纲　甲壳纲体分节，胸部有些体节同头部愈合，形成头胸部，上被覆坚硬的头胸甲。每个体节几乎都有 1 对附肢，且常保持原始的双枝形，触角 2 对。用鳃呼吸。包括常见的鼠妇、虾、蟹、水蚤等，绝大多数水生。

鼠妇（*Armadillidium*）：又称“潮虫”，种类较多，它们身体大多呈长瓜子形，长 5～15mm，背腹扁平十分显著，呈灰褐色、灰蓝色；受到惊吓后会卷曲成团，是草食的陆栖类群，口器是咀嚼式口器，为甲壳动物中唯一完全适应于陆地生活的动物。第一触角短小，后 7 对胸肢变成步足，用鳃呼吸。它们都需生活在潮湿、温暖以及有遮蔽的场所，昼伏夜出，具负趋光性、假死性。鼠妇外壳有层薄薄的油，不易被蜘蛛网等粘住，不像昆虫和蜘蛛那样高度适应于陆地上生活，在我国大多数地区都有分布。

3. 蛛形纲　蛛形纲包括蜘蛛、蝎、蜱和螨等，无触角。大多数种类，身体没有明显的分节（蝎等少数种类的腹部分节明显），一般分为头胸部和腹部，这 2 部之间，往往由细腰部联系起来，但也有些种类，头胸部和腹部又完全愈合（如蜱）。腹部无运动附肢。头胸部附肢 6 对，除 1 对螯肢、1 对脚须外，还有 4 对步足。螯肢在口的前方，蜘蛛目的螯肢末端有毒腺的开口，用来刺杀小虫。脚须在口侧，为捕食或触觉或交配用。

东亚钳蝎（*Buthus martensii*）：我国蝎群分布最为广泛的一种，身体一般可分为 3 部分，即头胸部、前腹部和后腹部。头胸部和前腹部合在一起，称为躯干部，呈扁平长椭圆形；后腹部分节，呈尾状，又称为尾部。整个身体极似琵琶状，全身全表面为高度几丁质化的硬皮。

4. 多足纲（Myriapoda）　常见的种类如蜈蚣、马陆、花蚰蜒等，身体呈圆筒形、带状或球形。触角一对。口器由 1 对大颚及 1～2 对小颚组成。身体分头和躯干 2 部分（胸和腹没有分别或分别不明显）。由许多体节组成，每节由 1～2 对具关节的附肢组成。

花蚰蜒（*Thereuopoda clumifera*）：全身分 15 节，每节有组长的足 1 对，最后一对足特长。足易脱落。气门在背中央。触角长。毒颚很大。我国较为常见，喜欢栖息，活动于室内外阴暗潮湿处，以捕食小虫为生。

【结果辨析与思考】

（1）仔细比较节肢动物各大类群间的区别。

（2）根据节肢动物的特点，说明在动物界中节肢动物种类多、数量大、分布广的原因。

【作业】

根据你观察的软体动物和节肢动物标本，编写区分这些种类的检索表。

实验十四

脊椎动物多样性观察

鸟类属于脊椎动物鸟纲（Aves），包括古鸟亚纲（Archaeornithes）和今鸟亚纲（Neornithes）。现存的鸟类都属于今鸟亚纲，约有9700种。今鸟亚纲现存鸟类分为平胸总目（Ratitae）、企鹅总目（Impennes）和突胸总目（Carinatae）。常见的突胸总目又可称为今颌总目，翼发达，善于飞翔，胸骨具龙骨突起，具充气性骨骼（气质骨），锁骨呈V字形，肋骨上有钩状突起。正羽发达，羽小枝上具小钩，构成羽片，体表有羽区及裸区之分，最后4～6枚尾椎骨愈合成一块尾综骨。雄鸟绝大多数均不具交配器。突胸总目鸟类根据习性又可分为游禽、涉禽、鸣禽、陆禽、猛禽、攀禽。

哺乳动物是指脊索动物门脊椎动物亚门哺乳动物纲（Mammalia）的动物类群。哺乳动物体表被毛、角、爪、指甲、蹄、乳腺、汗腺和皮脂腺等皮肤衍生物；神经系统、感觉器官高度发达；大脑体积大，大脑皮层高度发达，形成了高级神经活动中枢；具胸腔和腹腔之分，之间为肌肉质的横膈膜；胎生和哺乳。哺乳动物分为原兽亚纲（Prototheria）、后兽亚纲（Metatheria）和真兽亚纲（Eutheria）。现存已知的哺乳动物有4000余种。

本实验将主要对鸟纲和哺乳纲等脊椎动物进行观察，参考图版3。

【实验目的】

（1）掌握脊椎动物的主要形态、行为特征，以及重要的形态术语和基本的观鸟方法。

（2）了解校园鸟类组成的基本类群和植物群落的关系。

（3）领会脊椎动物的分布与景观异质性的关系。

【实验准备】

（一）实验地点

校园和动物园。

（二）用品和试剂

双筒望远镜（7～10倍）、照相机、摄像机，记录本和动物图鉴等参考书。

【实验内容】

（一）鸟类观察

1. 鸟类识别的形态术语　分布在校园的鸟类主要以雀形目小型鸟类为主。在对鸟类观察前，先要利用图书室、视听室资料和展览室标本，掌握鸟类形态的描述术语（图14-1）。

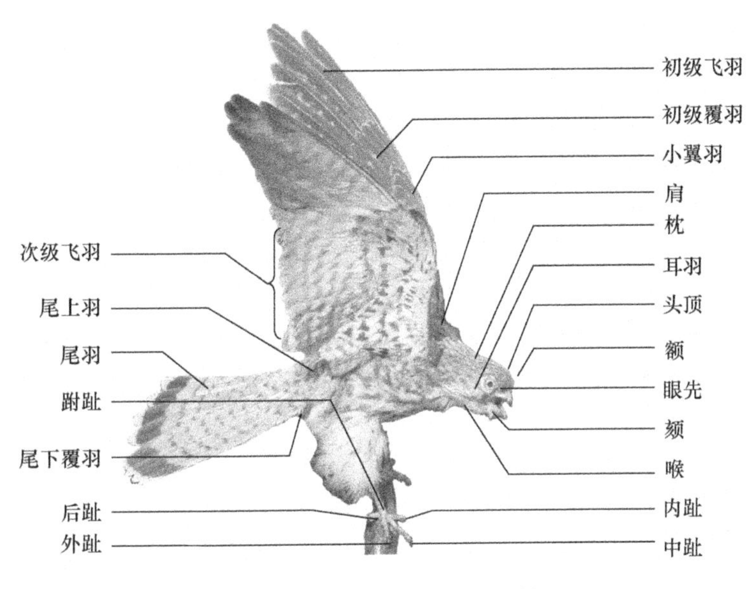

图 14-1　鸟体外部形态（李连芳摄）

1）头部

额：或称前头。头的最前部，与上嘴基部相接。

头顶：额后的头顶正中部区域。

枕部：头顶之后，头的最后部区域。

眼先：额的两侧、嘴角之后、眼之前的区域。

颏：喙基部腹面所接续的一小块区域。

冠羽：头顶上特别延长或耸起的羽毛，常形成冠状。

枕冠：后头上特别延长或耸起的羽毛。

耳羽：耳孔上的羽毛，位于眼的后方。

面盘：两眼向前，其周围的羽毛排列成人面状，如鸮。

肉冠：指头上裸露的皮肤形成的肉质冠。

肉垂：头部下方向下垂的裸皮。

颊：眼下方、喉上方、下嘴基部上后方的区域。

上嘴：为嘴的上部，其基部与额相接。

下嘴：为嘴的下部，其基部与颏相接。

嘴峰：是上嘴的顶脊。

嘴甲：下喙宽而扁平，嘴端被有甲状附属物，为雁形目特有。

蜡膜：为上嘴基部的膜状覆盖构造，如鸽。

鼻孔：为鼻向外的开孔，位于上嘴基部的两侧。

嘴须：着生于嘴角的上方。

2）颈部

后颈：与头的枕部相接近的颈后部，又分为上颈和下颈。

喉：紧接颏部的区域。

前颈：颈部的前面，紧接喉下方的区域。

3）躯干

背：下颈之后、腰部之前的区域，可分为上背和下背。

肩：背的两侧及两翅的基部。此部羽毛常特别延长，而称为肩羽。

腰：躯干背面的最后一部分，其前为下背，其后为尾上覆羽。

胸：躯干下面最前的一部分，前接前颈，后接腹部。

腹：胸部以后至尾下覆羽前的区域，前接胸部，后则止于泄殖孔。

4）翼

飞羽：飞羽为沿翼的前臂部及指掌部的后缘着生的一列大型羽毛。依其着生部位可分为初级飞羽（着生于掌骨和指骨）、次级飞羽（着生于尺骨）及三级飞羽（为最内侧的飞羽，着生于肱骨）。

覆羽：覆盖于飞羽基部的小型羽毛，分为初级覆羽（覆于初级飞羽基部）和次级覆羽（覆于次级飞羽基部）。次级覆羽明显地可分为三层，即大覆羽、中覆羽和小覆羽。

翼镜：又称翅斑。翼上特别明显的色斑，通常由初级飞羽或次级飞羽的不同羽色区段构成，如雁形目种类翅两侧各有一处呈蓝绿色的斑纹。

腋羽：翼基下方（腋下）的羽毛。

翼端：翼的先端。依其形状的不同可分为 3 种：圆翼（最外侧飞羽较其内侧的为短，形成圆形翼端）、尖翼（最外侧飞羽最长，其内侧数枚飞羽逐渐短缩，形成尖形翼端）、方翼（最外侧飞羽与其内侧数羽几等长，形成方形翼端）（图 14-2）。

5）尾型（图 14-2）

平尾：中央尾羽与外侧尾羽长短相等。

圆尾：中央尾羽较外侧尾羽稍长。

楔尾：中央尾羽明显较外侧尾羽长，且羽轴强硬。

凹尾：中央尾羽较外侧尾羽稍短。

叉尾：中央尾羽明显较外侧尾羽短，如家燕的尾。

6）后肢

（1）趾。通常为 4 趾，依其排列的不同，可分为不等趾型（3 趾向前，1 趾向后）、对趾型（第 2、3 趾向前，第 1、4 趾向后）、异趾型（第 3、4 趾向前，第 1、2 趾向后）、转趾型（与不等趾足相似，但第 4 趾可转向后）、并趾型（似常态足，但前 3 趾的基部并连）和前趾型（4 趾均向前方）（图 14-2）。

（2）蹼。涉禽类、水禽类鸟类前趾间常具有极发达的蹼（图 14-2），蹼足可再分为以下几种。

凹蹼足：与蹼足相似，但蹼膜中部往往凹入。

半蹼足：蹼的大部分退化仅于趾间的基部留存。

全蹼足：第 1、2、3、4 趾趾间均有蹼，如鹈形目。

瓣蹼足：为䴙䴘目特有，各趾两侧具有叶状瓣蹼，如小䴙䴘。

（3）跗跖部。位于胫部与趾部之间，或被羽，或着生鳞片。鳞片的形状可分为盾状鳞（呈横鳞状）、网状鳞（呈网眼状）和靴状鳞（呈整片状）。

（4）距。跗跖后缘着生的角状突。

（5）爪。着生于趾的末端。有些鸟类的中爪（中趾的爪）具栉缘。

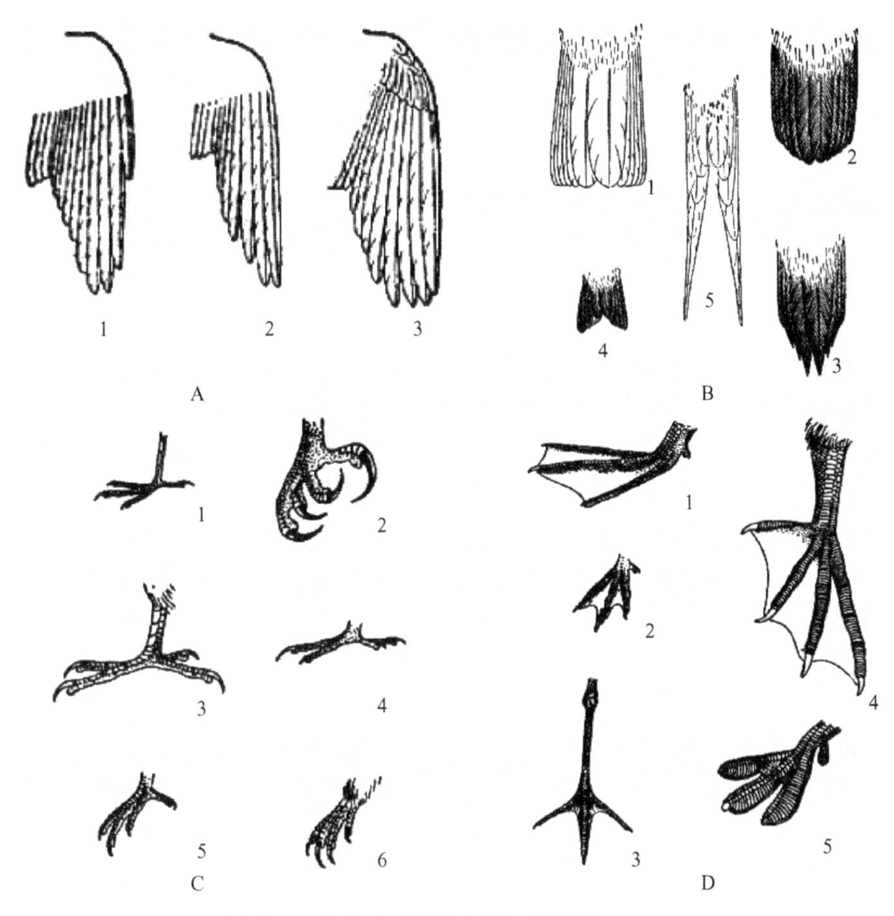

图 14-2　鸟类主要形态术语（郑作新，1973）

A. 翼的形状：1. 圆翼（黄鹂）；2. 尖翼（家燕）；3. 方翼（八哥）。B. 尾型：1. 平尾（鹭）；2. 圆尾（八哥）；3. 楔尾（啄木鸟）；4. 凹尾（沙燕）；5. 叉尾（家燕）。C. 鸟趾的主要类型：1. 不等趾型（麻雀）；2. 不等趾型（大鵟）；3. 对趾型（啄木鸟）；4. 异趾型（咬鹃）；5. 并趾型（翠鸟）；6. 前趾型（雨燕）。D. 鸟蹼的类型：1. 蹼足（天鹅）；2. 凹蹼足（燕鸥）；3. 半蹼足（鹬）；4. 全蹼足（鸬鹚）；5. 瓣蹼足（䴙䴘）

2. 鸟种的观察与识别　有条件的学校可以提前要求学生在标本室熟悉相关的校园鸟类。

1）鸟种观察的要领　对鸟类进行观察时，尽量选择春、秋天晴朗的早晨或傍晚，沿着校园小路边走边看，寻找鸟鸣声的来源，同时多注意树枝的顶端、建筑物的顶部等突出物。在发现鸟类后要冷静，鸟类的目力和听觉都比较好，对颜色敏感且机敏怕人，因此在服装、帽子和背包等用品的颜色以接近自然环境的绿、灰、褐和土黄色等比较适合，同时注意隐蔽，尽量做到蹑手蹑脚，避免大声喧哗、吵闹和试图接近，要先用肉眼做初步观察。

在观察鸟类时，要使目标处于所观察的顺光方向（如果处于逆光方向，会有什么结果?）。发现目标后，应先目不转睛地盯着，然后平行举起望远镜贴近眼睛，这样才能以最快的速度观看鸟儿。及时记录所观察到鸟种的形态特征：颜色、大小、嘴型、鸣叫等，并留意它们的行为。观察时，鸟种的头部是重点部位，是否有眉纹？嘴型是长、短、圆锥状，还是纤细的？头上是否有羽冠？在辨认鸟类时，根据所记录的数据查看鸟类手册，确认鸟的种类，注意与相似种的区别，熟记书中描述的鸟的一些特征，以备下次观察时对照。并勤于在笔记本上绘图和记载（绘图、文字和摄影、摄像等），观鸟结束后再多方查阅材料。

2）鸟种的识别　进行鸟种快速识别时，主要根据形态特征、体色、飞翔与停落时的姿态和鸣声识别鸟类；此外，根据生境来判断鸟种也是一个重要的辅助手段。

（1）根据形态特征识别鸟类。形态特征是识别鸟的基本依据。在身体大小和形状上，与麻雀相似者有金翅、北红尾鸲等；与喜鹊相似者有灰喜鹊、红嘴蓝鹊等；与鸡相似者有环颈雉；与白鹭相似者有多种鹭类等。在喙型上，喙呈宽而短的三角形者，如家燕、金腰燕；喙纤细的，如北红尾鸲；喙呈圆锥状的，如麻雀、金翅；喙长而粗壮者，如冠鱼狗、大斑啄木鸟等；喙向下弯曲者，如戴胜等。在尾型上，长尾者，如环颈雉、寿带、红嘴兰鹊等；叉尾者，如家燕、黑卷尾等。在腿的长度上，如涉禽白鹭、鸻和鹬等腿比较长；雁鸭类的腿相对较短。

（2）根据羽毛颜色识别鸟类。观察鸟类的羽毛颜色时，首先，注意整体颜色；其次，在短时间内看清头、背、尾、胸等主要部位，并抓住显要特征，如头顶、眉纹、眼圈、翅斑、腰羽及尾端等处的鲜艳或异样色彩。例如，校园内全身几乎为黑色的有乌鸫、大嘴乌鸦等；黑白两色相嵌的有白鹡鸰、喜鹊；全身以灰色为主的有杜鹃、灰卷尾和普通䴓等；以蓝色为主的有蓝翡翠和红嘴蓝鹊等；以绿色为主的有绿鹦嘴鹎、暗绿绣眼鸟及柳莺等；以黄色为主的有黑枕黄鹂、金翅等；以褐色或棕色为主者的种类繁多，如鹰、斑鸠、伯劳、鸫、雀及鹀等。

（3）根据飞翔与停落时的姿态识别鸟类。对空中飞翔、逆光或距离较远的鸟类，可以通过观察姿态进行辅助识别。例如，鹡鸰、啄木鸟等采用波浪式前进的飞翔姿态；红嘴蓝鹊、灰喜鹊和松鸦多为鱼贯式飞行姿态；鹰、鹞和鵟类则可在空中长时间滑翔；䴓和啄木鸟喜攀在树干上；鹡鸰停落时，尾常上下摆动，北红尾鸲尾常左右摇摆。

（4）根据鸣声识别鸟类。繁殖期的鸟类，由于发情而频繁鸣啭，其声因种而异，各具独特音韵，据此识别一些隐蔽在高枝密叶间难以发现的或距离较远不易看清的鸟类。鸟类鸣声大致有宛转多变（如乌鸫、白头鹎）、清脆单调的重复音节（如重复一个音节的灰喜鹊，重复两个音节的白鹡鸰、黑卷尾，重复三个音节的戴胜和大山雀等）、响亮清晰的吹哨声（如山树莺先发一序音再接两声高亢的哨声）、尖细颤抖声（如暗绿绣眼鸟）、粗粝嘶哑声（如绿啄木鸟、大嘴乌鸦）和低沉声（如斑鸠单调轻飘的叫声）6 种。

以上几种识别鸟类的方法必须灵活运用，不能单凭一种方法。对一些善于鸣叫的鸟类，常循其鸣声，再走近观察形态与颜色，以确切辨认。

3. 常见鸟类特征观察

（1）鹳形目（Ciconiiformes）。小白鹭（*Egretta garzetta*），翅长不及 30cm，有羽冠，胸前被以矛状长羽，趾黑而杂以黄色，嘴黑色。

（2）隼形目（Falconiformes）。苍鹰（*Accipiter gentiles*），雄鸟背部苍灰色，头颈部暗灰色，胸部有褐色横条斑纹，尾部灰褐色，有 4 条深色横纹。雌体背部褐色。

游隼（*Falco peregrinus*），翅长超过 30cm，是隼科中最大的种类。第二枚初级飞羽最长。具有狭长而尖锐的翼，短而阔的喙，上嘴尖端具齿状突。背部灰色，腹面白色而具有暗色斑点或横行带状斑纹。

（3）鸽形目（Columbiformes）。珠颈斑鸠（*Streptopelia chinensis*），雌、雄体色相似。头顶及脸部深灰色，后颈有明显的珠状斑，上体灰褐色，下体粉红色，外侧尾羽先端白色。是我国常见的留鸟。

山斑鸠（*Streptopelia orientalis*），雌、雄体色相似。上体以褐色为主，后颈基部两侧杂以蓝灰色的黑斑，肩蓝灰色。下体红褐色。翼上覆羽及三级飞羽黑色，缘以棕红色，形成翅上花斑。

（4）鹃形目（Cuculiformes）。大杜鹃（*Cuculus canorus*），上体大致银灰黑色，两翅黑褐，翼缘白而杂以褐斑。腹部大都白色而杂以褐色横斑。连叫两声一停，声似“布谷”，故称布谷鸟。

（5）鸮形目（Strigiformes）。纵纹腹小鸮（*Athene noctua plumipes*）体长20～26cm。面盘和领翎不明显，也没有耳簇羽。上体为沙褐色或灰褐色，并散布有白色的斑点。下体为棕白色而有褐色纵纹，腹部中央到肛周以及覆腿羽均为白色，跗跖和趾则均被有棕白色羽毛。虹膜黄色，嘴黄绿色，爪黑褐色。

（6）佛法僧目（Coraciiformes）。冠鱼狗（*Ceryle lugubris*），头顶、头侧及羽冠均黑色具白点，羽冠中的后头羽毛白色而具黑点。上体全部暗灰黑色，满缀以白点斑和横斑。

普通翠鸟（*Alcedo atthis*），头暗蓝绿色艳翠蓝色细斑。眼下和耳羽粟棕色，耳后颈侧白色，体背灰翠蓝色，肩和翅暗绿蓝色，翅上杂有翠蓝色斑。喉部白色，胸部以下呈鲜明的粟棕色。雄鸟嘴黑色，雌鸟上嘴黑色，下嘴红色。

（7）䴕形目（Piciformes）。大斑啄木鸟（*Picoides major*），雄鸟枕部有一鲜红块斑，头顶、后颈、背、翼及尾均为亮黑色，翼上有白色圆斑或块斑；额、头侧及下体为白色而略染浅赤色。雌鸟枕部无鲜红块斑。

黑枕绿啄木鸟（*Picus canus*），通体暗绿色，无羽冠，雄鸟前额至头顶的前半部鲜红色，雌鸟前额至头顶均为灰色，缀以黑色纵斑。

（8）雀形目（Passeriformes）。家燕（*Hirundo rustica*），嘴短阔而弱。上体呈金属反光的蓝黑色。额、喉栗色，胸具不完整的黑色横带，下体余部腹部白色无斑，上体余部均为灰蓝黑色。夏季遍及全国各地。

黑枕黄鹂（*Oriolus chinensis*），自鼻孔后缘起有一道贯眼黑斑直抵枕部。翅黑而具黄斑，中央一对尾羽仅具狭窄的黄色端缘。其余羽毛均为金黄色。雌鸟色较苍淡。

喜鹊（*Pica pica*），整体除两肩各有一大块白斑及腹羽白色外，通体均为黑色。飞羽闪蓝辉，尾羽闪绿辉，展飞时尾羽呈楔形。

大嘴乌鸦（*Corvus macrorhynchus*），嘴粗大，后颈羽毛柔软松散如发。除腹、尾下覆羽外，皆稍微呈浓淡程度不同的紫蓝色光泽。体形较小，翅长不及360mm。

暗绿绣眼鸟（*Zosterops japonica*），又名相思仔。体形只有拇指般大小，翅长不超过51mm。前额黄色较显著，上体绿色沾黄，颏、喉黄色。眼周具白圈，故名绣眼鸟。

白鹡鸰（*Motacilla alba*），黑白二色。雄鸟额、头顶前部、头侧、颈侧白色，后头、背、肩部及腰部黑色。贯眼纹黑色或无。尾羽黑色，最外侧两对为白色。颏喉部及前胸为黑色。下体局部为白色。

麻雀（*Passer montanus*），头顶及上体栗褐色，具黑色的纵纹，颈部具有白色的领环，翼和尾黑褐色，具淡黄色羽缘，翅上两道白斑非常显著。颏、喉部黑色。颊部白色，上有一显著的黑斑，贯眼纹黑色。下体污白色。嘴黑，脚褐色。

黄胸鹀（*Emberiza aureola*），体形似麻雀而稍大，雄鸟额基和头侧黑色，上体暗栗褐，上背杂以黑纹；翅上具白色翼斑；胸前有一栗色圈，下体余部鲜黄。

（二）哺乳动物观察

1. 食肉目（Carnivora）　门齿小，犬齿强大而尖锐，上颌最后一枚前臼齿与下颌第一枚臼齿如剪刀状相交，特化为裂齿。四肢发达，行动敏捷，大多为肉食性，少数种类演变为杂食性（黑熊）和植食性（大熊猫），如猫科、犬科、熊科、大熊猫科、鼬科。对食肉目动物观察时，结合动物园展出的大熊猫、狼、金钱豹等动物头骨标本，注意它们的牙齿，特别是裂齿特征。食肉目动物的上裂齿在咬合时好似铡刀，可将韧带、软骨切断。思考哪些食肉动物具有较高的咬合力？

（1）猫科（Felidae）。猞猁（*Felis lynx*），前肢短后肢长。短尾。两耳的尖端着生耸立的笔毛。以丛林中的小型啮齿类为食，有时也捕捉鸟类。

（2）熊科（Ursidae）。棕熊（*Ursus arctos*），体形健硕，肩背隆起，被毛粗密且有金色、棕色、黑色和棕黑等颜色。吻部比较宽，短尾。多栖息在山区的针叶林或针阔混交林中，分布于东北、西北、西南等地。

（3）大熊猫科（Ailuropodidae）。大熊猫（*Ailuropoda melanoleuca*），是一种古老的动物，被动物学家称为“活化石”。身体肥胖，形状像熊但略小，尾巴短，眼睛周围、耳朵、前后肢和肩部是黑色，其余都是白色。毛密而有光泽，耐寒。喜欢吃竹叶、竹笋。分布在四川北部、陕西和甘肃南部。

2. 偶蹄目（Artiodactyla） 第3、4趾同等发达，其余各趾退化，趾端具偶蹄，头上大多有角，胃大都为复室性，盲肠短小。除大洋洲、南极洲外，分布于世界各大洲，如猪科、牛科、驼科、河马科、鹿科、长颈鹿科等。

（1）牛科（Bovidae）。羚牛（*Budorcas taxicolor*），体形粗大，四肢粗壮，尾较短，吻鼻部高而弯起，似羊。肩高于臀。毛色为淡金黄色或棕褐色。颌下和颈下长着胡须状的长垂毛。两性均有角，随着年龄的增长，两角基部愈益靠拢，角尖扭向外后侧，所以又称为扭角羚。羚牛是世界上公认的珍贵动物之一，国家一级保护动物。羚牛营群栖生活，通常一群20只左右，常栖息于2500m以上的高山森林、草甸地带，具有明显的季节迁移现象。

（2）鹿科（Cervidae）。白唇鹿（*Cervus albirostris*），耳长而尖。雄鹿具茸角，一般有5叉，雌鹿无角。鼻端裸露，上下嘴唇、鼻端四周及下颌终年纯白色。臀部具淡黄色块斑。毛被及色调在冬夏有差别。冬季毛被厚，枯黄褐色，胸腹及四肢内侧乳白或棕白色，四肢下端棕黄浅褐色，臀斑黄白色；夏季毛被薄，有褐棕色、灰褐色或灰棕色等，臀斑棕色或黄棕色。为青藏高原特有种，活动于3500～5000m的森林灌丛、灌丛草甸及高山草甸草原地带，尤以林线一带为其最适活动的生境。

梅花鹿（*C. nippon*），头部略圆，面部较长，鼻端裸露，眼大而圆，眶下腺呈裂缝状，泪窝明显，耳长且直立。颈部长。四肢细长，主蹄狭而尖，侧蹄小。尾较短。夏季体毛为棕黄色或栗红色，无绒毛，在背脊两旁和体侧下缘镶嵌着许多排列有序的白色斑点，状似梅花；冬季体毛呈烟褐色，白斑不明显，与枯茅草的颜色类似。颈部和耳背呈灰棕色，一条黑色的背中线从耳尖贯穿到尾的基部，腹部为白色，臀部有白色斑块，其周围有黑色毛圈。尾背面呈黑色，腹面为白色。雌兽无角，成年雄兽头上具有一对实角，角上共有4个杈，主干一般向两侧弯曲，略呈半弧形，眉叉向前上方横抱，角尖稍向内弯曲。梅花鹿生活于森林边缘和山地草原地区，是亚洲东部的特产种类，在国外见于俄罗斯东部、日本和朝鲜。

（3）麝科（Noschidae）。原麝（*Moschus moschiferus*），头上没有角，也没有上门齿，下犬齿呈门状，并与6枚门齿连成铲状，雄兽有一对獠牙状的上犬齿，露出唇外。毛色为黑褐色，背部隐约有六行肉桂黄色的斑点，颈部两侧至腋部有两条明显的白色或浅棕色纵纹，从喉部一直延伸到腋下。腹部毛色较浅。毛粗而髓腔大，毛被厚密，但较易脱落。头和面部较狭长，吻部裸露，与面部都呈棕灰色。耳长，大而直立。短尾巴藏在毛下。四肢很细，后肢特别长，站立时臀高于肩，蹄子窄而尖，悬蹄发达，非常适合疾跑和跳跃。栖息于针阔混交林内，分布于吉林、黑龙江、内蒙古、河北、山西、安徽和新疆等地。

3. 奇蹄目（Perrisodactyla）　大型草食性有蹄动物。仅第3趾特别发达，其余各趾不发达，或退化，趾端具蹄。头部有角或无角，角是表皮的衍生物，终生不脱换。门齿上、下颌均存在，犬齿存在或退化，臼齿齿冠高，咀嚼面宽阔，其上有复杂的棱脊。单室胃，不反刍，有很大的盲肠和扩大的结肠。肝无胆囊，如貘科、犀科和马科。

马科（Equidae）。普氏野马（*Equus przewalskii*），又称蒙古野马，头部长大，颈粗，耳比驴短，蹄宽圆。外形似家马，但额部无长毛，颈鬃短而直立。夏毛浅棕色，两侧及四肢内侧色淡，腹部乳黄色；冬毛略长而粗，色变浅，两颊有赤褐色长毛。栖息于山地草原和荒漠。性机警，善奔跑。原分布于我国新疆北部准噶尔盆地北塔山及甘肃、内蒙古交界的马鬃山一带。野生种群现已灭绝，目前有一定数量的野马生活在人工圈养或半散放状态下。

4. 灵长目（Primates）　灵长目是目前动物界最高等的类群。大脑发达，具眼眶骨，双眼前视，拇指能与其他四指相对，多数具指甲。

猴科（Cercopithecidae）。川金丝猴（*Rhinopithecus roxellanae*），头圆，耳短，眼睛为深褐色，颜面天蓝色，鼻孔极度退化，体被金色长毛，尾长接近身长。栖息于海拔1500～3300m的森林中，分布于四川、甘肃、陕西和湖北。

5. 食虫目（Insectivora）　体型较小，吻部多细尖，能灵活活动，大脑无沟回。门齿大而呈钳形，犬齿小或无，臼齿多尖，齿尖多呈w形，适于食虫。四肢短小，通常为5趾，跖行性。生活方式多样，有地上生活、地下穴居、半水栖及树栖者。主要以昆虫及蠕虫为食。

猬科（Erinaceidae）。刺猬（*Erinaceus europaeus*），体表披满硬刺，当遇刺激时能将身体蜷缩成球状。吻尖、眼小、耳小、脚矮、尾短。栖息于山林、草丛中。夜行性。食性杂，有冬眠习性，入眠前储存大量皮下脂肪。

6. 长鼻目（Proboscidea）　鼻与上唇延长成长鼻，上门牙特别发达，特化为象牙。不具齿，为最大的陆栖哺乳动物。现仅存1科2种：亚洲象和非洲象。

象科（Elephantidae）。亚洲象（*Elephas maximus*），全身深灰色或棕色，体表散生有毛发。成年雄性亚洲象肩高2.4～3.1m，重2.7～5.5t，雌象体形稍小。鼻端有一个指状突起，耳朵比较小、圆，雄性具有象牙，前足5趾、后足4趾，头骨有两个突起，背拱起。历史上亚洲象的分布地较广，现在主要生活在南亚和东南亚。

【结果辨析与思考】

（1）使用望远镜观察，将所观察到的鸟类记录于表14-1中。

表14-1　校园鸟类观察记录表

种　名	地　点	数　量	食物类型	微生境特征	形态特征

（2）根据表14-1的结果，分析鸟类最喜欢哪种生态环境（如草地、农田、灌木林、人工林、池塘等），试解释不同微生境导致鸟种差异的原因。

（3）哪类鸟种属于校园优势群体？试解释它们成功的因素。

（4）观察鸟类的过程中，有哪些细节问题需要注意？

（5）校园中的鸟类是如何适应人类干扰的？哪些鸟类具有较高的适应性？

（6）观察哺乳动物的过程中，有哪些细节问题需要注意？

（7）思考猫科动物的身体结构特征，它们是如何适应特殊环境的？

（8）尽管大熊猫属于食肉目，但其动物的身体结构与功能是如何成功适应竹子等植物饲料的？

（9）在动物园参观过程中，是否发现一些动物会出现机械性地重复同一动作，你认为是什么原因引起？如何降低这种动作的发生？

【作业】

（1）利用表 14-1 的结果，选择 10 种鸟类，依据它们的外貌特征，绘出一个二歧式检索表（定距式检索表或平行式检索表）。

（2）根据你观察的鸟特征，总结写出雁形目、鹈形目、鹳形目、鹤形目、隼形目、鸮形目、鸳形目、鹦形目、鸡形目、鸽形目、雀形目的鉴别性特征及代表种。

（3）选择 10 种兽类，依据它们的外貌特征，绘出一个二歧式检索表（定距式检索表或平行式检索表）。

实验十五

土壤微生物培养与多样性研究

微生物包括所有小型的原核生物、病毒、真菌和原生生物等，土壤是微生物聚集最多的地方。在肥沃的土壤中，每克土含有20亿个微生物，即使是贫瘠的土壤，每克土中也含有3亿～5亿个微生物。土壤中的水分是一种浓度很稀的盐类溶液，其中含有大量相对容易利用的固形含碳有机物，有各种有机和无机氮素，以及各种矿质元素、盐类、微量元素、维生素等，类似于常用的液体培养基，是微生物的营养库。土壤pH多为中性偏碱，适宜于大多数微生物生长，土壤中还含有气体，主要是CO_2、O_2和N_2。大部分地区土壤温度为0～30℃，并且在一年的大部分时间内其温度为10～25℃。

土壤中最多的微生物有三类。

(1) 细菌：在数量上，是土壤中最多的生物，占微生物总数的70%～90%，多数为腐生菌，少数是自养菌。

(2) 放线菌：占土壤中微生物含量的5%～30%，在干燥土壤中占优势。

(3) 霉菌：主要生活在靠近地面、通气良好的土壤中，霉菌数量比细菌少，但生物量最大。

稀释平板分离/计数法是分离土壤微生物和测定微生物数量、多样性的主要方法之一，本实验将采用此方法。

【实验目的】

(1) 掌握测量微生物细胞数量的平板培养计数法的原理及方法。

(2) 了解不同土壤样品中细菌、放线菌、霉菌等的细胞数量，学习鉴别不同微生物的菌落特征。

(3) 领会土壤微生物多样性与环境之间关系。

【实验准备】

样品：过筛风干的大田土或过筛新鲜的园艺土等。

培养基：牛肉膏蛋白胨琼脂培养基、马铃薯琼脂培养基和高氏一号琼脂培养基，各200mL分装于500mL三角瓶中，用灭菌锅融化后备用。

试剂：5mL 1%重铬酸钾溶液分装在15mm×150mm试管中，灭菌备用；20mg/mL链霉素溶液过滤除菌后，分装在1.5mL离心管中备用。

其他灭菌物品：90mL无菌水分装于300mL三角瓶中（含40～60粒玻璃珠）、4.5mL无菌水分装于15mm×150mm试管中、直径9cm的培养皿、1mL吸管、滴管、1mL枪头。

仪器与材料：1mL 微量可调移液器、天平、称量纸、记号笔、玻璃刮铲等。

【实验方法】

稀释平板分离/计数法是分离土壤微生物和测定微生物数量、多样性的主要方法之一。这种方法是根据微生物在固体培养基表面可以形成单个菌落这一培养特征而设计的，其前提是必须由一个单细胞繁殖形成一个菌落，即一个菌落代表一个单细胞。计数时，首先将待测样品制成一系列均匀的稀释液，并尽量使样品中的微生物细胞充分散开，以保证每个细胞能完全单独存在，否则，一个菌落就不能代表一个细胞。然后选择合适的稀释度和稀释液接种到培养基平板中，使其均匀分布于平板培养基内。最后经过一段时间的培养，统计相应稀释度平板上的菌落数目，即可计算出样品的含菌数。因此，该方法包括了含菌样品稀释液的制备、培养基平板接种、培养计数及微生物细胞数量计算 4 个步骤。除了测定土壤含菌量和多样性外，该方法还常用于某些成品（如杀虫菌剂）的鉴定、生物制品的检验以及食品、水源等污染程度的检验等。

不过，实际情况要复杂得多，一个菌落往往不是由一个微生物细胞形成的。例如，每一个细菌的生活能力各不相同，会影响其形成菌落的能力；又如，吸附于微小颗粒上的 2 个以上菌体或粘连在一起的菌团可能共同形成一个菌落等。因此文献中常用“菌落形成单位”（colony forming unit，cfu）代替以往常用的“菌落数”单位。菌落形成单位是指由单个菌体或聚集成团的多个菌体在固体培养基上生长繁殖所形成的集落，一般少于实际的菌细胞数，但在某些情况下可以更准确地反映问题的实质。此外，稀释平板计数法统计的仅为活菌数量。

在稀释平板计数法的进行过程中，通常需要根据不同的分离目的采取不同的微生物细胞接种方法，常用的方法有两种，即表面涂布法和混菌法，或称为表面接种法和基内接种法。涂布法是先制备好待用的培养基平板，然后分别吸取 0.1mL 适当稀释度的稀释液，加入到每个培养基平板的正中央，最后用灭菌的玻璃刮铲在培养基表面均匀涂布后，培养计数。混菌法是先分别吸取 1mL 适当稀释度的稀释液，加入到每个无菌培养皿的正中央，然后再加入 12～15mL 冷却至 45℃左右的培养基，立即混合均匀，凝固后，培养计数。本实验要求学生重点掌握这两种接种方法。在培养基平板上得到微生物的菌落后，选择最适稀释度平板上的菌落进行计数，然后根据下式计算出每克干土样品中存在的微生物细胞数量。

$$\text{菌落形成单位（cfu/g）}=\frac{\text{菌落平均数}\times\text{稀释倍数}}{\text{接种量（mL）}\times(1-\text{样品含水量})}$$

【实验内容】

（一）样品稀释液的制备

（1）准确称取待测样品 10g，放入装有 90mL 无菌水和小玻璃珠的 300mL 三角瓶中，置于摇床上摇动 10min，摇床转速为 250r/min，使微生物细胞充分分散，然后静置 1min，上清液记为 10^{-1}稀释液。

（2）再用 1mL 无菌吸管，吸取 10^{-1}稀释液 0.5mL，注入装有 4.5mL 无菌水的试管中，振荡器上振荡 0.5～1min，让菌液混合均匀，得 10^{-2}稀释液。做好标记。

（3）再吸取 0.5mL 10^{-2}稀释液，注入装有 4.5mL 无菌水的试管中，振荡 0.5～1min，即成 10^{-3}稀释液。做好标记。

（4）以此类推，连续稀释，直至制成10^{-4}、10^{-5}、10^{-6}、10^{-7}、10^{-8}等一系列稀释菌液，如图15-1所示。

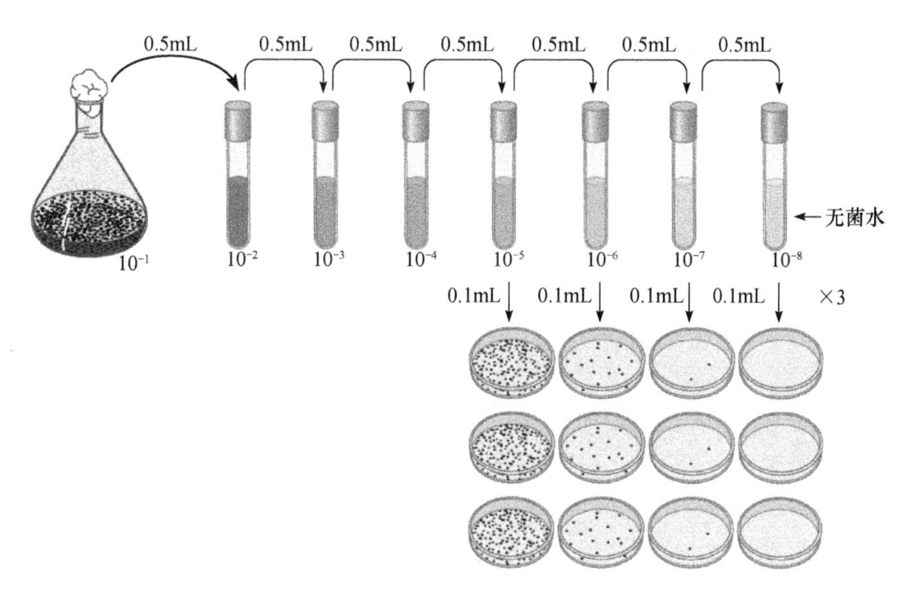

图15-1　平板计数法操作示意图（表面接种）

通常在进行稀释平板计数时，待测菌最适稀释度的选择应根据样品的具体性质而确定，如土壤样品的类型、土壤肥力、土壤层次及采样季节等。一般，如果样品中所含待测菌的数量高，则应选择使用较高的稀释度；反之，则选用较低的稀释度。通常，在测定土壤中的细菌数量时，常用稀释度可以参考表15-1。

表15-1　分离不同土壤微生物时常用的参数

微生物类群	土壤状态	培养基	接种方法	接种量/mL	稀释度	培养温度/℃	培养时间/d	最稀释度菌落数/个
细菌	潮湿	牛肉膏蛋白胨	基内	1.0	10^{-8}～10^{-6}	28～30	1～2	40～200
放线菌	风干	高氏一号	表面	0.1	10^{-5}～10^{-3}	28	5～7	10～100
真菌	潮湿	马铃薯琼脂	基内	1.0	10^{-5}～10^{-3}	28	3～5	20～60

（二）培养基平板接种

细菌、真菌和放线菌的接种培养各不相同。

1）*细菌平板培养计数法*　选用过筛的新鲜潮湿土壤样品，并采用基内接种法。

（1）在无菌培养皿上做好10^{-6}、10^{-7}、10^{-8}稀释菌液的标记。

（2）每个稀释度设置3个重复，用1mL无菌吸管按无菌操作要求吸取10^{-8}稀释液各1mL放入标记为10^{-8}的3个平板中；同法吸取10^{-7}稀释液各1mL放入标记为10^{-7}的3个平板中；再吸取10^{-6}稀释液各1mL放入标记为10^{-6}的3个平板中（按高稀释度到低稀释度的顺序吸取稀释液，可不更换吸管）。

（3）将已融化的牛肉膏蛋白胨琼脂培养基冷却至45～50℃，分别倒入9个培养皿中并立即在台面上沿一个方向轻轻摇动，使菌悬液和培养基充分混合均匀，而后静置，等待凝固。

2）*真菌平板培养计数法*　选用过筛的新鲜潮湿土壤样品，也采用基内接种法。

（1）在无菌培养皿上做好10^{-3}、10^{-4}、10^{-5}稀释液标记。

（2）每个稀释度设置 3 个重复，用 1mL 无菌吸管按无菌操作要求吸取 10^{-5} 稀释液各 1mL 放入标记为 10^{-5} 的 3 个平板中；同法吸取 10^{-4} 稀释液各 1mL 放入标记为 10^{-4} 的 3 个平板中；再吸取 10^{-3} 稀释液各 1mL 放入标记为 10^{-3} 的 3 个平板中。

（3）将已融化的马铃薯琼脂培养基冷却至 45～50℃，加入终浓度为 0.02mg/mL 的链霉素溶液，摇匀，尽量避免产生过多的气泡。

（4）将上述马铃薯琼脂培养基分别倒入 9 个已加入菌悬液的培养皿中，立即轻轻地在台面上沿一个方向迅速摇动，使菌悬液和培养基充分混合均匀，而后静置，等待凝固。

3）放线菌平板培养计数法　选用风干的过筛土壤样品，并采用表面接种法。

（1）将高氏一号琼脂培养基融化，再冷却至 45～50℃，按 2 滴/100mL 的量加入 1%重铬酸钾溶液，轻轻摇匀后（尽量避免产生过多的气泡）倒入平板，待凝固后做好 10^{-3}、10^{-4}、10^{-5} 标记。

（2）用无菌吸管吸取 0.1mL 菌液对号接种在不同稀释度标记的琼脂平板上，同样每个稀释度设 3 个重复。

（3）将玻璃刮铲在酒精灯上进行火焰灭菌。

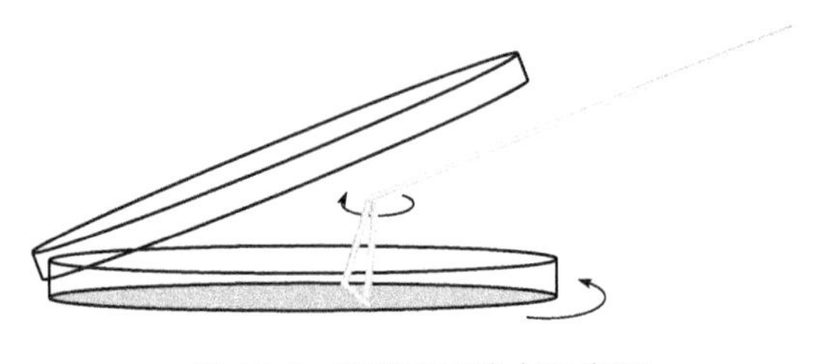

图 15-2　细菌表面涂布示意图

（4）打开平板，将灭菌刮铲（bacteria cell spreader）在培养皿盖内侧冷却一会儿，然后用无菌刮铲将菌液在平板上轻轻地均匀涂布，注意不要刮破培养基（图 15-2）。当更换稀释度时，必须将刮铲重新灼烧灭菌；当由高稀释度向低稀释度涂布时，可不重新灼烧灭菌。

（5）将涂布好的平板于桌面上放置 20～30min，使菌液完全渗透入培养基内。

（三）培养及菌落计数

（1）分别收集各平板，倒置于铁皮箱中，按表 15-1 中的培养温度和时间进行培养。

（2）选择最适稀释度的 3 个平板，计数，记录实验结果。

（四）待测样品中微生物数量的计算

由于待测样品含有一定的水分，且每个样品的含水量也各不相同，因此每克样品中所含有的菌数也有差异。为了统一标准，便于重复和比较，常在分析样品含菌量的同时测定样品的含水量，最后根据所得的菌落数和含水量，依据前述公式计算出样品的含菌数。

【结果辨析与思考】

不同土壤中微生物的绝对数量和相对比例均有很大的不同，而且由于不同的微生物具有不同的营养及环境条件的需求，某一种培养基和固定的培养条件很难培养出土壤中所有的微生物。但总的来说以异养菌为主，好氧的、兼性厌氧的及抗逆性较强的微生物往往占据优势，本实验中所使用的培养基和培养条件仅可以培养出绝大部分常见的微生物种类。同学们可以从实验结果中验证上述观点。

在土壤细菌中，对环境变化具有较强抗性的种类常占优势，如节杆菌（*Arthrobacter*）、芽孢细菌（*Bacillus*）等。放线菌对干燥条件抗性比较大，并能在沙漠土壤中生存，比较适合在碱性或中性条件下生长，并在干燥土壤中占优势，链霉菌属（*Streptomyces*）和诺卡氏菌属（*Nocardia*）所占的比例常最大。真菌易于生长在通气良好的微酸性土壤中，常见的真菌主要以半知菌、子囊菌和担子菌居多。

【作业】

（1）计算各类微生物的数量，描述细菌和真菌优势种的特征。

（2）采用稀释平板法能否分离到土壤中所有的微生物？为什么？

（3）为什么在分离土壤真菌时通常要向培养基中加入链霉素？

实验十六

果蝇唾腺染色体标本的制备与观察

双翅目（Diptera）和弹尾目（Collembola）昆虫的消化道及消化腺（如肠道、马氏管、唾腺、脂肪体）细胞发育到一定阶段后，停止在间期，但紧密配对的、伸展的染色质丝仍然在不断复制，复制后产生的子染色体彼此不分开，聚积在一起形成了一种特殊的染色体——多线染色体（polytene chromosome）。与有丝分裂中期的染色体相比，多线染色体既长且粗。

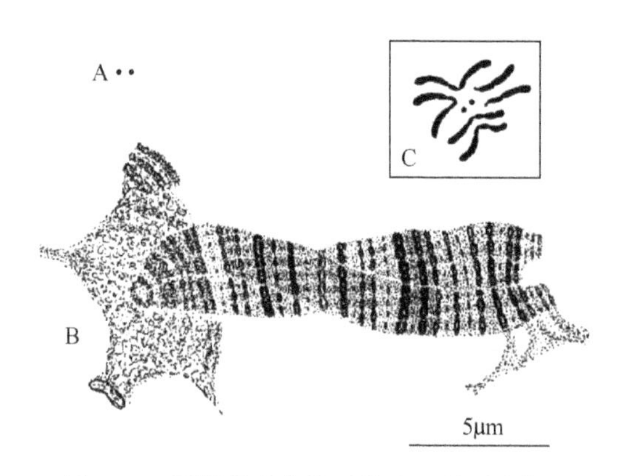

图 16-1　同样放大倍数下的有丝分裂中期的4号染色体（A）与相应的多线性染色体（B）的大小比较［据 Bridges（1935），略加修改］，C 示核型

黑腹果蝇（*D. melanogaster*）有丝分裂中期的染色体单倍体总长仅约 7.5μm，在光学显微镜下勉强可见，但它的多线染色体，其单条染色体臂就可达 275μm，6 条臂的总长可达 1180μm，约为普通中期染色体的 150 倍（图 16-1），这就非常便于观察。

由于制备多线染色体多用唾腺，故多线染色体也称唾腺染色体。在本实验中，我们将以黑腹果蝇幼虫的唾腺为材料，制备、观察这一巨大染色体。

【实验目的】

（1）掌握果蝇唾腺染色体标本的制备与观察方法。
（2）了解多线染色体图谱的绘制。
（3）领会染色体变异与生物进化的关系。

【实验准备】

（一）每个学生

显微镜一台，体视显微镜一台；解剖针两根（针尖要尖细些），长柄小药勺（或其他用于从培养瓶中取幼虫的工具）；吸管，火柴棍（或铅笔），眼科镊，载玻片，盖玻片（20mm×20mm），滤纸条（约 0.5cm×3cm）。

（二）每组学生（两个学生）

果蝇的三龄幼虫；改良的石炭酸品红（也称卡宝品红）染液（配法见本实验附），蒸馏水，指甲油（可选），香柏油，镜头纸；0.7% NaCl（*m*/*V*）。

【实验内容】

（一）三龄幼虫的饲养

在实验前5～6d，将果蝇接种到新配制的培养基中，每瓶5～10对。放在25℃条件下培养。注意：温度影响幼虫的生长速度。在低温下，产生三龄幼虫的时间将会延长。例如，在25℃条件下产生三龄幼虫的时间约为5d，但在20℃条件下，从接种到产生三龄幼虫的时间约为7d。

（二）剥取唾液腺

在一张载玻片上滴加生理盐水，从培养瓶中挑取一只肥大的幼虫，使其没于盐水中，将载玻片放在解剖镜下。取两根解剖针（针尖尽可能细些），一只扎住幼虫口器，一只扎于体前1/3处，两针向两个方向迅速拉开。找出唾腺。唾腺为上小下大的囊状结构，唾腺旁附着带状的脂肪。在解剖镜下可见唾腺是接近透明的结构，其上细胞较大，在解剖镜下依稀可见轮廓，而脂肪体常带灰色（图16-2）。

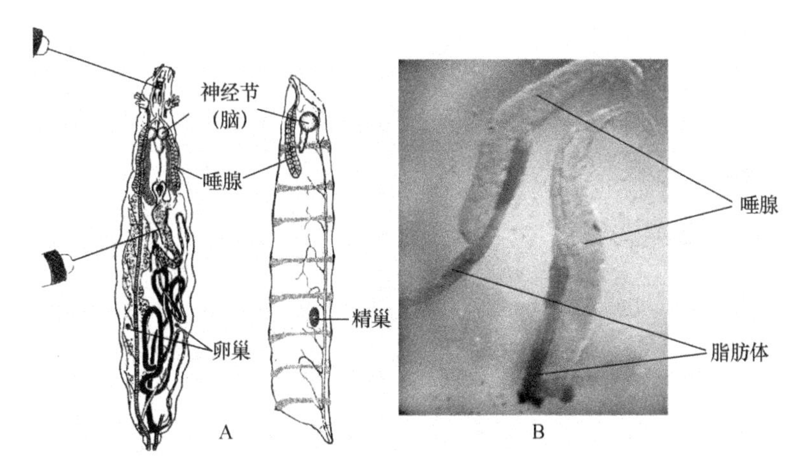

图16-2　A显示唾腺、生殖腺在幼虫体内的位置及解剖唾腺的方法。左图是雌虫的背面观（据E. Strasburger，略加修改），右图是雄虫的侧面观（据Bridges未发表的图解，略作修改）。注意比较雌、雄虫生殖腺的大小。B为在光学显微镜下看到的唾腺及附着的脂肪体。

用解剖针将唾腺以外的组织移出玻片，再尽量剔除唾腺上的脂肪。对于初学者，一张片子上最好有3个或4个唾腺，这样易于成功。

（三）染色及制片观察

用小滤纸条吸去生理盐水（吸各种溶液的操作应在解剖镜下进行，吸取时用解剖针轻轻按住唾腺，以免将唾腺吸走），滴加少许蒸馏水，浸泡1～2min后再用滤纸吸去蒸馏水以洗净生理盐水。再用滤纸吸去蒸馏水。滴加染液染色10min。染色时如染料干了，要及时补充。

吸去多余的染料（留下6～8μL即可，染料太多则压片时细胞易随着染料溢出玻片外），盖上盖玻片。将玻片放在平整的实验台上，用干净的滤纸条盖住盖玻片的一角，左手压在滤纸条上按住盖玻片，右手持火柴棍或铅笔的橡皮头垂直地、螺旋形地由中央向四周，轻轻地敲击盖玻片，使细胞分散，染色体平展；再用两层滤纸覆盖在盖玻片上，用两个拇指垂直用力按压，按压时不能让盖片滑动。否则会造成染色体的扭曲断裂。

先在 100×（指总的放大倍数，下同）下寻找染色体臂分散良好的标本（图 16-3A），找到后将其移至视野中央，换用高倍镜（400×）、油镜（1000×）观察染色中心、蓬突、横纹、间纹各种结构，并辨认各条臂。手持普通数码相机（俗称“卡片机”，镜头的直径不要超过目镜的直径），通过目镜取像，将目镜中的实验结果图像拍下来。

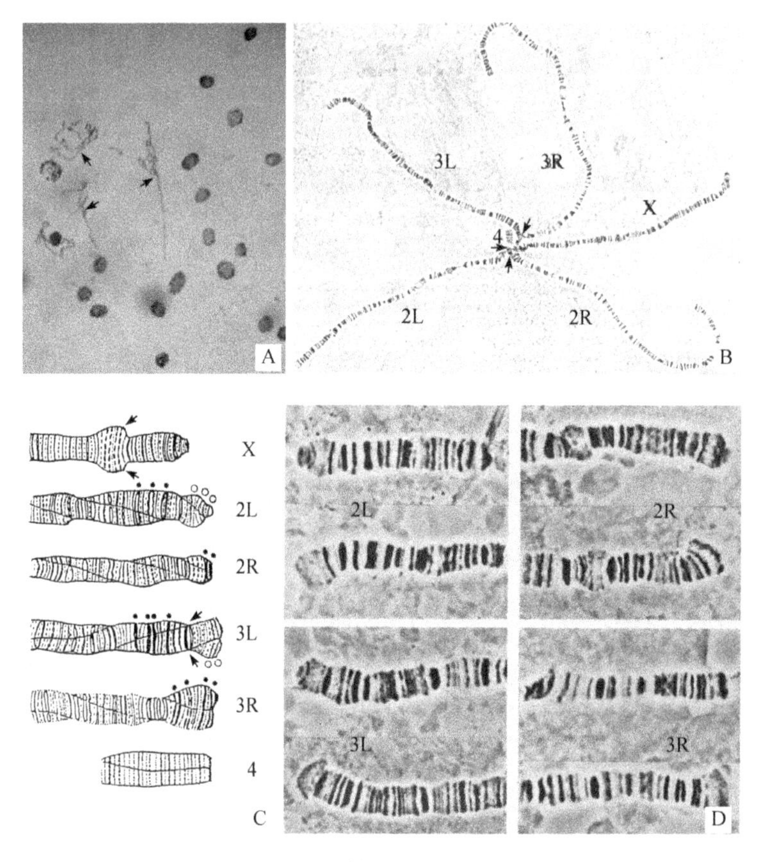

图 16-3　黑腹果蝇唾腺染色体的形态及各条臂末端的形态特征

A. 总放大倍数为 100 倍时观察到的多线染色体。图中圆形的结构均为染色体臂没有分散开的多线染色体，箭头为染色体臂分散开的多线染色体。B. 唾腺染色体 6 条臂的特征（Ransom，1982）。C. 6 条臂末端形态及横纹特征。箭头指向 X 染色体上的永久性蓬突，这是 X 染色体特征性的结构，星号指该染色体上深染的横纹，小圆圈代表没有或带纹不明显。这些特征是我们识别各条臂的主要参考依据（Graf，1992）。D. 唾腺染色体的末端形态会发生一些变化。图中显示 2 号与 3 号染色体的末端形态的一些变化（Lefevre，1976）

【结果辨析与思考】

据研究，在果蝇的消化道与消化腺细胞中，染色质的复制可多达 9 次，一对染色体最终可产生 2×29＝1024条染色质丝，这实际上是将染色质丝的结构纵向放大了 1000 多倍。染色质丝上螺旋化程度不同的部分经过这样的放大，分别形成染色较深的横纹（band 或 chromomere）和染色较浅的间纹（interband）。带纹宽窄不一，遍布每条多线染色体臂，且数量巨大，有 5000 多条（可以对比一个数字：世界上最重要的动物——人类的有丝分裂中期的染色体，目前为止，通过种种分带技术，显示出来的带纹仅 850 多条）。这些带纹具有种的特异性。密集的带纹，一方面为果蝇的基因定位提供了一个精确的坐标。另一方面，染色体上的变异（如缺失、重复、倒位、易位）也同样被放大了 1000 多倍。因此，以野生型果蝇的带纹做标准，将某种突变型的带纹与之比对，就有可能准确地知道发生了怎样的变异及变异发生在染色体的哪个部位。多线染色体除了带纹之外，还有一种结构称为蓬突（puff）。这种结构是当基因活跃转录的时候，多线染色体上的 DNA 解开螺旋，在多线染色体上形成的球形突起。蓬突是除了横纹与间纹外多线染色体上另一个重要的特征。

要使果蝇的多线染色体便于不同的遗传学家对其进行比较，需要有一张“标准图谱”，并制订一套命名带纹的方案。1935 年，著名的遗传学家 Bridges 绘制了黑腹果蝇多线染色体图谱，并制订了多线染色体作图方法。图 16-1 连同他制订的作图方法成了沿用至今的“行业标准”。1970 年，Pardue 等建立了双翅目昆虫多线染色体的原位杂交方法，有了这种方法，确定我们感兴趣的一条 RNA 或 DNA 序列在染色体上位置就变得非常简单了。

果蝇有丝分裂中期的染色体与唾腺染色体在形态上的差异非常大，那么，怎么知道唾腺染色体上的每条臂对应的染色体是哪条呢？唾腺染色体上最短的那条臂无疑对应着有丝分裂中期最小的第 4 号染色体。果蝇的一些突变体在特定染色体（如 X 染色体）上的畸变非常明显，这些畸变在有丝分裂中期都能观察到，自然也在唾线染色体臂上显示出来，据此建立了两者之间的对应关系，由此找出了唾腺染色体各条臂的归属。我们现在就是根据染色体臂末端的形态、臂上的横纹及蓬突等特征识别唾腺染色体臂的。

黑腹果蝇的唾腺染色体的形态以及各条臂末端的特征见图 16-3。唾腺染色体从染色中心（chromocenter）向四周放射状地伸出 5 长 1 短的 6 条臂。染色中心是唾腺染色体形成时，各条染色体的着丝粒和近着丝粒的异染色质区聚积在一起形成的一种结构，此处的染色质连接不紧密，横纹结构也不明显。

黑腹果蝇的体细胞染色体数是 8，其中 1 号染色体（X 染色体）是端着丝粒染色体，在形成唾腺染色体时，着丝粒附着在染色中心，另一端游离，仅形成一条臂。这条臂的末端有一个永久性的蓬突（图 16-3C）；4 号染色体臂非常短，附在染色中心边缘。在唾腺染色体中，1 号与 4 号染色体形成的臂是最容易识别的。比较难识别的是 2 号、3 号染色体臂。这两条染色体都是中部着丝点染色体，在唾腺染色体中，每条染色体呈 V 形向外伸展出两条臂，形成 2L、2R、3L、3R 4 条臂（L 代表 left arm，左臂；R 代表 right arm，右臂）。这 4 条臂的末端形态在不同的制片中会有所变化（图 16-3D），这需要多次实践，仔细地辨认。

【作业】

下图中有 2R、X 的末端，6 号染色体及染色中心。你能认得出来么？请分别指出。

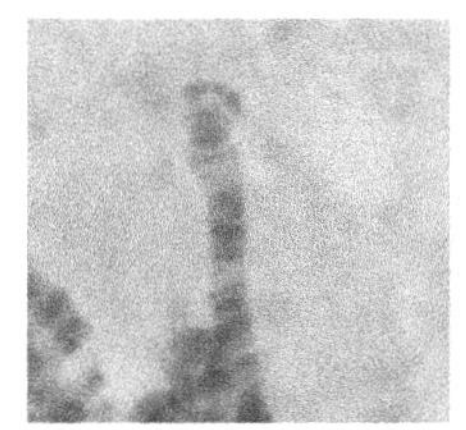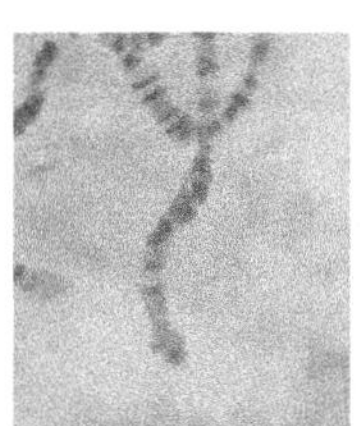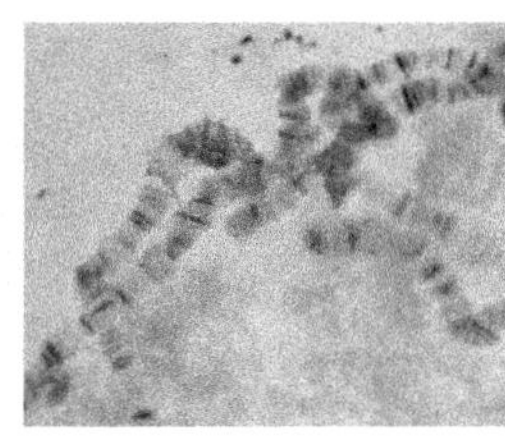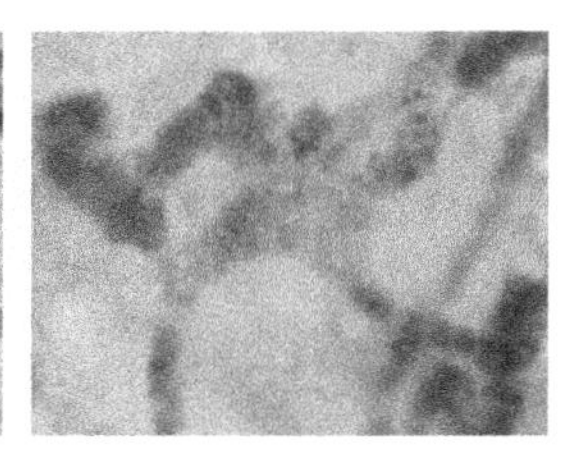

附：改良的石炭酸品红的配制方法

改良的石炭酸品红或苯酚品红（也称卡宝品红）是目前使用较广的一种核染色剂。它着色能力强，能将染色体染上紫红色，但是背景却染色很浅或不染色。染色结果非常适合于观察或拍照。该染液的配制方法如下所述。

先配制3种原液。

原液A：3g碱性品红溶于100mL 70%乙醇中（此液可以长期保存）。

原液B：取原液A 10mL，加入90mL 5%的苯酚水溶液，充分混匀后，置于37℃温箱中2～4h（此液只可保存2周）。

原液C：取原液B 55mL，加入甲醛、冰醋酸各6mL充分混匀（此液可长期保存）。

配制染液时，取原液C 10～20mL，加入80～90mL 45%冰醋酸和1g山梨醇。

配制的染液一般要在室温下放置2周以上才能取得较好的染色效果，而且放置的时间越长，染色的效果越好。在常温下可以存放2年以上而不变质。卡宝品红的染色效果与盐酸解离的条件有关。只有在适度解离时才能取得较好的染色效果。

第二部分　综合性实验

实验十七

地栖昆虫与植物多样性研究

在生物群落中，生物和非生物各组分间存在着非常复杂的关系。不同的生境条件，发育出不同的植物群落，进而也为不同的动物群落提供栖息地。当然，植物与动物等生物组分和非生物因子间也存在一定的互作关系。

通过群落调查以及生物多样性指数测定，能够反映特定群落中植物与动物等生物组分间的协同关系。

【实验目的】

(1) 掌握群落及生物多样性研究的基本方法。

(2) 了解生物多样性研究的基本过程。

(3) 领会群落中生物间的复杂关系。

【实验准备】

(一) 实验地及样方选择

在校园或野外，选择不同的群落作为样地。为简化实验（实际研究中，需要测定最小样方面积），乔木群落采用 $10m^2$、灌木群落采用 $5m^2$、草本群落采用 $1m^2$ 样方。每个群落设 3 个样方作为重复。

准备陷阱容器（可用矿泉水瓶等替代），将 50%乙醇置于容器 2/3 高度，并将容器埋于每个样方中央，瓶口与地表齐平，尽量保持自然。

(二) 实验仪器

野外记录本，4H 或 5H 铅笔，GPS，相机，样方绳，塑料瓶，50%乙醇。

(三) 数据分析方法

1. 群落调查

重要值=(相对密度+相对盖度+相对频度)/300

2. α 多样性指数

(1) 辛普森（Simpson）生态优势度指数：

$$C=\sum_{i=1}^{s}\left(\frac{n_i}{N}\right)^2$$

式中，C 为生态优势度；S 为种数；n_i 为样地中第 i 个种的个体数；N 为样地中所有种的个体数。

(2) 香农（Shannon-Wiever）多样性指数：

$$H'=\frac{1}{N}\left(N\log_{10}N-\sum_{i=1}^{s}n_i\log_{10}n_i\right)$$

式中，H'为多样性指数；S为种数；N为样地中所有种的个体数；n_i为样地中第i个种的个体数。

（3）均匀度指数（Pielou's index）：

$$J = \frac{H'}{\ln S}$$

式中，J为均匀度指数；H'为多样性指数；S为种数。

（4）丰富度指数（Margalef's index）：

$$D_m = \frac{S-1}{\ln N}$$

式中，D_m为丰富度指数；S为种数；N为样地中所有种的个体数。

【实验内容】

（一）群落观察与描述

地理位置：市、县、乡、村；样地所在的小地名及与附近明显地物的方位和距离。

周围环境：调查样地附近的地形和植被类型、生境，估计对样地植被的影响。

地形类型：主要登记样地的海拔及中小地形。

地表特征：记录微地形，如土丘、鼠丘、动物穴的有无，风蚀、冲刷、洪积、冲击的情况，地面基质的类型和有无石块、兽骨、畜粪、树桩、苔藓地衣等。

土壤类型和特征：参考土壤学资料。

水文水利条件：记录地表水状况。

群落的一般特征：记录群落的茂密程度、大致高度、层次结构、季相、镶嵌性等。

野生动物活动：对植被有影响的野生草食动物、啮齿类动物及各种害虫等活动情况。

人为活动：包括开垦、撂荒、挖药、打柴、围封、放牧、伐木或打草等活动程度。

（二）样方设置及陷阱布设

样方的设置应具有典型性和代表性。陷阱的布设以及其他调查活动应尽量减少对环境及植物的影响。一般5d左右就可以将陷阱取回，在实验室对昆虫鉴定，并记录不同物种的个体数（图17-1）。

图17-1　样方设置与观察

（三）群落结构特征

1. 群落层次　群落中各种植物因其生物学特性不同，地上及地下的高度和深度分布不同，导致群落的成层现象。

2. 生活型的划分　分为乔木、灌木、小灌木、多年生草本、根茎类草本、一年生草本、苔藓地衣等地被植物等。

3. 群落数量特征　详细记录不同物种，并按物种记录以下项目。

物候期：分为营养期、现蕾期、抽穗期、始花期、盛花期、花后期、果熟期、果后营养期。

生活力：可分为强、中和弱三级。

高度：分为自然高度和拉直高度、营养枝高度和生殖枝高度。

盖度：分为目测法和实测法，估计或测量植冠的投影面积。

多度和密度：前者是估测值，根据需要分级；后者是实测值，计数样方内每种植物的个体数。

频度：每种植物在样方中的出现率。

生物量：草本群落可将植物齐地剪取并称重，为鲜重；草样经烘干后称重，为干重。

【结果辨析与思考】

（一）群落描述

根据野外记录，简单描述群落的环境及外貌。

（二）群落基本数据的整理与计算

将重复样方的相关数据求平均值，作为该群落的相关数据。然后，计算相对密度、相对频度和相对高度。最后，计算重要值。

根据重要值，选取最大的 1 个或 2 个物种命名群落，如地榆-珠芽蓼型。

（三）多样性指数计算

可以选择不同指数计算，并相互印证。

（四）地栖昆虫与植物多样性分析

结合昆虫与植物多样性数据，分析讨论，探究群落中生物组分之间以及与非生物因子间的复杂关系。

【作业】

（1）基于本实验，进一步探究地栖昆虫与植物多样性之间的协同关系。

（2）进一步思考维持群落生物多样性的主要因素及它们间的相互关系。

实验十八

昆虫传粉生物学观察与研究

传粉生物学是在综合进化论影响下，于20世纪40年代发展起来的，通过传粉者与被传粉者之间的相关性研究，探讨传粉行为、传粉者与植物进化的关系。研究表明，虫媒植物是最早出现的被子植物类群，而且与传粉者协同演化（coevolution）。从某种意义上讲，当今被子植物的多样性与传粉者及传粉行为的进化密切相关。

【实验目的】

（1）掌握昆虫传粉行为。

（2）了解传粉生物学研究的基本方法。

（3）领会植物与传粉昆虫的协同进化。

【实验准备】

（一）研究对象的选择

选择本地虫媒植物，如十字花科（Cruciferae）、蔷薇科（Rosaceae）、唇形科（Lamiaceae）、玄参科（Scrophulariaceae）、菊科（Asteraceae）和兰科（Orchidaceae）等植物，最好是气味、花形或结构奇特的物种。

传粉昆虫的种类繁多，主要分属于直翅目（Orthoptera）、半翅目（Hemiptera）、缨翅目（Thysanoptera）、鳞翅目（Lepidoptera）、鞘翅目（Coleoptera）、双翅目（Diptera）和膜翅目（Hymenoptera）。据统计，膜翅目占全部传粉昆虫的43.7%，双翅目占28.4%，鞘翅目占14.1%，半翅目、鳞翅目、缨翅目和直翅目所占比例极小。

（二）实验仪器

野外记录本、4H或5H铅笔、GPS、相机、实体解剖镜、解剖工具。

【实验内容】

（一）昆虫传粉行为观察及访问记录

在花期，从6:30～18:30每隔1～2h观察、统计每20～30min时程内在标记的花朵上各种访花昆虫的种类、数量，对每种昆虫的访花行为进行摄影、描述（图18-1）。

图18-1　昆虫传粉

鳞翅目蛾类一般黑夜活动，但黑长喙天蛾（*Macroglossum pynhostictum*）白天悬停空中采集花蜜

（二）植物花形和结构研究

采集需要研究的植物花，观察并详

细记录花的形态、颜色、气味。在实验室，仔细解剖花的结构并记录。

（三）昆虫形态和结构研究

捕捉不同的访问昆虫，观察并详细记录其形态和结构特征，尤其注意其体型、大小、口器等特点。常见传粉动物及植物特征参见表18-1。

表18-1　动物传粉植物的花部特征（引自 Wyatt，1983）

项目	甲虫传粉花	腐蝇传粉花	蝇类传粉花	蜜蜂传粉花	天蛾传粉花	蛾类传粉花	蝶类传粉花	鸟类传粉花	哺乳动物传粉花
传粉者	各类甲虫	腐肉及粪便蝇	食蚜蝇及蜂蝇	蜜蜂	天蛾	小型蛾	各种蝶类	各种鸟类	蝙蝠
开花期	白天和夜晚	白天和夜晚	白天和夜晚	白天或白天和夜晚	夜间或黄昏	夜间或黄昏	白天或白天和夜晚	昼开夜闭	夜间开放
花色	多样，常暗淡	紫褐色或淡绿色	多样	多样，但非纯红色	白色、灰色至绿色	白色、灰色至绿色	亮红、黄或蓝色	亮红色	暗白或绿色
花气味	强烈香味或氨类味	强烈腐败蛋白质味	多样	常具香甜气味	具强烈的香甜气味	较强烈的香甜气味	较强烈的香甜气味	无气味	强烈的发酵气味
花形态	辐射对称	常辐射对称	常辐射对称	辐射或两侧对称	辐射对称，水平或下垂	辐射对称，水平或下垂	辐射对称，花口向上	辐射或两侧对称	辐射或两侧对称
花深度	平坦或碗状	浅或包成深的陷阱状	浅至较深	浅至较深	深而狭的管状或有距	较深的管状	深而狭的管状或有距	深而狭的管状或有距	刷状或碗状

【结果辨析与思考】

（一）昆虫访花规律的总结

通过每天记录，总结出昆虫访花的规律，尤其注意那些规律性强、数量大的昆虫。

（二）植物花和昆虫形态及结构研究

植物性状对昆虫访花行为的影响取决于花的形态、外部轮廓、花冠长度以及花的颜色和气味。通过对花和昆虫形态及结构研究结果，围绕传粉行为，努力将花和昆虫建立联系。

（三）分析与讨论

通过以上观察和研究结果，并结合文献，综合探讨作为传粉者和被传粉者的昆虫及花之间的协同关系。

【作业】

（1）进一步探究并理解传粉者和被传粉者之间的进化关系。

（2）基于本实验，总结并归纳植物花部特征与传粉昆虫性状的相关性。

实验十九

光照对鹌鹑生殖的影响

由于长期适应，动物的生命节律与气候等环境因子的周期性变化具有明显的相关性。环境因子无时无刻不影响着动物的生命活动，尤其在动物的繁殖时期。其中，光周期对鸟类繁殖活动具有明显影响。光照时间的改变导致鸟类神经内分泌过程改变的结果受下丘脑-垂体-性腺轴的调节，其中下丘脑的促性腺激素释放激素（GnRH）起重要作用。促性腺激素释放激素作用于垂体前叶，引起促性腺激素分泌，促性腺激素又进一步促进雌鸟卵巢中卵细胞的发育、成熟和排卵，并促使产生雌激素。

鹌鹑等在春天繁殖的动物，随着春天光照时间的延长，其内分泌腺向大脑传递春天来临的信息，促使生殖腺为生殖做好准备。研究表明，每天保持光照时间14h左右，鹌鹑的产卵量就可以保持稳定。本实验通过人工控制光照条件，对比研究光照时间长短对鹌鹑产卵的影响。

【实验目的】

（1）掌握鹌鹑的笼舍饲养管理技术及增加鹌鹑产卵量的基本技术措施。

（2）了解光照对鹌鹑产卵量影响的生物学原理和生理机制。

（3）领会光照对动物生命活动的影响和动物的适应性。

【实验准备】

适龄的青年鹌鹑（30～40日龄），饲养鹌鹑的房舍和笼具，鹌鹑的专用配合饲料及饲养环境条件调节所需的仪器设备等。

1. 实验时间的选择 根据当地的气候条件，春天（在北京地区）从3月中旬开始，可以采用遮蔽的方法人工控制光照，减少日照时间以阻止下丘脑的促性腺激素释放激素的合成与分泌，从而减慢或阻止其卵巢的发育，与自然光照条件下饲养的对照组相比遮蔽方法少产卵或不产卵；秋天（在北京地区）从9月下旬自然光照少于12h开始，采用灯光照明人工补光方法每天增加光照6min，补充到每天光照时间14h以上，与自然光照条件下饲养的对照组相比，保持持续产卵不停歇。

2. 实验场地的准备 鹌鹑饲养房一间，分隔为内外两间，外间长度为1.5m，其余为内间。内间为饲养室，放置4个鹌鹑饲养试验箱，分列两侧靠墙放置，采用板材组装而成，内部长120cm、宽90cm、高1.8m（总高为1.9m），前面中央为一板式门，门下部为一百叶式通风窗。上方为一个可全遮蔽的黑红双层布窗帘。每箱内放一组阶梯式叠放的二层鹌鹑笼。笼长1m、宽35cm，每笼分隔为5个小笼，即100cm/5个，以便单只饲养。中间的隔断墙有门供出入。外面的一间为准备间，用于放置实验仪器，饲料、工作服等必备的工作用品。

内间的屋顶中间安装一只40W的红色荧光灯管（鹌鹑喜红色光），靠前边的位置安装一盏 1W 的白色节能照明灯，红光灯熄灭后照明用，用自动定时开关（LX60TS510-C）控制；外间安装一个日光灯照明，另外安装一个紫外杀菌灯于无人工作时为空气及暴露在外的工具用品灭菌用。

饲养室内安装一个功率适当的电暖气取暖保温，上面适量地放置几个自制小水槽，以控制相对湿度在适当的范围内。

饲养室内置放一个温湿度计，以便观测室内的温湿度变化，并及时进行调整。

3. 实验动物的引进　从外部购买 30～40 日龄的青年雌性鹌鹑 45 只，用作产蛋饲养试验。进入鹌鹑饲养房前 5d，对鹌鹑饲养房进行一次严格的熏蒸消毒，准确计算内、外两间房的总体积，每立方米用 18mL 的 40%甲醛溶液、9g 高锰酸钾，密闭熏蒸 24h。

4. 饲料　饲料与实验的鹌鹑一同准备，使用原来同样的饲料进行饲养，以避免因更换饲料可能引起的麻烦。鹌鹑料买回后，存放在外面的准备间内，每次取用后一定要注意用黑红双层布帘随手盖好，以避免紫外线照射引起营养物损失。每次在实验人员进入准备间前 10min，应将紫外杀菌灯关闭，以免因过量紫外线照射而受伤。每次要将通往内间饲养室的门关好之后才开灯杀菌，开灯后人马上离开，杀菌时间要在 30min 以上。

【实验内容】

1. 分组　购入的实验用鹌鹑大小以 30～40 日龄为宜，鹌鹑上笼后先预备饲养一周，使鹌鹑熟悉新的饲养环境，也使实验的仪器设施调整到最佳工作状态。从 45 只雌鹌鹑中挑选出 40 只健康的，用脚环编号标记。然后使用随机数字表将其随机分为 4 个组，每组 10 只。其中 3 个组为实验组，1 个组为对照组。

2. 光照时间的处理　春季学期的实验：需要对实验组进行遮光处理，实验组饲养隔间的顶部以黑红双层布帘遮盖。

实验组 1，从每日光照时间长达 12h 时开始遮盖，6：00 打开布帘；18：00 拉上布帘，使隔间内的光照时间始终保持在 12h。

实验组 2，从每日光照时间长达 13h 时开始遮盖，5：30 打开布帘；18：30 拉上布帘，使隔间内的光照时间始终保持在 13h。

实验组 3，从每日光照时间长达 14h 时开始遮盖，5：00 打开布帘；19：00 拉上布帘，使隔间内的光照时间始终保持在 14h。

对照组则始终处于自然光照条件下，至 6 月中下旬光照时间最长可达每日 15h 以上。

秋季学期的实验：首先调整好自动定时控制开关（LX60TS510-C）的工作时段，对实验组开始进行补充光照处理，每天在日出前早开灯，日落后晚关灯，每天延长光照时间 6min，早晨 3min、晚上 3min，直至每天光照时间达到 15h，并一直保持在 15h 直到实验结束。开关灯的顺序是，早晨先开 1W 的照明灯，10min 后开 40W 的红色荧光光灯，天亮后将灯关闭；晚上天黑前 20min 将 40W 的红色荧光灯先打开，关灯时先关 40W 的红色荧光灯，10min 后再关 1W 的照明灯。

对各组进行遮光处理的办法如下所述。

对照组在每天天黑时分遮盖布帘，始终与室外的光照时间长度保持一致。

实验组 1，在 10d 后（每天增加光照时间 6min），当补足光照时间长达 13h 时遮盖布帘，并且每天如此，使之一直保持在每天光照时间长度保持在 13h 的水平。

实验组 2，在 10d 后，当补足光照时间长达 14h 时遮盖布帘，并每天如此，使之一直保持在每天光照时间长度在 14h 的水平。

实验组 3，不需要遮盖布帘，一直到补足光照时间长达 15h 时将补光灯关闭为止，使之一直保持在每天光照时间长度在 15h 的水平。

实验结果：春季学期应该是实验组一直不产卵或产卵较少，对照组则从不产卵到持续产卵；秋季学期应该是实验组从不产卵到产卵并持续产卵，对照组则一直不产卵。

3. 温湿度的控制　应将舍内的温度控制在 18～25℃或 18℃以上。湿度控制在 50%～55%。除光照不同外，其他的条件是一样的。

4. 饲料与饮水的投放　产蛋鹑必须使用全价饲料，每只每天采料 24g 左右、饮水 45mL 左右、排粪 27g 左右，但随产蛋量、季节等因素而改变。饲料剂型有粉料、糊料、粒料等，它们各有优缺点。据报道，在同等情况下，喂糊料组产蛋率比粉料组高 1%～2%。但糊料添加不方便，且易变质。相比之下颗粒配合饲料更易于保管，方便使用。

增加饲喂次数对产蛋率也有较大影响，即便是槽内有料，也应经常添加一些新料，每天 4 次或 5 次。每次添料前，料槽内只能允许有少许的剩料。

一直要保持充足的饮水，每只鹌鹑单独使用一支乳头式饮水器供水。饮水要清洁，供水不能间断。

产蛋期，若非万不得已尽量不用药。有试验表明，鹌鹑在产蛋期间投用痢特灵和磺胺类药，可使产蛋率下降 15%左右，这种下降需要停药后 5～10d 才能恢复。

5. 防疫　每次进入饲养室都要洗手、换鞋、穿上白大褂。离开时要将白大褂和工作用鞋换下留在外间准备室，打开紫外线杀菌灯进行消毒处理。

当鹌鹑出现食料减少、活动异常等不良情况时，可及时咨询动物医生或请其实地诊断，及时采取适当的措施，尽量避免不应有的损失。

6. 实验日志　实验日志是从实验准备开始到实验结束的全程记录，凡是与实验有关的工作内容都应记录在案，以备随时查验。内容包括鹌鹑饲养室内笼舍的准备，笼舍的安装与消毒，鹌鹑的引进、来源、规格、健康状况等；饲料的购入，预备饲养情况，实验分组情况；实验环境调整情况；每日饲养过程的详细记录，对每日的灯光使用情况，饲料饮水的使用情况；鹌鹑产蛋情况的详细记录，以及鹌鹑的疾病防治情况的记录等。

对于每日各实验组的光照时间处理情况及对产卵的影响可参照下表进行记录。

光周期对鹌鹑繁殖影响的实验记录表　（组别：　　）

日　期	光照时间	产卵个数	备　注

【结果辨析与思考】

对实验组和对照组的产蛋数据进行总结。本实验处理因素为 1、处理数大于 2，因而宜采用单因素试验资料方差分析法分析，比较各组的差异所在。

从适者生存的高度及动物生命节律与自然气候节律相适应的角度分析找出造成如此差异的主要原因是什么？机制如何（注意：本实验的处理因素为 1，而在自然界，光照时间长度的变化会引起多种环境因子的变化）？

全面深入地讨论这一生命现象的适应意义及其生理机制。严格按照科技论文的形式撰写实验报告。

【作业】

（1）鹌鹑在自然界是怎样进行繁殖的？

（2）学校所在地区是否有野生鹌鹑分布，属留鸟还是候鸟？

（3）本实验进行期间，你们学校日出、日落的具体时间（精确到分钟）如何？

（4）光周期是怎样影响鹌鹑繁殖的？

（5）鹌鹑选择的繁殖季节，对气候条件的适应主要体现在什么地方？

（6）在你们那个地区，鹌鹑的天敌动物和饵料生物主要有哪些，对野生鹌鹑的繁殖影响如何？

（7）你觉得这个实验在设计上还存在哪些不足，应如何改进？

实验二十

果蝇的伴性遗传分析

摩尔根在1910年研究的果蝇红白眼色遗传即是伴性遗传的例子。白眼雄蝇的白眼基因传给雌性后代却不传雄性后代，雌性后代则再将此白眼基因传给它的雄性后代，表现一种交叉遗传（criss-cross inheritance）。这一观察使摩尔根将性状与性染色体联系了起来，为后来建立遗传的染色体学说奠定了基础。1916年Bridges通过对不分离现象的研究，证实了摩尔根的染色体遗传假说。

本实验，我们将研究果蝇X连锁的性状——红、白两种眼色（图20-1）的遗传特点。同学们完全可以选用其他位于X染色体上的性状（如棒眼、焦刚毛等）进行探讨。白眼果蝇（这是一种常见的果蝇突变体）可以从开设果蝇实验的兄弟院校获得，而红眼果蝇则可以使用从野外捕捉的野生型果蝇。野生型果蝇的捕捉方法及果蝇的饲养、麻醉、处女蝇的收集、雌雄的辨别等基本操作见附录。伴性遗传实质上是确定控制这个性状的基因是否位于X染色体上的一种基因定位方法。

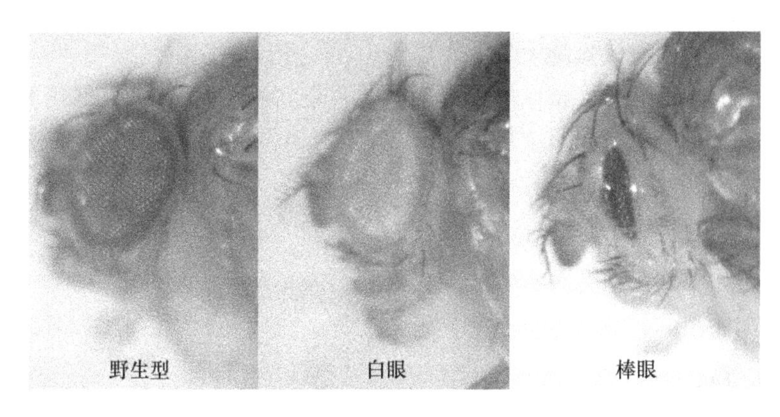

图20-1　果蝇的眼

白眼与棒眼基因位于X染色体上

【实验目的】

（1）掌握果蝇的伴性遗传分析方法。

（2）了解野生型果蝇的捕捉方法及果蝇的饲养、麻醉、处女蝇的收集、雌雄的辨别等基本操作。

（3）领会变异与生物进化间的关系。

【实验准备】

（一）每一个学生

体视显微镜 1 台，麻醉瓶 1 只，白色硬纸板 1 块，小毛笔或解剖针 1 只。

（二）每一组学生（2～4 个学生）

野生型果蝇原种，白眼突变体果蝇原种或其他原种，培养瓶，油性记号笔 1 只（或不干胶标签），乙醚或乙酸乙酯（装在 50mL 滴瓶中），尸体盛留器。

【实验内容】

这个实验需要 5 周。在这个漫长的实验过程中，同学们需要将实验设计、每次的实验结果等信息认真地记录下来，没有这些信息，最终将无法分析结果。记录表附在本实验的最后，供同学们参考。

（一）第一周

本实验必须做正、反交。正交与反交是人为规定的。假设我们以野生型的雌蝇与白眼的雄蝇杂交为正交（这个杂交组合以符号表示为 $X^+X^+ \times X^wY$，X^w 表示白眼这个基因位于 X 染色体上，且是一个隐性性状，相应的野生型的显性性状表示为 X^+）；那么，反交就是 $X^wX^w \times X^+Y$，反之亦然。设计好正反交组合后，再按以下步骤进行。

（1）收集两种亲本果蝇的处女蝇，每个杂交组合只需要 5～10 只雌蝇即可，按这个量收集足量的处女蝇。收集完后将处女蝇在 25℃培养箱或类似设备下放置 5～7d 以检验其“处女性”。如果在培养处女蝇的瓶中看到幼虫，就说明收集失败，需要重新收集。也正因为如此，最好不要将多次收集的大量处女蝇集中在一个培养瓶中，以免“一招不慎，满盘皆输”。

（2）将亲本蝇麻醉（相应的雄蝇不需要收集“处男蝇”，从任何培养瓶中收集均可），按正反交的设计在每个培养瓶中接种 5～10 对果蝇，贴上标签写上杂交组合、实验时间、实验者的姓名等内容。将培养瓶置于 25℃环境下培养。

（二）第二周

（1）将培养瓶中所有亲本蝇清除。

（2）配制新的培养基（每个杂交组合准备 2 瓶或 3 瓶新培养基即可），以备第三周用。

（三）第三周

（1）观察正反交组合中不同性别 F_1 成蝇的眼色，或你想观察的性状（注意：不要将所有果蝇麻醉至死），观察 20～30 只。记录观察结果，并注意是否有例外的情形。

（2）从正反交组合的 F_1 中各挑选 10 对果蝇，放入一个新的培养瓶，贴上标签，在 25℃下继续培养。

（四）第四周

将培养瓶中的 F_1 亲蝇全数清除后继续培养。

（五）第五周

当 F_2 数量足够时，将成蝇全数麻醉至死，倾倒在白色硬纸板上，用解剖镜或放大镜仔细观察不同性别果蝇的眼色（或你所选择的性状），分别统计。

【结果辨析与思考】

真核生物的染色体组中存在着一个或一对与性别决定有关的染色体，称为性染色体。性染色体决定性别的方式有多种，其中XY型是最普遍、最重要的一种。在这种性别决定方式中，雌性个体的性染色体为大小、形态都相同的一对同源染色体XX，X染色体上的基因成对存在，共同决定一性状的表达；雄性个体的性染色体则由两个大小、形态差异较大的染色体XY组成。XY染色体仅在很小的区域中配对，同时Y染色体上所含的基因往往很少，这使得X染色体上的很多基因不论显、隐均能表现出来。从而使性连锁性状在后代中的分布与性别有关，并表现交叉遗传的现象。因此，如果是一个杂交实验，则伴性遗传的正反交的结果是不同的。

人类与果蝇的性别决定都为XY型。但两者性别决定的机制不同。果蝇的性别由X染色体上雌性决定基因与各条常染色体上的雄性决定基因之间的比例决定；Y染色体与果蝇性别决定无关。而人类的Y染色体在性别决定中则起主导作用，不论染色体组中X染色体有几条，只要有一条Y染色体存在，一个个体就发育成雄性。

（一）预期结果及解释

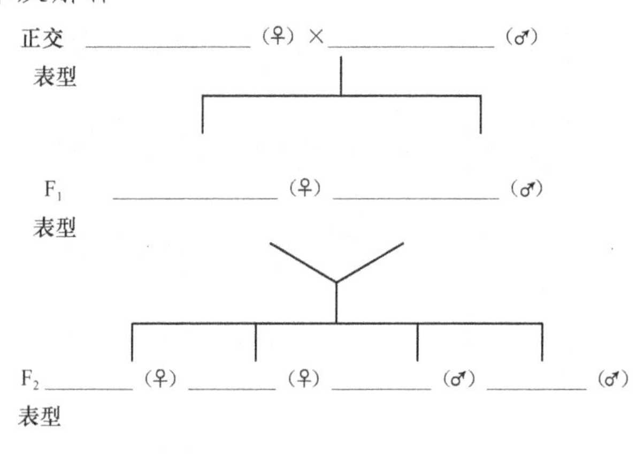

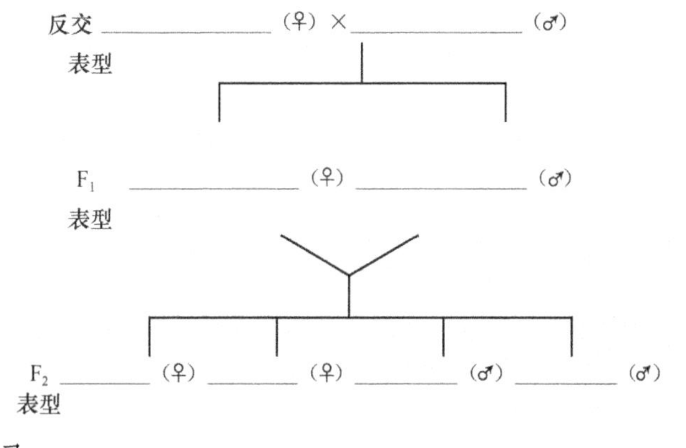

（二）实验记录

（1）收集处女蝇时间________。

（2）亲本接种时间____________清除的时间____________。

（3）F_1 中不同表型个体的观察记录于下表。

表　型	正反交中不同表型的雌雄体的数目			
	正交		反交	
	♀	♂	♀	♂
红眼				
白眼				

记录日期：

（4）F_1 雌雄蝇接入新培养瓶的时间____________________。

（5）清除培养瓶中 F_1 成蝇的时间____________________。

（6）F_2 不同表型个体的观察记录于下表。

表　型	正反交中不同表型的雌雄体的数目			
	正交		反交	
	♀	♂	♀	♂
红眼				
白眼				

记录日期：

（7）根据实验结果，总结伴性遗传的特点。假设控制红白眼色的基因位于常染色体上，那么，正反交的结果又将如何呢？试推导，并与伴性遗传的结果做比较。

【作业】

控制猫皮色的基因既有位于常染色体上的，也有位于 X 染色体上的。例如，控制白色的（white spotting）的基因位于常染色体上，而控制黄色与黑色的基因位于 X 染色体上。现在设控制黄色的显隐基因分别为 O、o；控制黑色的基因分别为 B、b。我们就可以做出如下的推论：由于 Y 染色体上没有黄色与黑色相对应的基因，因此 X^BY 或 X^BX^B 一定都是黑色，X^OY 一定是黄色，但是 X^BX^O 由于一条 X 染色体随机失活，从而在胚胎期可能一部分细胞获得有活性的 X^B，而另一部分细胞获得有活性的 X^O，这两类细胞通过有丝分裂后，分别形成黑色块与黄色块，与身上的白色毛共同组成白、黄及黑三种颜色相间的花色。但雄猫得不到这种类型的毛色条纹（除非它多一条 X 染色体）。以小组为单位，共同观察你们能见到的猫，验证你们的推理是否正确。

附：果蝇实验的一些基本操作

在夏天的水果摊上，我们经常可以见到一种橘黄色的小蝇，长 2～3cm，这种小动物称为果蝇。果蝇（*Drosophila* sp.）是遗传学实验中最常用的动物之一。属昆虫纲（Insecta）、双翅目（Diptera）、果蝇科（Drosophilidae）、果蝇属（*Drosophila*）。全球均有分布，现已发现 1500 多种。生物学（尤其是遗传学）研究中最常用的是黑腹果蝇（*Drosophila melanogaster*）。果蝇作为研究材料具有很多突出的优点：染色体数目少，遗传背景不复杂，黑腹果蝇仅 4 对染色体；具有大量的、自然的或诱发的可遗传突变性；世代周期短，25℃下10～12d一代；个体小，易于饲养；培养费用低廉；繁殖力强，可以产生大的子代群体供观察分析；等等。此外，果蝇还具备一些其他物种所没有的“独门利器”，如唾腺染色体，平衡致死体系等。100多年来，不仅遗传学家，生物学各个领域的研究者对果蝇也进行了方方面面的研究，可以说，果蝇是目前了解得最为深入的物种。实验技术也在不断丰富与完善。它被广泛地应用于遗传、发育、进化、行为学、神经生物学等学科的研究中。

（一）果蝇原种的获得

用于遗传学教学实验的野生型果蝇可直接从野外捕获。其法如下：当室外温度达到20～30℃时，在一个玻璃容器（如烧杯中）中放入一些葡萄、香蕉或桃子之类的水果，用一小块纱布罩住容器的口，防止苍蝇进入，纱布上开几个2～3mm的眼。将容器放在水果摊旁、草地上或露天的阳台上。2～3d后就可以发现里面有野生型果蝇。将收集的果蝇转移到一个新的培养基内，培养基的配法见后文。教学实验中常用的一些突变体（如白眼、残翅等），可以从开设此课程的兄弟院校索要。而特定的种则可以向果蝇种质中心索要（如 The UC San Diego Drosophila Stock Center，https：//stockcenter. ucsd. edu/info/welcome. php）。

（二）培养设备及培养基的制备

开设果蝇实验需要的设备、器材及药品如下：培养箱或类似的能将温度控制在25℃左右的设备，有光无光均可；高压蒸汽灭菌锅；电炉或电磁炉；小钢精锅；体视显微镜（或称解剖镜。如果没有，也可用显微镜代替）；小毛笔；白色或浅色的塑料板（约7cm×12cm）；乙醚（装在滴瓶中。如果无法购得乙醚，亦可用乙酸乙酯代替）；麻醉瓶及培养瓶。用一只容量为150mL左右的广口瓶或类似的透明容器，加上一个棉塞即成一个简易的麻醉瓶。广口瓶盖内往往有一个很深的凹槽，在这个凹口内塞上脱脂棉，麻醉时将麻醉剂滴在棉花塞或棉花团上，再将瓶塞盖上即可。麻醉瓶的瓶口需要与培养瓶口大小一致，这样便于操作。培养果蝇的容器选择范围较广，可用酸奶瓶、广口瓶、适当大小的平底试管（如35mm×150mm、35mm×50mm）等。这些容器最好是透明的，最重要的，还得耐高温、高压。参加实验的学生人数较多时使用试管比较方便。瓶塞（或管塞）可以用脱脂棉外裹纱布制作，也可以用海绵制作。相比较而言，海绵塞不仅美观、透气，也易于清洗、保管与收藏。这种海绵塞可以与培养瓶一起高压蒸汽灭菌（但不适合160℃的烘箱烘烤）。海绵塞可以用密度较大的海绵自制。可以用电热丝切割器将整块的海绵切成适当大小的塞子。在海绵塞的中间用电烙铁或棒状的电热丝切割器开一个小孔，再插入一个小漏斗，就可以做成一个非常好用的转移果蝇的装置：新收集的果蝇可以从小漏斗中直接倒入装有果蝇的培养瓶中，而瓶中的果蝇不会飞出。

培养瓶用洗衣粉或洗洁精洗净，控干水分塞上塞子，在高压蒸汽灭菌锅中，1kg/cm^{2}大气压、121℃灭菌15～20min（或160℃的烘箱中干热灭菌1h，海绵塞则不适合这样高温处理）。培养基通常是等空培养瓶灭菌完毕、拿出灭菌锅后再配制，即配制与分装可以在非无菌条件下进行。这点与其他培养基（如植物组织培养基）的制备方法有所不同。

早期果蝇研究者用香蕉外加少量防腐剂做培养基，现在则多用玉米粉或米粉。果蝇培养基的配制方法很多，下面是其中的一种，水1000mL、玉米粉105g、蔗糖75g、琼脂7.5g、丙酸6.25mL、酵母粉20g。

下面以配制1000mL培养基为例说明配制的过程。

按配方称取玉米粉、蔗糖、琼脂。量取1000mL水，一半倒入锅中，加入琼脂加热溶解。水开后加入蔗糖，搅拌均匀。然后将玉米粉加到剩余的水中，搅拌均匀，沿着锅边慢慢倒入，边倒边搅（这样玉米粉不易结块）。继续煮几分钟，培养基成为糊状物时即可离火（不能太稠，否则无法分装。培养基中的琼脂是一种赋形剂，冷却之后能将培养基凝成团）。加入丙酸（用以防腐）及酵母粉，搅拌均匀即可用洗净的小烧杯分装，培养基1.5～2cm厚即可。酵母粉也可以在开始使用培养基前洒在表面上。

培养基在室温下干燥1～2d，待其表面完全凝固后使用，表面太软将粘住果蝇致其死亡。较大的培养瓶（如250mL左右的培养瓶），水珠通常不易蒸发，会顺壁下流，在培养基表面形成积水。有两种方法解决这个问题：①等培养基稍干时（大约半天），将培养瓶倒放（塞子朝下）1～2d；②用灭菌的枪形镊夹着灭菌的脱脂棉，将瓶壁上的水珠擦干。培养基不能久存，最好在一个星期内使用。

除此之外，在学生实验时，每一个组（2～4个学生）还需要准备一个玻璃瓶或塑料瓶，盛放不再需要的果蝇。瓶中倒上自来水，水中最好加少许洗衣粉或洗洁精，略加搅拌，这样果蝇倒入后就能沉底，以免有些麻醉后未死的果蝇苏醒时飞走。

培养原种时，一般每瓶接5～10对种蝇，每一原种至少保留2套，注意不要混杂。注明原种名称、接种日期，放在20℃培养箱中培养，4周左右换一次培养基。在学生实验时，通常将温度设在25℃，此温度下果蝇的活力强、繁殖快；但30℃以上的高温则可能致死。

（三）果蝇麻醉及观察的方法

麻醉是果蝇实验中最基本的操作。选择亲蝇进行杂交或观察果蝇的性状等，都要先将果蝇麻醉，使之处于不活动状态。麻醉果蝇的操作步骤如下所述。

(1) 先将麻醉瓶塞拔去，放在桌子上（注意：装有棉花团的瓶塞口应朝上）。轻拍培养瓶壁，将果蝇震落到培养基上。如瓶塞上附着果蝇，则稍稍晃动瓶塞，让它们全部落到培养基上。

(2) 拔去培养瓶塞放在桌子上（注意：朝培养基的那个面应该朝上），迅速将培养瓶口倒扣在麻醉瓶口上。轻拍培养瓶让果蝇落入麻醉瓶中。如果培养基很松，则应将两瓶口横着对接，让果蝇进入麻醉瓶。麻醉瓶中果蝇数量足够时，将两瓶迅速分开各自盖好。

(3) 把麻醉瓶中的果蝇拍落瓶底后再次拔出瓶塞，左手迅速盖紧麻醉瓶，右手迅速在麻醉瓶塞的棉花团上滴几滴麻醉剂，移开左手，迅速盖上麻醉瓶塞。静置一会儿，当果蝇失去附壁能力，纷纷落入瓶底时，麻醉即告完成。麻醉过度则果蝇翅膀外展，与身体垂直，可致果蝇死亡。如果观察后果蝇不再需要，则可过度麻醉；如果目的是收集果蝇，则麻醉时间宜短。将麻醉的果蝇移入一个新培养瓶时，应先将瓶横卧，用毛笔将果蝇先挑到瓶壁上，待果蝇苏醒后再将培养瓶竖起来，以免果蝇粘在培养基上死亡。

(4) 将麻醉的果蝇置于体视显微镜下用小毛笔或解剖针轻轻地拨动观察。从表型上说，果蝇的突变性状主要集中在眼睛的颜色、形状，翅的形状，翅脉的形态，刚毛（果蝇体表粗、硬、长的毛）的颜色、形态，体色，平衡棒的大小等形态方面，这也是观察的重点所在。如果蝇在观察时苏醒，可用培养皿罩住，再在滤纸条上滴几滴麻醉剂，伸入培养皿中再次麻醉。如果观察后果蝇不再需要，则将它们倒入尸体盛留器中。

（四）雌、雄蝇的分辨及处女蝇的收集

果蝇属完全变态昆虫，一个完整生活周期可分为卵、幼虫、蛹和成虫4个明显的时期（图20-2），10～12d即可产生一代（所以，在杂交实验中，亲蝇在培养瓶中培养的时间不得超过10d，否则将导致亲子蝇混杂）。

黑腹果蝇雌、雄蝇的一些表型特征差别明显，即存在“雌雄二型”（dimorphisim）现象，很便于雌、雄的分辨，这对实验者来说是一个非常便利的条件（因为有些物种的雌雄是不易区分的，如鱼、猫、蚕等）：

(1) 大小：雌体通常比雄体大。

(2) 形态：雌体腹部稍尖，较宽厚呈卵圆形；雄体腹部钝圆，相对窄小呈柱状。

(3) 条纹：雌体腹部背面有5条黑色条纹；雄体腹部背面只有3条，上部2条窄，最后1条宽且延伸至腹部腹面。

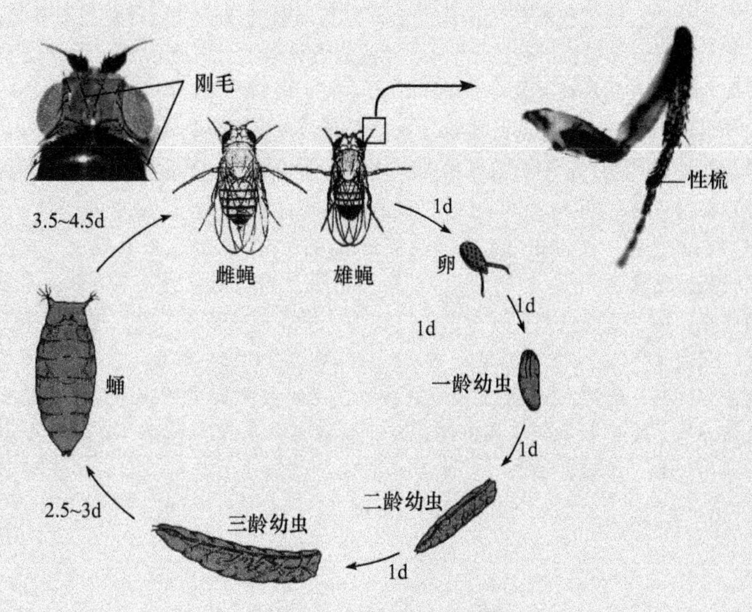

图 20-2　果蝇的生活周期

左上角显示刚毛，右上角显示雄蝇的性梳。

(4) 性梳 (sex comb)：果蝇胸足跗节共有 5 个亚节。雄蝇第 1 对胸足跗节的第 1 亚节基部有一梳状黑色鬃毛结构，即为性梳。放大 100 倍左右可看清这一结构。雌蝇没有性梳。性梳对雄蝇的成功交配起重要作用。雄蝇在交尾前，用性梳抓牢雌蝇的腹部及生殖器，并展开翅膀。性梳是鉴别雌雄蝇的可靠标志。

(5) 雌雄蝇的外生殖器结构：腹部腹面末端外生殖器结构也是分辨雌雄蝇的简单的、可靠的方法。尤其是当果蝇刚孵化，性梳等特征还不是十分明显时，外生殖器结构就成了十分有用的识别手段。这在收集处女蝇时非常有帮助。同时，一些体色较深的果蝇（如黑檀体），利用背部条纹识别较为困难，此时用外生殖器结构进行识别是一个较容易的方法。因此，在观察时务必将成熟成蝇的外生殖器结构看清楚。

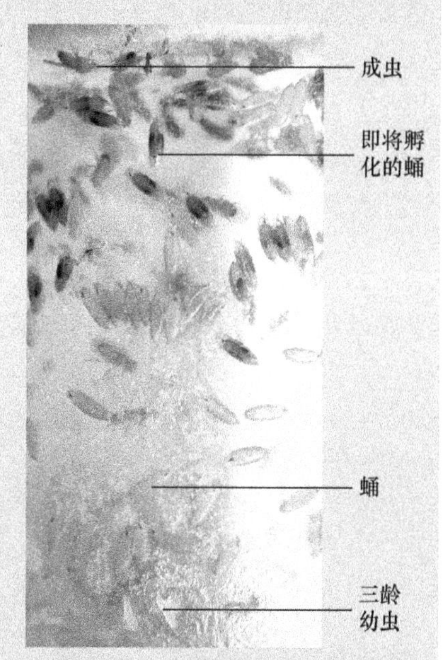

图 20-3　显示果蝇的三龄幼虫、蛹与成虫

从蛹壳中羽化出来的果蝇 8～12h 后即可交配，交配后精子可在雌蝇的受精囊中贮存一段时间，然后逐渐释放到输卵管中。所以，在杂交实验中母本必须选用未交配的雌蝇（即处女蝇）。

许多初次接触果蝇实验的同学往往分不清卵、幼虫和蛹。我们可以粗略地这样区分：卵通常产在培养基的表面上，通常需要借助解剖镜观察，肉眼可见的是后三种。幼虫在培养基表面及瓶壁上是能够蠕动的、白色的小虫；蛹则是紧贴瓶壁上不能动（图 20-3）。注意观察蛹，可以见到一部分蛹的两侧有两个黑色的点（这两个黑点将来发育成翅），这种蛹是即将（1～2d 内）羽化的蛹，收集处女蝇最好选生长良好的、含有较多的这样的蛹的培养瓶，清除瓶中所有成蝇（务必除尽!），再将培养瓶放回培养箱培养。过 8～12h（8h 内更可靠），从瓶中收集幼蝇，其中的雌蝇即为处女蝇。将收集的幼蝇麻醉，检出处女蝇（雄蝇可弃去），单独存放在一个新的培养瓶内。反复收集，直到足够为止（一个杂交实验通常收集5～10只处女蝇即可，杂交实验中的雄蝇并不需要“处男蝇”，在数量上也并不需要与处女蝇相等）。将新收集的幼蝇放到已存放有几只处女蝇的培养瓶中去是一个比较棘手的问题。可以在培养瓶的海绵瓶塞中开一个孔，插入一个小漏斗，做成一个移蝇塞。移蝇塞的特点是：外面的果蝇可以倒入，但里面的果蝇无法飞出。因此，当要将新收集的处女蝇转入已有成蝇的培养瓶中时，可将原瓶塞换成移蝇塞，将新收集的处女蝇从漏斗中倒入，然后再换成原瓶塞盖紧。

收集时间可以这样安排：第一天22：00左右清除成蝇，第二天7：00收集一次，中午收集一次，20：00～21：00再收集一次。最好在距杂交实验前一星期左右开始收集处女蝇。这样能将收集到的处女蝇存放几天以检验“处女性”。如培养3～5d后瓶中出现幼虫，则说明收集失败，需重新收集。最好是几个同学共同收集，相互复核收集的结果。刚孵化的幼蝇，可能体色很浅、翅膀很短且卷曲，很多同学误将它们当成“突变体”，这点需要注意（你只要将它培养2d再观察就知道是否突变了）。

收集处女蝇最好“速战速决”，也就是最好能在一、两次收集后即可获得足量的处女蝇。收集时间太长，反复开关培养瓶易致培养基污染或干缩。可将全班培养瓶集中起来，让一两个组的同学先收集够，然后再让其他组收集。这样每组都可以在短时间内收集到足够的处女蝇，最大限度保证培养基不污染。

实验二十一

果蝇求偶行为观察

动物尤其是高等动物的行为非常复杂，支配这些复杂行为背后的遗传学、细胞学、分子生物学的机理是什么？至今绝大部分尚未明了。要阐释这个问题，需要选择一个合理的模式生物，这种生物的行为既不能太简单、太单纯，与人及动物毫无相似之处，也不能太复杂、太离奇，以至于研究和分析都比较困难。在众多的模式生物中，果蝇是比较好的一个选择。这不仅是因为果蝇作为一种模式生物已经使用了100多年，积累了非常丰富的遗传学、分子生物学等的知识与技术；还因为与脊椎动物相比，果蝇的中枢神经系统构造简单，利用它做研究可以简化问题；另外，果蝇神经系统虽然简单，但同样可以表现出比较复杂的行为，而这种行为解析起来比高等动物容易得多。正因为如此，对果蝇的许多行为，如学习记忆、对应力的反应、趋化性、趋光性、飞翔等，都得到广泛而深入的研究。

在本实验中，我们利用一些简易的装置，观察果蝇的求偶行为。

【实验目的】

(1) 掌握果蝇求偶行为观察的方法。

(2) 了解果蝇求偶方式及行为学特点。

(3) 领会果蝇求偶行为与进化间的关系。

【实验准备】

每组学生（2～4个学生）：

体视显微镜一台，野生型或其他型果蝇原种（培养这些原种时，培养箱的光照要设置成自然光照周期，培养条件是25℃，湿度50%～70%），乙醚，培养基。

24孔细胞培养板一个（或孔径在16mm左右的类似的透明塑料小瓶），盖玻片（20mm×20mm），洗耳球一只，1mL蓝枪头一只，透明胶带（约拇指宽）一卷，卫生卷纸（少许），脱脂棉球，摄像机或带摄像功能的普通数码相机一台及小三脚架一只（可选，摄像设备要求存贮卡容量能支持30min左右的录像。如果数码相机不支持录像或存贮卡不够大，那就将录像改成拍摄求偶的几个关键步骤。三脚架要求最低高度与体视显微镜的高度相当，这样才便于拍摄）。

（一）收集处女蝇与“处男蝇”

观察果蝇求偶行为要求使用没有交配过的雌、雄蝇，隔离培养一段时间。因此，不仅需要收集处女蝇，也需要收集“处男蝇”，装在两个新的培养基中分别培养。每种各收集5～10只，放在培养箱中培养一星期。这一步可以使用乙醚麻醉果蝇。

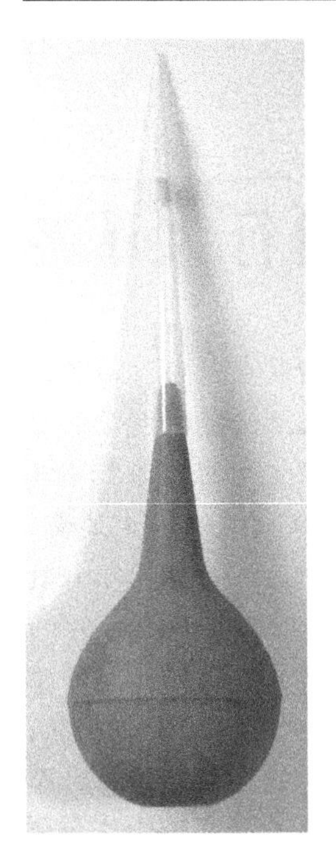

图 21-1 自制的吸取果蝇装置

（二）自制吸取果蝇的装置

观察果蝇求偶需要将一对隔离培养一段时间的处女蝇与“处男”蝇转移到细胞培养板的小孔中。转移时不能麻醉果蝇，麻醉对果蝇的行为会产生很大的影响（同学们可以在实验中将麻醉的与不麻醉的果蝇做一个对比观察），只能用吸取装置转移。吸取装置可以这样自制：将 1mL 枪头用小剪刀剪去一个小口，大小正好容一只果蝇通过，在枪头粗口的一端塞一小块海绵或棉花（目的是防止果蝇被吸入洗耳球中），再将枪头套在洗耳球上，用透明胶将接口处缠紧即可（图 21-1）。用与枪头口径相当的玻璃滴管代替枪头也可。

【实验内容】

用卫生卷纸将细胞培养板的小孔卷成与小孔一样宽的纸卷，塞进孔中，留下高 5～10mm 的空间即可。将纸卷表面弄平，盖上盖玻片。

先用野生型的原种做一个训练：用自制的吸取果蝇的装置小心地从培养瓶盖旁插入，从培养瓶中吸出一只果蝇（雌、雄均可），移开盖玻片，放入细胞板的小孔中，迅速盖回盖玻片；再度吸取一只果蝇，放入同样的小孔中，盖回盖玻片。保证所吸取的两只果蝇都能在一个孔中即告成功。如有摄像设备，则将果蝇放入小孔中后，再将培养板放到体视显微镜下，调节清晰，安好摄像（或拍照）设备，对准目镜，直到能清晰地从摄像机或数码相机显示屏中看到整个小孔，看清其中活动的果蝇。

训练几次，获得经验后，将孔中果蝇清除，将隔离培养的雌、雄蝇分别吸入细胞板小孔中，放到体视显微镜下。一个孔可以放 1 对或 2 对果蝇。如有摄像设备则开始拍摄，或打开数码相机准备在关键步骤拍摄；如果没有上述设备，则用肉眼观察。每次实验以 30min 为限，每隔 3～5min 观察一次。观察到完整的求偶过程，实验即告结束。如果观察不到，则换 1 对或 2 对新的果蝇，重新观察。重新观察时，最好换个新的小孔及新的纸卷。观察时，留心求偶的每个步骤，注意看果蝇是每个步骤仅执行一次呢，还是执行多次再进入下一步骤？

【结果辨析与思考】

果蝇求偶是在视觉、听觉、嗅觉、味觉等因素的协同作用下完成的一种复杂的行为，这种行为是先天的、遗传的，有完整的步骤与固定的程序，即便将一只雄果蝇从卵开始就隔离培养，成虫之后，当它第一次遇到处女蝇，同样也能展现完整的求偶行为。

在果蝇求偶中，雌、雄两性表现出两种截然不同的行为：雄蝇“主动进攻”、“大献殷勤”，而雌蝇“羞羞答答”、“欲迎还拒”，亦即在果蝇求偶中，雄蝇的求偶行为比较明显，易于观察，而雌蝇没有特别明显的求偶行为。研究表明，果蝇求偶可以分为 6 个步骤，每个步骤都有固定的程序和内容（图 21-2）。

（1）定向尾随：雄蝇发现异性的存在，向雌蝇靠近，并尾随追踪，试图靠近。在这个过程中，视觉、嗅觉起着重要的作用。没有视觉的突变体不能完成定向过程。

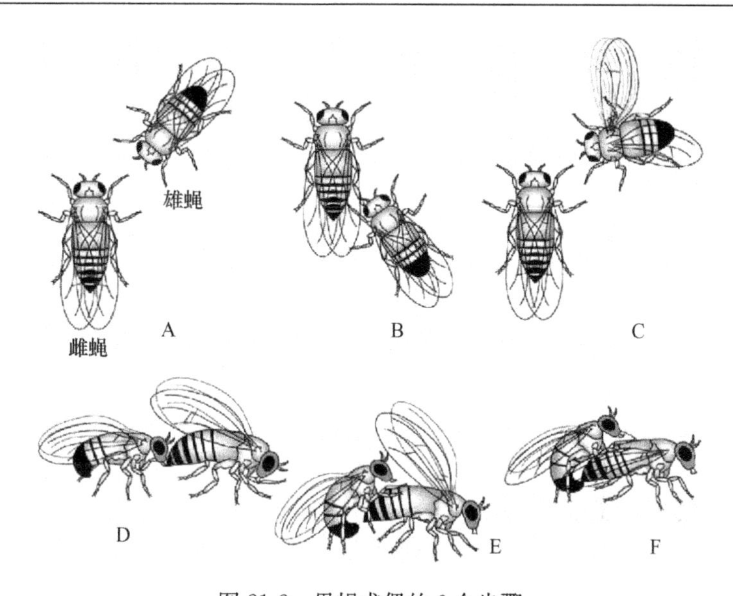

图 21-2　果蝇求偶的 6 个步骤

A. 定向尾随；B. 轻拍试探；C. 振翅鸣声；D. 舔舐性器；E. 尝试交尾；F. 完成交配

（2）轻拍试探：雄蝇靠近雌蝇后，伸出前足，轻拍雌蝇的腹部体表进行试探。果蝇的下唇须与前足上有味觉感受器，而雌蝇的表皮上存在着一些非挥发性的信息素，目前鉴定出了一些长链的碳水化合物，如顺，顺-7，11-二十七碳二烯，这些信息素能引起雄蝇求偶。有研究显示，在同一区域不同种群中，雌蝇体表上的这些信息素的种类与含量不同。信息素与"情歌"在果蝇的生殖隔离方面起着重要作用。

（3）振翅鸣声：尾随雌蝇的雄蝇伸出一只翅膀，与自己身体呈 90°角，边跟随雌蝇边快速振动发出鸣声，这个动作会重复多次。许多文献将这种鸣声形象地称为"情歌"或"求爱歌"。"情歌"大致可以分成脉冲歌（pulse song）与正弦歌（sine song）两种。脉冲歌是由一个个间距较短的脉冲组成，正弦歌由类似正弦波的连续脉冲组成。两个连续脉冲之间的距离称为脉冲间隔（interpulse interval，IPI），IPI 具有种的特异性。这对种间相互识别及种间隔离非常重要。这种鸣声能被位于雌蝇触角第 2 节上一组感觉细胞组成的 Johnston 氏器（Johnston's organ）感知——与人的内耳相似，Johnston 氏器不仅感受声音，也感受重力。"情歌"给雌蝇判断"求爱者"是否为自己的同类提供了信息。如果雌蝇接受雄蝇的求爱，它将停下来，否则将逃走。

（4）舔舐性器：如果在雄蝇振翅过程中，雌蝇仍旧静止不动，雄蝇会绕到雌蝇后方，头朝雌蝇的腹尖，骤然伸出喙，舔舐雌蝇的外生殖器，舔舐时唇瓣打开，进一步（也是求偶中的第二次）探测雌蝇的非挥发性的信息素，同时将自己的腹部降低，将前足伸向雌蝇腹部下。

（5）尝试交尾：在舔舐雌蝇性器的同时，雄蝇弯曲腹部，用后足或翅将自己支撑起来，尝试与雌蝇交尾。与此同时，雄蝇将前足伸向雌蝇的背部，将其的两翅打开。

（6）完成交配：如果雌蝇接受交尾，则雄蝇用它的头与前足将雌蝇的翅打开，以中足抓紧雌蝇的腹部，完成交配。交配的时间通常持续 15～20min。雄蝇能根据雌蝇的健康状态与营养状态，判断是否射精，也即雄蝇倾向于选择健康的雌蝇交配，以保证生育优质的后代。交配完毕，雌蝇将双翅合上，并将雄蝇从背上推出去，雄蝇拔出性器，雌雄蝇分开，交配完成。雄蝇射出的精液中，不仅有精子，还包括性肽与挥发性的信息素 11-顺-十八碳烯乙酸酯（cis-vaccenyl acetate，cVA）。这两种物质均能抑制其他雄蝇的求偶。此外，当雌蝇将卵产在食物上时，卵中含有的低剂量的 cVA 能吸引果蝇聚集。

目前，对与果蝇求偶相关的分子机制的了解正在逐步深入。对视觉、味觉、嗅觉、听觉感受器及相关基因、控制求偶行为的基因都做了比较深入的研究。目前的研究表明，雄蝇的求偶行为，主要由位于果蝇性别决定网络下游的一个基因 *fru*（fruitless）决定的。该基因位于 3 号染色体上，共有 13 种转录产物，主要在一部分神经元及一种腹部肌肉中表达。如果在雌果蝇中表达雄性特异的 *fruM*，会产生雌蝇向雌蝇求偶的现象。

【作业】

在果蝇的求偶中，振翅鸣声是一个非常重要的步骤。这个步骤对果蝇的求偶究竟有多大的影响？让我们通过实验来观察。在收集“处男蝇”时，在它们处于麻醉状态时，用一把小手术剪将雄蝇的两翅翅膀各剪去一半。如此处理 10 只“处男蝇”。在细胞板的培养孔中放一只雌蝇与一只这样的雄蝇。连续观察 10 对，同时观察 10 对翅膀正常的果蝇的求偶。

根据观察的结果，回答问题：被剪去翅膀的雄蝇在求偶中是否还表现出振翅的行为？与翅膀正常的果蝇相比，剪翅的雄蝇它们的成功率是否降低了？

实验二十二

不同类群动物血细胞的形态观察

哺乳类动物的血细胞包括红细胞、白细胞及血小板三类。红细胞是血液中数量最多的一种血细胞，无细胞核，呈双凹圆盘形，红细胞含有血红蛋白使血液呈红色，红细胞的主要功能是运输氧气和二氧化碳，并对血液酸碱度起平衡缓冲作用。白细胞包括粒细胞、单核细胞和淋巴细胞三大类。粒细胞分为中性、嗜酸性和嗜碱性粒细胞三种，在血液的非特异性细胞免疫系统中起着十分重要的作用，是机体抵御微生物病原体的第一道防线；嗜酸性粒细胞参与过敏反应及对蠕虫的免疫反应；嗜碱性粒细胞胞质中的颗粒内含有肝素和组织胺，其中肝素参与体内的脂肪代谢，组胺参与机体的过敏反应。单核细胞细胞核多有分叶，具有更强的吞噬作用，主要参与机体的防卫机制。淋巴细胞属于免疫细胞，在免疫应答过程中起着核心作用。血小板是具有生物活性的细胞质碎块，无细胞核，具有重要的凝血和止血作用。鸟类与鱼类的红细胞与哺乳动物的红细胞不同，具有细胞核。鸟类与鱼类的血栓细胞是有细胞核的小细胞，呈纺锤形，与哺乳动物血小板功能相似，在血液凝固中起作用。

【实验目的】

（1）掌握血细胞的形态特点。

（2）了解三类不同动物血细胞对其生活习性及生理特点的适应性。

（3）领会血细胞在三类不同动物中的特点与其生活习性及生理特点的关系。

【实验准备】

（一）新鲜材料

小鼠，鸡，鱼。

（二）实验用品

载玻片（6块），盖玻片（3块），滴管（4个），橡皮吸头（4个），中号镊子（4把），大剪刀（4把），眼科镊（4把），玻璃棒（4根），烧杯（1000mL，2个），量筒（100mL、500mL、1000mL各1个），蜡笔，棕色小口瓶，研钵，显微镜。

载玻片处理：将载玻片先用洗衣粉水溶液煮沸20min，用流水冲洗，经清洁液浸泡过夜，用流水反复冲洗，最后放入95%乙醇浸泡约1h。取出，以洁净丝巾夹持载玻片边缘擦干备用。

（三）试剂

（1）磷酸盐缓冲液（pH6.4～6.8）：磷酸二氢钾（KH_2PO_4）0.3g；磷酸氢二钠（Na_2HPO_4）0.2g；蒸馏水加至1000mL；配好后用磷酸盐溶液校正pH，如无缓冲液可用新鲜蒸馏水代替。

(2) 瑞氏染液：瑞氏染料（粉）1.0g；纯甲醇（AR级以上）600mL。将全部染料放入乳钵内，先加少量甲醇慢慢研磨（至少30min），以使染料充分溶解，再加一些甲醇混匀，然后将溶解的部分倒入洁净的棕色瓶内，在乳钵内剩余的未溶解染料中再加入少许甲醇细研，如此多次研磨，直至染料全部溶解，甲醇用完为止。密闭保存。染料存放越久，染色效果越好。

(3) 甲醇。

(4) 鸡蛋清：蒸馏水与鸡蛋清按1/1的比例稀释。

(5) 中性树胶：如果中性树胶过于黏稠，可将中性树胶与二甲苯按7/3的比例稀释。

(6) 二甲苯。

【实验内容】

(1) 取载玻片2张，其中缘平整的一张做推片。

(2) 用载玻片一端接一滴血滴（直径约3mm），保持水平（如标本本身太短，可观察的部分会受局限），故以在离开载玻片另一端2cm地方涂抹为宜。

(3) 将作为推片的载玻片一端放在血滴前，与载玻片保持30°角并稍向后移与血滴接触，血液会沿着推片的下缘散开，使血液展开并充满整个推片的宽度。

(4) 将推片与载玻片呈30°角，边轻压推片边将血液推动涂抹（不能用力过猛，白细胞容易破损），至血液铺完为一层血膜（载玻片与推片的角度越小、血膜越薄；涂抹速度越慢、血膜也越薄）。

(5) 轻轻挥动载玻片使血膜吹干，用蜡笔将血膜边缘画一圈。

(6) 将待染血涂片平放于染色架上。

(7) 用滴管将染液滴于涂片上，覆盖整张涂片，放置1～3min。

(8) 加入等量的磷酸缓冲液或蒸馏水，与染液混匀，可以用滴管从一端吸入，另一端放出，混匀为止，或用嘴来回轻轻吹之，使之混匀，室温下染色5～10min。

(9) 染色结束后用蒸馏水或缓冲液将涂片上的染液直接冲掉。

(10) 再将片子用自来水温和冲洗，至血膜呈淡红色（冲洗时间不宜过长，否则会脱色）。

(11) 甩干或晾干载玻片。

(12) 封片。

(13) 显微镜下观察：依次在低倍（10×）、高倍（40×）、油镜（100×）下观察。

【结果辨析与思考】

红细胞：数量最多，细胞核的有无、细胞大小及形态。

白细胞：数量比红细胞少，胞体大，细胞核明显。观察细胞着色，染成粉红色的为嗜酸性粒细胞，染成淡蓝色或紫色的为嗜碱性粒细胞，染成紫红色的为嗜中性粒细胞。

单核细胞：体积最大，细胞圆形，胞质染成灰蓝色，核呈肾形或马蹄形。

淋巴细胞：圆形，核致密，染成深紫色。

血小板或血栓细胞：小鼠血液中血小板为不规则小体，周围部分浅蓝色，中央有细小的紫红色颗粒聚集成群；鸟类及鱼类血栓细胞小于红细胞，有细胞核及细胞质，外形呈纺锤形。

【作业】

(1) 不同动物类群血细胞的形态与其功能相适应的特点?

(2) 哺乳动物血液中的红细胞没有细胞核，其进化及生理意义是什么?

第三部分　研究性实验

实验二十三

植物居群的比较研究

物种虽然是由个体组成的，但由于生境不同，自然界中种内个体是以居群（population）的形式存在，居群间在种的分布区中是不连续分布的。因此，同种个体虽然在表型特征和遗传结构上具有稳定性和连续性，但个体间、居群间也存在变异性，现代生物学研究更注重居群层次。

【实验目的】

（1）掌握居群研究的基本方法。

（2）了解植物变异的多样性。

（3）领会植物物种的存在形式及维持。

【实验准备】

（一）研究对象的选择

选择生活在不同地区和生境条件下同种植物的两个不同居群，最好是小草本，以便于研究。每个居群选择代表性的植株 10 株。

（二）实验仪器

野外记录本，4H 或 5H 铅笔，GPS，相机，实体解剖镜，解剖工具，游标卡尺，卷尺。

（三）数据分析方法

采用 SPSS 统计软件，对实验数据先标准化，然后进行聚类和主成分分析。

【实验内容】

（一）居群基本环境的观察与记录

观察并记录居群所处的群落类型、地形、地表特征及土壤条件等。

（二）居群内植物个体特征的测量

每个居群选择 10 株个体作为代表。根据不同植物特点，确定测量和比较的性状指标，如株高、叶大小和形态、分枝情况、根系状况、生育期，甚至解剖学性状等。

（三）不同居群的比较

将各性状赋值，数量性状直接采用，而非数量性状则以自然数赋值。全部性状赋值后，利用统计软件先标准化，后进行聚类和主成分分析。

【结果辨析与思考】

（一）散点图和性状变异图分析

散点图采用不同形状符号代表个体的某一性状，在坐标图上能够形象地表示出个体的分布情况。性状变异图则能直观地看出性状间断与否。如果是同一物种的不同居群，则个体间和居群间虽然存在一定差异，但在主要性状上仍然存在很多重叠。如果是不同物种，则散点图会分成不同部分，性状变异图也将显示出性状的间断。

以堇菜属（*Viola*）的细距堇菜（*V. tenuicornis*）复合群（complex）为例。自W. Becker于1916～1923年建立细距堇菜及其变种毛萼堇菜（var. *trichosepala*）以后，S. V. Juzepezuk又将毛萼堇菜提升为独立的种（*V. trichosepala*）。随机选择华北地区不同居群的80株植物个体，采用堇菜属分类学上的重要特征进行计算并绘制散点图和性状变异图（图23-1）。研究表明，虽然不同个体间存在一定差异，但在重要性状上仍然存在很多重叠，没有间断，因此它们是同一个物种。通过野外观察发现，造成居群间性状变异的主要原因是环境中土壤含水量和光照条件不同，偏干燥、向阳环境导致植物器官明显被毛，否则无毛，但中间存在许多过渡类型。

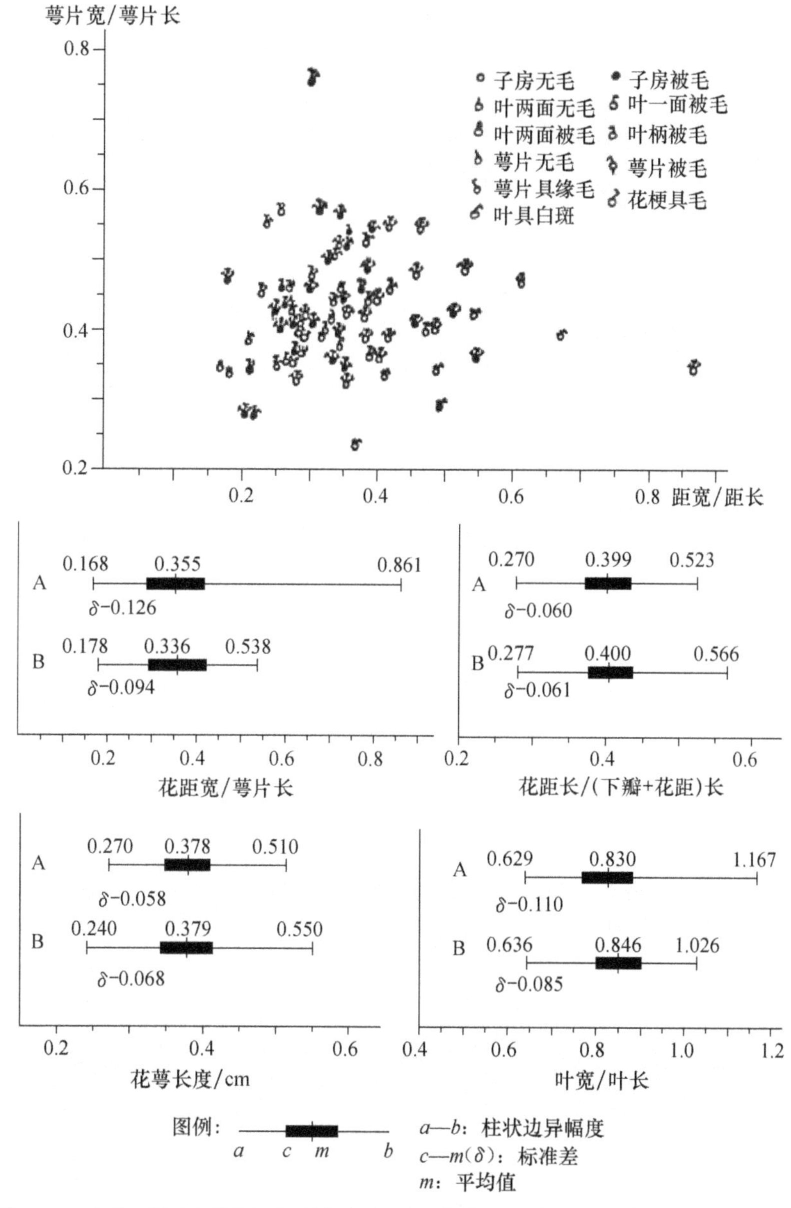

图23-1　来自不同居群的细距堇菜复合群个体散点分布图和个体性状变异幅度图

(二) 聚类和主成分分析

通过聚类和主成分分析，我们可以看出不仅个体间，而且两个居群间都存在一定差异，同时也能看出它们之间的变异主要反映在哪个（些）性状上。

【作业】

(1) 不同居群间具有一定差异对维持物种存在有何生物学意义?

(2) 基于本实验，总结并归纳性状变异规律，进一步讨论其在分类学中的应用。

实验二十四

植物生长素对种子萌发影响的研究

植物激素（plant hormone 或 phytohormone）是指在植物体内合成、对生长发育有调节作用的有机化合物。生长素（auxin）是植物激素之一，合成于叶原基、幼叶和发育的种子中，具有复杂的调节作用，低浓度的生长素促进植物生长，高浓度时则抑制生长；植物不同器官对生长素的反应也不同，如根比茎对生长素更敏感。本实验利用不同浓度的萘乙酸（人工合成的类似物）处理，观察种子萌发过程中其对植物不同器官生长的影响。

【实验目的】

（1）掌握植物生长素对植物生长的影响。

（2）了解植物激素在植物生长过程中的重要作用。

（3）领会植物生长素对植物生长的作用机理。

【实验准备】

（一）实验材料

小麦果实。

（二）实验器材

温箱、培养皿、移液管、镊子、滤纸、尺子、10mg/L 萘乙酸、0.1%升汞。

【实验内容】

（一）果实的消毒与催芽

取小麦果实，用 0.1%升汞处理 15min，再用自来水和蒸馏水各冲洗 3 次，置于 22℃的温箱中催芽 2d。

（二）实验处理

取 9cm 的洁净培养皿 7 套，编号。在 1～6 号培养皿中加入 9mL 不同浓度的萘乙酸溶液，浓度分别为 10mg/L、1mg/L、0.1mg/L、0.01mg/L、0.001mg/L、0.0001mg/L，第 7 号培养皿中则加入蒸馏水作为对照（图 24-1）。在各培养皿中放入一张滤纸，选取已萌动的小麦果实 10 粒，使芽尖朝上并使胚的部位朝向同一侧，整齐排列在培养皿中，盖上皿盖后放于 22℃的温箱中暗培养 3d（图 24-2）。

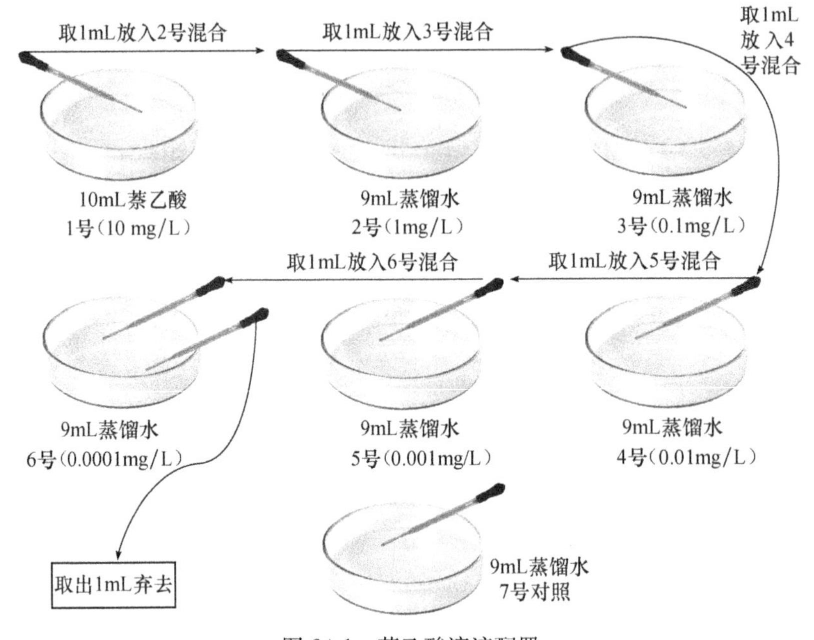

图 24-1　萘乙酸溶液配置

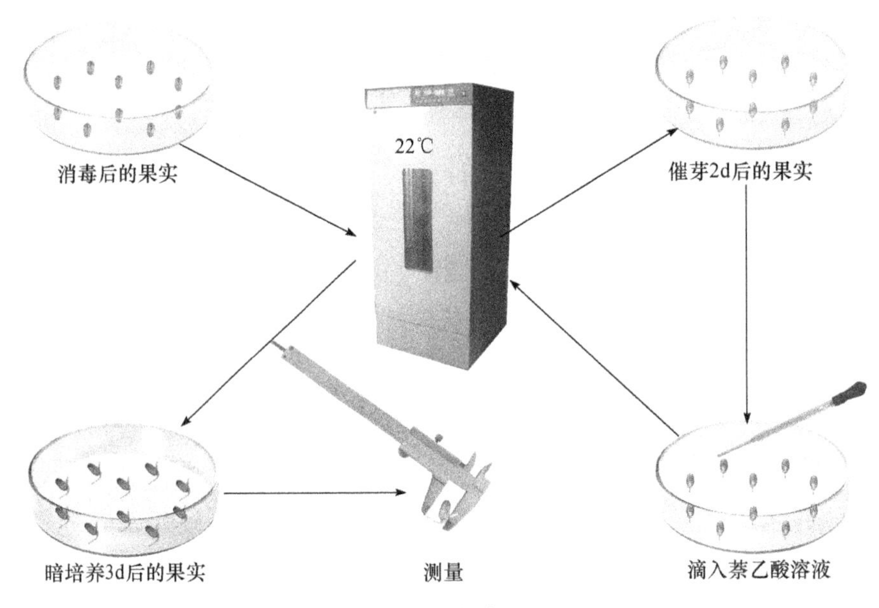

图 24-2　实验流程

(三) 测量培养皿内小麦幼芽及幼根的平均长度及根的数目(表 24-1)

表 24-1　实验结果记录表

项目	1号	2号	3号	4号	5号	6号	7号
萘乙酸浓度/(mg/L)	10	1	0.1	0.01	0.001	0.0001	蒸馏水
幼根长度/cm							
根的数目							
幼芽长度/cm							

【结果辨析与思考】

针对表中数据，对实验结果进行比较分析，找出生长素对种子萌发的作用规律。

同学们也可以基于本实验，自主设计其他或更为复杂的实验。例如，植物生长素与植物向性关系的研究：

（1）取玉米果实放于培养皿的滤纸上，保持湿度，置培养箱中萌发约 7d，待萌发但真叶还没有长出来时，取幼苗备用。

（2）制作含有生长素的琼脂块，将玉米胚芽鞘先端切去，放于琼脂块上，几个小时后，该琼脂块将含有胚芽鞘中的生长素。

（3）将空白琼脂块和含有生长素琼脂块分别放于切去玉米胚芽鞘先端的幼苗一侧，放于培养箱中培养。

（4）每天观察、记录，注意空白琼脂块和含有生长素琼脂块的玉米胚芽生长情况。

【作业】

（1）植物激素在植物生长过程中是如何发挥作用的？

（2）在农业生产中，我们如何运用激素来调节植物生长？

实验二十五

小鼠淋巴细胞的培养及转化实验

机体免疫系统的淋巴细胞在接受抗原的刺激后，通过产生细胞免疫和体液免疫以及相关系统的相互协调，对抗原产生特异性的免疫反应。淋巴细胞未受到刺激时，处于相对的代谢静止状态。体外培养的淋巴细胞受到某些刺激物的作用后，经过3～5d，淋巴细胞胞浆增多，胞核扩大，继而出现有丝分裂，这些变化称为淋巴母细胞样转化现象或淋巴细胞增殖反应。在淋巴细胞发生母细胞样转化的过程中，细胞的蛋白质、RNA和DNA的合成都增加，出现代谢活化现象。因此，在进行淋巴细胞转化试验时，可用形态学方法或生物化学方法来检测实验结果。

【实验目的】

（1）掌握免疫细胞对刺激物的反应性。

（2）了解免疫细胞被刺激物激活后发挥的免疫作用。

（3）领会机体免疫系统的免疫防御功能。

【实验准备】

（一）新鲜材料

小鼠。

（二）实验用品

眼科剪（1把），眼科镊（2把），小烧杯（1个），1mL注射器，细菌滤器，加样枪，枪头（大、中、小各一盒，需灭菌），1.5mL离心管（需灭菌），96孔平底细胞培养板，显微镜，高压灭菌锅。

（三）试剂（必须无菌）

（1）细胞培养基：无菌RPMI-1640液体培养基加入青霉素（终浓度：100单位/mL）、链霉素（终浓度：100单位/mL）及10%的胎牛血清。

（2）红细胞裂解液：8.29g NH_4Cl，1g $KHCO_3$，37.2mg Na_2EDTA，加去离子水到800mL，调节pH到7.2～7.4，加去离子水到1000mL，过滤除菌，室温保存。

（3）植物血凝集素（phytohaemagglutinin，PHA）：一种存在于豆类种子内能凝集红细胞的蛋白质复合物，能刺激淋巴细胞发生转化。溶于PBS，过滤除菌，PHA粗制品储存浓度为1mg/mL，作用最适浓度为50～200μg/mL；进口PHA储存浓度为1mg/mL，作用最适浓度为5～20μg/mL。

（4）磷酸缓冲盐溶液（PBS）：用800mL蒸馏水溶解8g NaCl，0.2g KCl，1.44g Na_2HPO_4和0.24g KH_2PO_4。用HCl调节溶液的pH至7.4，加水至1L。分装后在15psi（1.05kg/cm^2）高压蒸汽灭菌20min，或过滤除菌，保存于室温。

（5）70%乙醇。

【实验内容】

（1）无菌取脾脏：脱臼处死小鼠，放入70%乙醇消毒2～3min后，取出小鼠置于无菌纸上，左腹侧朝上，用解剖器剪开左侧腹部皮肤及腹膜，露出脾脏，用眼科镊夹住脾脏取出（不要白色脂肪组织）。

（2）制成单细胞悬液：将脾脏组织放入有1mL培养基的培养皿中，利用1mL注射器针芯轻轻研压脾脏，转移至1.5mL离心管中，2000r/min离心5min后弃去上清，加入1mL红细胞裂解液，反复吹打均匀（不超过5次），放置2min后，加入0.5mL胎牛血清终止裂解。2000r/min，离心5min后弃去上清，用培养基重悬细胞，再离心后弃上清，用1mL培养基重悬细胞为单细胞悬液。

（3）细胞计数：取5μL加入195μL培养基中（稀释40倍），用血球计数板计数，调整细胞浓度到$1\times10^6 mL^{-1}$。

（4）加入细胞板：每孔加入100μL细胞，加入PHA进行刺激，设3个重复孔，同时设对照组3个重复孔（只加细胞）。

（5）观察：显微镜观察，此时大部分细胞呈圆形，细胞分布均匀。还有少量细胞有突起为巨噬细胞或树突状细胞。

（6）培养：将细胞培养板放入CO_2培养箱，37℃培养48～72h后进行观察，未加刺激物组细胞分布均匀，与（5）相比无明显变化（图25-1）；加入PHA刺激组淋巴母细胞细胞体积明显变大，形态不整齐，并聚集成团，表明已发生转化（图25-2）。

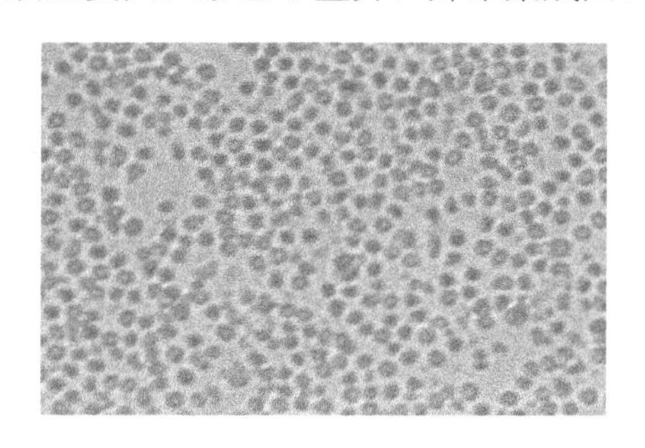

图25-1　对照组

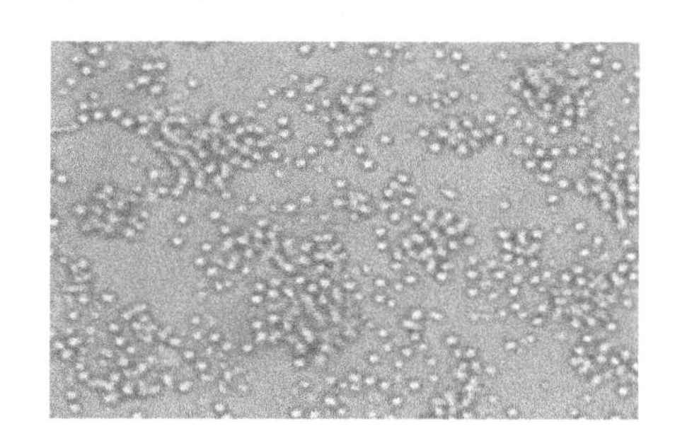

图25-2　刺激组

【结果辨析与思考】

（1）一般6～8周龄不同品系小鼠，每个脾脏可得5×10^7～20×10^7个细胞。

（2）手术器械灭菌：术前高压灭菌外，也可将手术器械泡在95%乙醇的小容器中，使用前取出器械，在酒精灯上烧灼去除乙醇，即可保证无菌，此法较为简便。

（3）淋巴细胞培养全部操作过程都应严格无菌，这是体外淋巴细胞转化成败的关键；培养液中加入的血清最好用胎牛血清，培养液最适pH为7.2～7.4；PHA浓度用前必须测定，以使淋巴细胞转化达到满意的结果。通用培养时间为72h，时间过长细胞转化会下降。

（4）全脾脏细胞中最多的是B细胞，占脾脏淋巴细胞的55%；其次是T细胞，占全身循环T细胞的25%；还有巨噬细胞及树突状细胞。B细胞受到刺激后转化为浆母细胞然后增殖分化为浆细胞，浆细胞产生大量的非特异性抗体来中和病毒。T细胞收到刺激后增殖分化产生大量效应 T 细胞和细胞毒 T 细胞；效应 T 细胞分泌产生大量细胞因子杀伤病毒；细胞毒 T 细胞可直接杀伤病毒。脾脏中大量的巨噬细胞具有强大的吞噬抗原颗粒的作用，还可作为抗原提呈细胞（APC），调节和增强免疫应答。树突状细胞具有比巨噬细胞更强的抗原提呈能力，作为 APC 参与细胞免疫和体液免疫。

【作业】

（1）哺乳动物机体免疫系统的功能是什么？

（2）哺乳动物免疫系统如何识别外来抗原？

实验二十六

植物蛋白质电泳技术及谱带分析

十二烷基磺酸钠-聚丙烯酰胺凝胶电泳（sodium dodecyl sulphate-polyacrylamide gel electrophoresis，SDS-PAGE）主要用于测定蛋白质亚基分子质量。与光散射、渗透压、超离心（沉降平衡技术）及层析方法（凝胶过滤）相比，它不需要昂贵的仪器设备，操作简便，能在几小时内得到结果，有较高的重复性，且不需要非常纯的样品，是目前为大家所接受的用于测定蛋白质分子质量的一种最好方法。

SDS是一种阴离子去污剂，它能破坏蛋白质分子之间以及其他物质分子之间的非共价键。在强还原剂（如巯基乙醇或二硫苏糖醇）存在下，蛋白质分子内的二硫键被打开并解聚成多肽链。解聚后的蛋白质分子与SDS充分结合形成带负电荷的蛋白质-SDS复合物，复合物所带的负电荷大大超过了蛋白质分子原有的电荷量，这就消除了不同蛋白质分子之间原有的电荷差异，蛋白质-SDS复合物在溶液中的形状像一个长椭圆棒。椭圆棒的短轴对不同的蛋白质亚基-SDS复合物基本上是相同的（约18μm），但长轴的长度则与蛋白质分子质量的大小呈正比，因此这种复合物在SDS-PAGE系统中的电泳迁移率不再受蛋白质原有电荷的影响，而主要取决于椭圆棒的长轴长度，即蛋白质及其亚基分子质量的大小。当蛋白质的分子质量为15～200kDa时，电泳迁移率与分子质量的对数呈线性关系。SDS-PAGE不仅可以分离鉴定蛋白质，而且可以根据迁移率大小测定蛋白质亚基的分子质量。

【实验目的】

（1）掌握植物蛋白质电泳技术。

（2）了解蛋白质电泳谱带分析的方法。

（3）领会电泳技术在植物蛋白质分离过程中的作用。

【实验准备】

（一）仪器

标准蛋白试剂盒（Mr：14 400～97 400），植酸酶，多功能膜分离设备（配有超滤膜、纳滤膜、反渗透膜），DYCZ-24EN型垂直板电泳槽、DYY-10C型电泳仪（电脑三恒多用电泳仪），GDS-8000凝胶图像分析仪（LabWorks图像获取与分析软件）。

（二）电泳液的配制

试剂配制如下所述。

（1）30%丙烯酰胺（Acr）（m/V）：30g丙烯酰胺，0.8g甲叉双丙烯酰胺，溶于100mL

重蒸水中，

（2）1mol/L pH8.8Tris-HCl 缓冲液：6.05g Tris 溶于水，浓 HCl 调 pH8.8，定容至 50mL。

（3）1mol/L pH6.8Tris-HCl 缓冲液：6.05g Tris 溶于水，浓 HCl 调 pH6.8，定容至 50mL。

（4）10%SDS（*m*/*V*）。

（5）10%过硫酸铵（*m*/*V*）。

（6）电极缓冲液：pH8.8 Tris-甘氨酸。6.0g Tris，28.8g 甘氨酸，加入 10% SDS 10mL，重蒸水定容至 1000mL。

（7）2 倍样品缓冲液：

1mol/L pH6.8 Tris-HCl	2.0mL
甘油	2.0mL
20%SDS	2.0mL
0.1%溴酚蓝	0.5mL
2-巯基乙醇	1.0mL
重蒸水	2.5mL

（8）固定液：50%甲醇 454mL，冰醋酸 46mL，混匀。

（9）染色液：称取考马斯亮蓝 R-250 0.125g，加入固定液 250mL，溶解。

（10）脱色液：冰醋酸 75mL，甲醇 50mL，加重蒸水定容至 1000mL。

（三）注意事项

（1）所有器材必须清洁。特别是制备凝胶板所用的玻璃板必须用肥皂粉洗净后，再用 95%的乙醇擦洗干净。

（2）电泳时，要始终保持电流稳定。

【实验内容】

（一）玻璃板的处理与安装

取两块干净的玻璃板，用 95%乙醇擦干净，装入制胶模具中，结果呈现一侧为长玻璃板，一侧为短玻璃板。将装有玻璃板的制胶模具安装在垂直电泳槽上，在长玻璃板下端与模框之间有一缝隙，用夹板夹紧。

（二）凝胶的配制（表 26-1）

表 26-1　凝胶的配制

分离胶	30%Acr	10mL
	1mol/L pH8.8 Tris-HCl 缓冲液	11.2mL
	H_2O	8.7mL
	10%SDS	0.3mL
	10%过硫酸铵	0.2mL
	TEMED	20μL
浓缩胶	30%Acr	1.67mL
	1mol/L pH6.8 Tris-HCl 缓冲液	1.25mL
	H_2O	7.03mL
	10%SDS	0.1mL
	10%过硫酸铵	0.1mL
	TEMED	10μL

（三）灌制胶板

(1) 先在上、下槽中加入一定量的蒸馏水以防漏胶。

(2) 用细长滴管或长头注射器吸取凝胶，将针头插入两块玻璃板中间直至底部，由下而上慢慢加入凝胶，至凝胶高度距短玻璃板上端约 0.5cm 处为止。

(3) 用滴管或注射器在凝胶上方轻轻加一层蒸馏水，随后将梳子插入。

（四）加样

(1) 打开电泳槽出水口，放出槽中蒸馏水，轻轻取出梳子，用滤纸条将样品槽内水分吸干。

(2) 用微量加样器在每个槽内加标准蛋白和待测蛋白各 20μL，然后用毛细滴管或注射器吸取电极缓冲液沿玻璃板加满样品槽。

(3) 在上、下槽内加入电极缓冲液，液体高度超过上槽短玻璃板上缘。

（五）电泳

正极接下槽，负极接上槽，打开电源。调电流 200mA。待染料迁移至距胶板下端约 1cm 处时停止电泳。

（六）取胶板

电泳结束后，取出胶框，剥出玻璃板，撬开两玻璃板取出凝胶板，在示踪染料区带中心插入细铜丝作标志，将胶板放入染色盘中。

（七）染色与脱色

加入染色液，37℃保温染色 30min。倒出染色液，用蒸馏水洗胶板数次后加入脱色液。反复漂洗，经常更换脱色液，直至背景清晰为止。

（八）分子质量计算

(1) 相对迁移率 mR 的计算。

$$\mathrm{mR}=\frac{\text{样品迁移距离(cm)}}{\text{染料迁移距离(cm)}}$$

(2) 绘制标准曲线确定蛋白质分子质量：以标准蛋白质的相对迁移率为横坐标，标准蛋白质的分子质量对数值为纵坐标，做一条标准曲线。根据未知蛋白质样品的相对迁移率可直接在标准曲线的公式中计算出该蛋白质的分子质量。

【结果辨析与思考】

(1) 配胶缓冲液系统对电泳的影响是什么?

在 SDS-PAGE 电泳中，制胶缓冲液使用的是 Tris-HCl 缓冲系统，浓缩胶 pH6.7、分离胶 pH8.9，而电极缓冲液使用的是 Tris-甘氨酸缓冲系统。在浓缩胶中，其 pH 呈弱酸性环境，因此甘氨酸解离很少，其在电场的作用下，泳动效率低；而氯离子却很高，两者之间形成导电性较低的区带，蛋白分子就介于二者之间泳动。由于导电性与电场强度成反比，这一区带便形成了较高的电压梯度，压着蛋白质分子聚集到一起，形成一狭窄的区带。当样品进入分离胶后，由于胶中 pH 呈碱性，甘氨酸大量解离，泳动速率增加，直接紧随氯离子之后，同时由于分离胶孔径缩小，在电场的作用下，蛋白质分子根据其固有的带电性和分子大小进行分离。

（2）SDS-PAGE凝胶中各成分的主要作用是什么？

聚丙烯酰胺的作用：丙烯酰胺为蛋白质电泳提供载体，其凝固的好坏直接关系到电泳成功与否，与促凝剂及环境密切相关。

SDS：阴离子去污剂，可以去蛋白质电荷，解离蛋白质之间的氢键，取消蛋白质分子内的疏水作用，去多肽折叠。

（3）电泳带“微笑”（两边翘起中间凹下）形成的原因是什么？

主要是由于凝胶的中间部分凝固不均匀所致，多出现于较厚的凝胶中。

处理办法：待其充分凝固后，再做后续实验。

（4）电泳带“皱眉”（两边向下中间鼓起）形成的原因是什么？

主要出现在蛋白质垂直电泳槽中，一般是由于两板之间的底部间隙气泡没有完全除干净。

处理方法：可以在两板之间加入适量缓冲液，以排除气泡。

（5）为什么带会出现拖尾现象？

主要是样品溶解效果不佳或分离胶浓度过大引起的。

处理方法：加样前离心；选择适当的样品缓冲液；加适量样品促溶剂；降低凝胶浓度。

【作业】

（1）SDS-PAGE电泳中SDS的作用是什么？

（2）样品液为何在加样前需在沸水中加热几分钟？

实验二十七

质粒 DNA 的制备和定量分析

质粒是细胞内的一种环状的小分子 DNA，是进行 DNA 重组的常用载体。作为一个具有自身复制起点的复制单位独立于细胞的主染色体之外，质粒 DNA 上携带了部分的基因信息，经过基因表达后使其宿主细胞表现相应的性状。在 DNA 重组中，质粒或经过改造后的质粒载体可通过连接外源基因构成重组体。从宿主细胞中提取质粒 DNA，是 DNA 重组技术中最基础的实验技能。

【实验目的】

(1) 掌握碱裂解法提取质粒。

(2) 了解紫外分光光度计定量分析质粒的方法。

(3) 领会质粒的内涵和应用。

【实验准备】

(一) 仪器

恒温振荡培养箱，高速冷冻离心机，漩涡振荡器，水浴锅，1.5mL 离心管，50mL 离心管，不同型号的吸头，微量移液器，微波炉，电泳仪，紫外分光光度计，离心机。

(二) 材料

菌体：*E. coli* DH5α 受体菌，具有 Amp^r 标记的质粒 DNApUC19。

(三) 试剂

LB 培养液、抗生素、溶液Ⅰ (50mmol/L 葡萄糖、10mmol/L EDTA、25mmol/L Tris-HCl，pH=8.0)、溶液Ⅱ (0.2mol/L NaOH、1%SDS)、溶液Ⅲ (3mol/L 乙酸钾、2mol/L 乙酸)、无水乙醇、70%乙醇。

【实验内容】

(一) 质粒的提取

(1) 取 1.5mL 细菌培养物于离心管中，4000r/min 离心 1min，弃上清液，使细菌沉淀尽量干燥。

(2) 将细菌沉淀重悬于用冰预冷的 100μL 溶液Ⅰ中，剧烈振荡。

(3) 加入 200μL 新配制的溶液Ⅱ，盖紧离心管口，快速颠倒离心管 5 次，以混合混合物，确保离心管的整个内表面与溶液Ⅱ接触，不要涡旋，置于冰浴中。

(4) 加入 150μL 预冷溶液Ⅲ (每 100mL 的溶液Ⅲ中含 60mL 5mol/L 乙酸钾，11.5mL 冰醋酸，28.5mL H_2O)，盖紧离心管口，反复颠倒数次，使溶液Ⅲ在黏稠的细菌裂解物中分散均匀，之后将离心管置于冰上 3～5min。

（5）在最大转速下离心 5min，取上清液于另一个新的离心管。

（6）用 2 倍体积的乙醇室温沉淀双链 DNA，振荡混合于室温放置 2min，最大转速离心 5min。

（7）小心吸去上清液，将离心管倒置于滤纸上，以使所有液体都流出，再将附于管壁的液滴除尽。

（8）加 1mL 70%乙醇洗涤沉淀，振荡混合，用 12 000g 离心 2min，弃上清，将开口的离心管置于室温使乙醇挥发，直至离心管内没有可见的液体存在（5～10min），用适量的重蒸水溶解。

（9）用 0.5μL 的 RNase 37℃温育 5～10min。

（二）质粒的定量分析

（1）UV-240 紫外分光光度计开机预热 10min。

（2）用重蒸水洗涤比色皿，吸水纸吸干，加入 TE 缓冲液后，放入样品室的 S 池架上，关上盖板。

（3）设定狭缝后校零。

（4）将待测品适当稀释（DNA 5μL 用 TE 缓冲液稀释至 1000μL）后，记录编号和稀释度。

（5）将装有待测品的比色皿放进样品室的 S 架上，关上盖板。

（6）设定紫外光的波长为 260nm，测定 OD 值。

（7）计算待测样的浓度：

DNA 浓度（μg/μL）$=OD_{260}\times$稀释倍数$\times 50/1000$。

【结果辨析与思考】

质粒是细胞内的一种环状的小分子 DNA，是进行 DNA 重组的常用载体。作为一个具有自身复制起点的复制单位独立于细胞的主染色体之外，质粒 DNA 上携带了部分的基因信息，经过基因表达后使其宿主细胞表现相应的性状。在 DNA 重组中，质粒或经过改造后的质粒载体可通过连接外源基因构成重组体。从宿主细胞中提取质粒 DNA，是 DNA 重组技术中最基础的实验技能。

分离、制备质粒的方法有很多，其中常用的方法有碱裂解法、煮沸法、SDS 法等。一般分离质粒 DNA 的方法都有 3 个步骤：

（1）培养细菌，使质粒 DNA 大量增殖。

（2）收集和裂解细菌。

（3）分离和纯化质粒 DNA。

本实验采用碱裂解法制备质粒 DNA。在细菌细胞中，染色体 DNA 以双螺旋结构存在，而质粒 DNA 以共价闭合环状形式存在。细胞破碎后，染色体 DNA 和质粒 DNA 均释放出来，但是两者变性与复性所依赖的 pH 不同，在 pH 高达 12.0 的碱性溶液中，染色体 DNA 氢键断裂而双螺旋结构打开发生变性，共价闭环质粒的大部分氢键也发生断裂，但两条单链不会彼此分开，仍会紧密地缠绕在一起，当用 pH 为 4.6 的乙酸钾高盐溶液调节 pH 至中性时，变性的质粒 DNA 可发生复性恢复共价闭合环状结构而溶于溶液中，而染色体 DNA 不能复性，与不稳定大分子缠绕在一起形成沉淀，通过离心与溶液中的质粒 DNA 分离，最后用酚氯仿可以抽提上层溶液中的质粒 DNA。

DNA 或 RNA 链上碱基的苯环结构在紫外区具有较强吸收，其吸收峰在 260nm 处。波长为260nm时，其吸收峰与DNA的总量呈正相关，双链DNA浓度为50μg/mL，则计算待测样品DNA浓度（μg/μL）的公式为：DNA浓度（μg/μL）$=OD_{260}\times$稀释倍数$\times 50/1000$。

同学们在实验过程中应该注意以下两点。

（1）溶液Ⅱ应现用现配，配好于4℃保存，以防止NaOH在室温放置，吸收CO_2，形成碳酸钠。

（2）每一种溶液应严格控制其pH，pH过高或过低都会影响质粒的提取。

【作业】

（1）质粒的基本性质有哪些？

（2）碱法提取DNA的过程中，溶液Ⅰ、Ⅱ、Ⅲ的生化作用原理分别是什么？

（3）在碱法提取质粒DNA操作过程中应注意哪些问题？

实验二十八

气候变化对植物生长发育的影响

CO_2 是最主要的温室气体，由于化石燃料的使用及土地利用的变化，全球 CO_2 浓度已从工业革命前的 280μmol/mol 上升到 2005 年的 379μmol/mol。有连续直接测量记录以来，全球 CO_2 浓度增长率为 1.4μmol/(mol·年)，最近 10 年的增长率为 1.9μmol/(mol·年)。根据特别情景排放报告（SRES）预测，21 世纪中期，全球 CO_2 浓度将约达到 550μmol/mol。CO_2 以及其他温室气体浓度的增加会引起全球气温升高。预计到 21 世纪末，全球平均气温将比 1990 年增加 1.0～3.0℃。CO_2 是光合作用的底物，也是初级代谢过程（气孔反应和光合作用）、光合同化物分配和生长的调节者。温度条件几乎影响植物所有的生物学过程。因此，大气 CO_2 和温度的升高对植物的生理过程、种子萌发、生长发育都会产生重要的影响。

【实验目的】

(1) 掌握气候变化条件下，植物生长实验的基本气象条件的控制要领。

(2) 了解未来气候变化对植物种子萌发、生长发育的影响。

(3) 领会气候变化对整个生态系统的影响，以及采取必要措施应对的重要性。

【实验准备】

植物种子（大豆、绿豆、玉米或其他草种）。

纱布或吸水纸、标签、培养皿、清水、营养钵（直径 5～8cm）、培养土（普通园土配一定比例腐熟的有机肥，一定要搅拌均匀）、光照培养箱 2 台（带可控制 CO_2 浓度的人工气候室）、直尺、烘箱、电子天平。

【实验内容】

气候变化主要涉及 CO_2 浓度升高（2050 年的浓度大约会达到 550μmol/mol）和气温升高（21 世纪升温 1.0～3.0℃）。利用可控制 CO_2 浓度的人工气候室，我们可以进行温度和 CO_2 浓度升高共同作用下植物变化的研究，建议处理的大气 CO_2 浓度为 550μmol/mol、对照浓度为 390μmol/mol，处理温度应该比对照温度高 2～3℃。如果没有可控制 CO_2 浓度的人工气候室，我们可以进行温度升高对植物的影响实验，建议处理的温度较对照平均温度高 3℃。

每组选择其中一种或多种植物（大豆、绿豆、玉米或其他草种）进行探究实验，每组准备 25～45 粒植物种子进行实验，种子要同一品种，籽粒要饱满。本实验以绿豆为例，选择 40 粒饱满的同一品种绿豆种子。

（一）种子萌发实验

将种子分为两等份，每份 20 粒，分别放在两个垫有纱布的培养皿中，一份放置于作为处理条件的光照培养箱或人工气候室；另一份放置于作为对照条件的光照培养箱或人工气候室中。每 10 粒种子排在一个培养皿内，种子间不可相互碰着。处理人工气候室的 CO_2 浓度为 550μmol/mol，对照人工气候室浓度为 390μmol/mol。白天对照人工气候室温度控制在 25℃，处理人工气候室温度控制在 28℃；夜间对照温度为 15℃，处理温度为 18℃。经常加水，始终保持纱布的湿润。发芽皿粘贴标签，注明品种、温度及 CO_2 处理、试验开始日期、重复次数和测定者姓名。其他条件处理和对照要相同。每日 10：00 和 16：00 分别观测发芽情况，记录发芽粒数、出芽时间，出芽后选 8～10 粒种子（一个培养皿的种子，但要去除没有发芽的）进行下一个实验。剩余种子继续进行萌发实验，出芽后每日 10：00 用直尺分别测量 5 个处理和对照种子的芽长，并做好记录，连续测量 5d。

（二）生长发育实验

出芽后，选择发芽良好的种子 10 粒分别种植于营养钵中。种植时对照和处理不要混，也不要颠倒，即对照的种子还是种植于对照条件的培养箱中，处理的种子种植于处理条件的培养箱中。营养钵选择要适宜，以直径 5～8cm 为宜，不应太大也不宜太小，其内放置一定量有机质含量较高的土壤（质地较疏松、混匀，对照和处理的土壤要一致），每个营养钵种植一粒种子，种子上覆 0.5～1cm 土壤。每日浇水，保持土壤湿润，但不要浇水过多。每日 10：00 和 16：00 观测出苗情况，记录好出苗时间。出苗后白天加光，夏季晴天室外光强在 6 万～10 万 1x，建议控制在 6 万～8 万 1x，但对照和处理培养箱光强要一致（控制光照时间，白天光照，夜间不进行光照，一般每天光照时间 12h）。

出苗后每日上午测量株高、叶长、叶宽等指标。持续观察 15～20d（如果选择其他植物应根据植物种类及生长量的情况，选择观测持续的时间，如营养钵较小，植物本身株高较高，观测时间应该缩短，但应保证出苗后持续观测 10d 以上）。试验结束把对照和处理试验的植物地上部分全部用剪刀剪下（如绿豆从子叶节处剪断），分别放于烘箱中 105℃ 杀青 15min 后，70℃烘干（24～48h），电子天平称重，计算单株的重量。

【结果辨析与思考】

（一）种子萌发实验

分析对照和处理条件下发芽时间及芽长比差异，明确气候变化对植物萌发的影响（表 28-1）。通常温度升高会有利于种子的萌发及芽的生长。根据实验结果分析气候变化后绿豆种子萌发时间会提前多长时间，芽的生长是否会变化？了解气候变化对植物种子萌发的影响。

表 28-1　实验记录分析表（一）

分　组	芽长/cm				
	萌发后第 1 天	萌发后第 2 天	萌发后第 3 天	萌发后第 4 天	萌发后第 5 天
对照					
处理					

（二）生长发育实验

比较对照和处理植物出苗时间、株高、叶长、叶宽、单株生物量的变化差异（表 28-2）。

通过出苗时间、株高、叶长、叶宽的比较，明确气候变化对植物生长速率的影响。通过单株生物量的比较可以明确气候变化对植物总生物量积累的影响。

表 28-2 实验记录分析表（二）

性 状	分 组	出苗后第 1 天	出苗后第 2 天	出苗后第 3 天	出苗后第 4 天	出苗后第 5 天	…
株高/cm	对照						
	处理						
叶长/cm	对照						
	处理						
叶宽/cm	对照						
	处理						

可以绘制相应的变化图，如利用 Excel 软件绘制图 28-1，根据图对结果进行分析。

由图 28-1 可知：气候变化后，绿豆萌发速度会加快。

由图 28-2 可知：气候变化后，绿豆株高会增加。

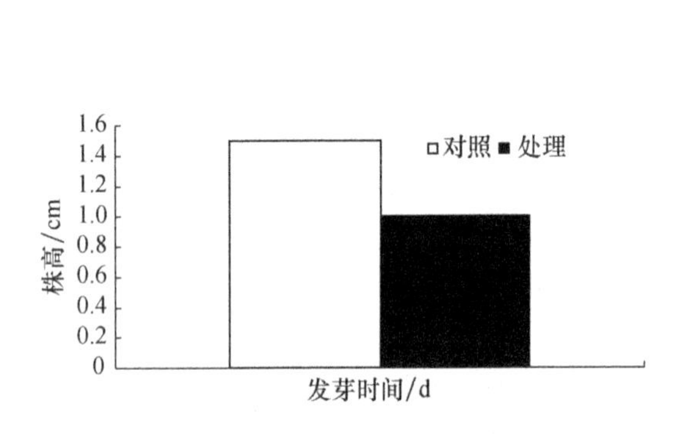

图 28-1 随气候变化，绿豆的萌发速度

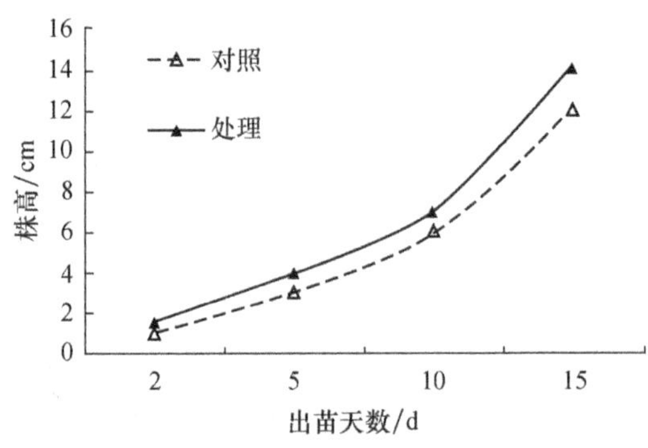

图 28-2 随气候变化，绿豆株高的变化

我们把其他指标（叶长、叶宽、地上部分生物量）比较后，进行综合分析。看株高、叶长、叶宽、生物量是否增加？如果均增加，说明未来气候变化后将有利于植物的生长发育。如果株高、叶长、叶宽增加而生物量并没有增加，说明气候变化后只是使植物生长速率加快，而对生长量没有影响，生长速率加快可能会缩短生育期，对总生物量的积累及生长发育可能不利。

【作业】

（1）如果只考虑单个气候因素的变化（只考虑温度的变化或者只考虑大气 CO_2 浓度的变化），试验结果是否会有所不同？

（2）其他生物，如动物、昆虫等是否会受到气候变化的影响？

第四部分　野外实习

【野外实习的目的与要求】

野外实习是高等院校普通生物学课程教学的重要组成部分，是理论与实践有机结合的重要环节。因此，必须明确实习目的。

（1）理论联系实际，巩固课堂知识。

（2）培养学习兴趣，学习和掌握野外工作方法。

（3）培养学生分析和解决问题的实践能力。

（4）增强集体主义观念和环境保护意识，热爱大自然。

【预察业务的准备】

选择地形地貌复杂、生物物种丰富、区系成分复杂、景观类型多样，且人为干扰小、交通便利、生活设施完备的地方作为实习基地。此外，还要制订详细的教学计划，保证实习顺利进行。

实习地确定后，实习带队教师应在实习前到实习地预察，并进行初步调查研究，了解当地的生态条件、生物类群、交通、食宿条件等，做好业务准备。

【实习的组织、实施与管理】

野外实习既是一个教学过程，又是一个实践过程。野外的环境多变，活动范围较广，新鲜好奇的东西多，而且还有多种潜在的危险。要想达到野外实习的目的，必须做好实习的组织和管理工作。

1. 实习的组织

（1）做好野外实习的动员工作。野外实习前应召开野外实习动员会，让学生明确实习目的、实习内容、实习要求和安排。

（2）成立实习领导小组。野外实习前要成立有学院（系）或教研室领导、指导教师及学生干部等组成的实习领导组，设组长、副组长及秘书等岗位。选取一位具有丰富教学经验、业务过硬、有组织管理能力、思想作风好的教师作为领导组长，全面管理实习期间的各项事务；副组长协助组长工作，具体负责实习经费的领取和管理，全面负责学生的安全管理工作；秘书负责实习车辆的包租、联系食宿、购买常用药品、物品与保管等。

（3）划分实习小组。为更好地开展野外实习，根据师资情况，整个实习队伍分成10～20人的实习小组，每组由1位或2位教师指导。选组长、副组长各1名，负责实习的日常事务，配合指导教师落实实习和生活的各项工作。

（4）物资与资料准备。野外实习常规用品和资料是保证实习顺利进行的必备条件，各实习小组和个人在实习前必须准备好。

常用的实习仪器：望远镜、摄像机、照相机、显微镜、解剖镜、便携式标本烘干器、放大镜、GPS仪、罗盘、海拔高度表、温度湿度仪、皮尺、钢卷尺、测高仪、气压表、风速仪等。

标本采集与制作工具：①植物标本的采集与制作工具：标本夹、采集袋、吸水纸、枝剪、台纸、麻绳、水网、小铁铲或小铁镐、棉线、胶水、采集刀、牛皮纸标本袋、铅笔、记录本、地图、标签、培养皿、载玻片、盖玻片、针、台板、手锯等。②动物标本的采集与制作工具：浮游生物网、采集袋、捕虫网、吸虫管、采虫筛、诱虫灯、毒瓶、三角纸袋、昆虫针、展翅板、标本盒、拖网、挂网、鸟网、蛇叉钳、套索、网兜、捕鼠夹、铁锤、铲、塑料桶、塑料袋、饲养笼、小瓶、小镊子、折刀、毛笔、指形管、标签、铅笔、记录本、三极台、正姿台、还软器、大头针、黏虫胶、卧式趋光采虫器、解剖刀、烧杯、量筒、广口瓶、注射器、医用手套、解剖盘、解剖器械、培养皿、载玻片、盖玻片、铅丝、木条、棉花、纱布、针、线、台板、酒精灯、铝锅等。

实习药品：乙醇、甲醛（福尔马林）、冰醋酸、亚硫酸、二甲苯、高锰酸钾、浓盐酸、硫酸钠、硼酸、乙酸铜、薄荷脑、氯仿或乙醚、石炭酸等。

实习资料：包括实习地的地方志，动物、植物分类检索表，图鉴、图说和科、属、种的专著及有关其他资料和参考书。

生活用品：水壶、饭盒、手电筒、衣裤、太阳帽、雨具、防护手套、文具、登山鞋等。

防护用品：蛇伤药、消毒药、驱虫药、感冒药、止泻药、创可贴、防暑药等常用的其他治疗药品。

2. 实习的实施

（1）动、植物的形态学观察和描述。在野外实习中，要想认识各动、植物，就应该注意观察它们的形态特点，充分发挥各种感官的作用。例如，对植物进行观察时，可进行“摸、闻、尝、看”。伸手去摸一摸，体会一下叶片的厚薄、叶面粗糙光滑状况、刺的硬度和牢度；用鼻子去闻一闻它是香的、臭的，还是有其他异味的；用舌尖舔一舔，尝尝它的味道；再按照植物的习性、根、茎、叶、花、果、种子顺序，先用眼睛仔细观察，然后再用放大镜，从花柄、花萼、花瓣、雄蕊到柱头的顶部，一步一步地完成观察并比较它与类似的其他植物有什么不同，增强感性认识。掌握常用的形态术语，学会用准确的形态术语描述动、植物。

（2）标本的采集、制作与鉴定。通过对野外生物的观察和描述，应用所学的科、属、种的鉴别特征及检索表鉴定动、植物，并编写实习地动、植物检索表和物种名录。掌握不同生物标本的采集和制作方法，采集、制作能供教学和科研使用的高质量的标本。

（3）生态学调查。应用生态学方法进行实习地动、植物资源调查、了解群落特征。通过观察、分析动、植物的形态、生长发育、分布规律，了解生物与环境的相互关系，加强环境保护意识。

（4）实习报告的撰写。实习报告是实习工作的书面总结，可反映实习所取得的成果，是培养学生综合能力的重要环节。一般由实习小组或个人撰写，在实习结束后上交老师，作为学生实习成绩评定的重要依据。实习报告内容如下所述。

题目：简洁明了，主题突出，字数一般不超过 20 个，字体黑体 4 号。

署名：实习报告的完成者，字体宋体小 5。

摘要、关键词：包括研究目的、方法、结果和结论。字数 200～500，字体宋体小 4。放在正文前面，在实习报告完成后写。关键词：字体黑体小 4，不超过 5 个。

引言：是正文的第一个内容，撰写的内容包括实习地的自然与社会概况、前人研究的基础、现存的问题、研究的目的。

研究方法和时间：简述采用的方法和实习时间。

结果：是实习报告的核心，是实习的大量数据经过处理、归纳、分析、总结得出的。阐述时尽量文字表述与图表相结合。

讨论：是对结果进行解释，并与其他相关工作进行比较。提出自己的观点和假设，正确评估自己研究结果的意义和价值。

参考文献：列出文中参考的主要文献，注明作者姓名、论文题目、发表期刊或出版社、日期、刊号、页数等。字体宋体小 5。

正文字体为宋体小 4、标题为字体黑体小 4。

3. 实习的管理

（1）安全保障。注意交通安全，坐车时不和司机说话，关闭窗户，不将身体伸出窗外，严禁在车内打闹；野外活动中，避免毒蛇、毒蜂、野兽等伤害，险要地段行走要谨慎，晚上不单独外出；野外工作期间，学生必须穿宽松的长裤长褂、长袜，戴草帽，随身携带药品，不穿鲜艳的衣服；上、下山不嬉戏打闹，注意脚下安全；实习时带水或饮料，不可饮用泉水和品尝野果。

（2）成绩评定。野外成绩，应根据学生完成的实际工作情况（实习态度、标本采集数量、标本制作质量）、实习记录、实习日记、实习报告及组织纪律性等由实习领导小组进行综合评定。实习评定成绩分为优秀、良好、中等、及格、不及格五级制。

优秀：自觉遵守实习守则，实习态度积极认真，组织纪律性强，有集体主义精神，尊敬老师，团结同学，讲文明礼貌。能按照实习要求，及时并出色地完成实习任务，认真做好野外记录，写好实习日记，按时提交实习报告且质量较高。无违纪现象。

良好：自觉遵守实习守则，实习态度认真，组织纪律性较强，有集体主义精神，尊敬老师，团结同学，讲文明礼貌。能按照实习要求，及时完成实习任务，认真做好野外记录，写好实习日记，按时提交实习报告且质量较高。无违纪现象。

中等：自觉遵守实习守则，实习态度认真，组织纪律性较好，有集体主义观念，尊敬老师，团结同学。能按照实习要求，完成实习任务，认真做好野外记录，写好实习日记，按时提交实习报告且内容基本符合要求。

及格：基本能遵守实习守则，实习态度一般，尚能遵守纪律，服从领导，团结同学。基本能按照实习要求完成实习任务，认真做好野外记录，写好实习日记，按时提交实习报告，但书写格式、内容不够认真。

不及格：实习态度不端正，不遵守纪律，未能完成实习任务和认真做好野外记录和实习日记，未按时提交实习报告，书写格式、内容不符合要求。

（3）实习总结。野外实习是一次综合性的教学活动，尽管时间很短，但对每个参加实习的学生来说，不论是从思想认识还是业务知识方面都会有很大的收获，同时也会有不足之处及存在的问题。因此实习总结意义甚大，应召开总结大会并展示学生的实习成果。总结应从以下两方面进行。

学生个人总结：总结本人在实习中的表现，收获和不足之处，并对实习中存在的问题提出积极的建议。

组长或指导教师作野外实习总结：指导教师根据实习的实际情况和实习过程中学生提出的建议和存在的问题进行归纳总结，改进实习教学工作。

【安全防护的基本知识】

由于实习是在野外进行，随时可能遇到一些特殊情况，如毒蛇、马蜂等叮咬和伤害，甚至会遇到暴雨、雷击等自然灾害，因此，个人安全防护尤为重要。

（1）防行进中学生掉、离队。控制队伍行进速度，密切留意学生的体力情况，发觉有状态不佳者，应派专人给予照顾，确保无人离群。

（2）防毒蛇咬伤。由于蛇的习性不同，对人的攻击也不同。例如，常见的游蛇亚科的蛇，一般见到人就会逃走；蝮蛇昼伏夜出，晚上待在路边；竹叶青则盘踞在树上，伺机攻击猎物。因此，采集标本时戴草帽，穿厚一点的长裤和高腰鞋，夜晚尽量少出去活动。如果被毒蛇咬伤，应立即排毒，挤出毒液，用1%的高锰酸钾清洗伤口，并进行包扎，服用蛇药；伤势严重要及时去医院治疗。

（3）防毒虫蜇伤。野外常遇到的毒虫为马蜂、蜈蚣、蝎子。不要捅马蜂窝，少穿白色衣服，因为马蜂对白色运动物体较敏感。一旦被马蜂蜇伤，应立即取蛇药1～2片捣烂，用水调成糊状敷于伤口，并大量饮水排毒。如果蜇伤严重，应立即到医院治疗。蜈蚣在夜晚身体会发出荧光，蝎子出来时，能闻到一股氨气味，所以要格外小心。被蜈蚣和蝎子咬伤后也可用蛇药初步处理。

（4）防蚂蟥叮咬。野外实习正是蚂蟥活动猖獗的季节，天晴时，它一般生活在潮湿的林下或水沟边；雨天，它的尾部用吸盘固定在树干或树叶上，当人走动或晃动树枝时，它的身体伸缩捕获目标吸血，后自动脱离目标。如果被蚂蟥叮咬，不能强拉，用手拍打被叮咬的周围皮肤，让其脱落。有效防止被叮咬的办法是穿上山袜，行走时观察身体各部位。一旦发现蚂蟥，立即打掉。此外，上山前用烟叶泡水洒在衣服和鞋上，防止叮咬。

（5）防猛兽袭击。遇到大型动物，谨防各自逃跑，要相互靠拢，集中手中的木棍等工具，防止动物袭击，同时用喊声、恐吓动作等驱赶，不到危急时刻，不要主动出击。

（6）防食物中毒。在野外，千万不能品尝野果或蘑菇等以防中毒。只有经老师鉴定后无毒方可品尝。

（7）防摔伤和溺水。采集动、植物标本或进行生态调查时，要随时注意脚下的安全，不能攀爬悬崖或树干，以防摔伤。禁止下水游泳，防止抽筋溺水。

（8）其他意外事件。应随时了解当地的天气预报，掌握有关山火、山洪暴发、雷击、山体塌方等意外事件发生的安全保护知识，避免意外事件的发生。

【小专题研究】

专题研究就是针对某一主题做的深入研究。旨在对学生积极探索、勤于实践、搜集和处理信息、扩展知识范围、分析和解决问题以及交流与合作能力的培养。学生在实验、实习或平时生活中对某一问题或某一生物学现象有自己独到的见解或对以往的研究成果产生质疑等，即可通过一些可行的实验手段，与同学、老师等一起进行研究。这个过程包括问题的提出，资料的收集、整理、分析、综合、思考，实验设计与实施，实验结果的分析，并得出结论或新的知识。

（1）小专题的选择。小专题的选择可根据教师指定或同学自己感兴趣的问题进行研究。初步接触做专题的同学往往不知所云，不知自己的兴趣点在哪里，不知做什么样的专题好。选题后，要么是把题目做得很大，脱离实际，无法深入，最后面面俱到，一个问题也没能论述清楚；要么就是不知道如何处理，勉强去做一个自己无力胜任的题目或毫无基础和准备的题目。因此，在设计专题时，考虑问题一定要周全、细致。其实，任何事情，只要你深入进去了，总能发现问题，最好能够结合自己的兴趣，题目不宜过大，对某一个问题进行深入探讨，抓住问题的本质，自己对这个问题有独到的见解，就会写出一篇较好的论文。

介入专题后，最初是查阅相关资料。发达的网络为我们这方面提供了很好的平台，通过查阅较新的资料（一般距现在5～10年），了解自己所要研究的领域里前人已做过哪些方面的研究，已经取得了哪些成果，还有哪些问题需要继续探讨。在这个过程中，你不仅会逐步增加自己在某一方面的知识积累，而且会受到一定的启发，但要绝对禁止抄袭。然后进一步修订自己的专题研究方案。选题要有新意，最好能够结合实际，有一定实践意义。

（2）小专题的实施。小专题实施的细则制定得越严谨，做起实验来就越得心应手，减少盲目性。在实验过程中，要仔细观察、详细记录，原始记录一定要完整，严禁弄虚作假。此外，在实验过程中要注意小组成员间的沟通与协作，对实验前后的具体情况进行全面、客观的评价。在解决实验遇到的问题时，往往会有一些小的发明，这无疑会增加你的阅历及克服困难的能力。

（3）数据分析。此部分为论文的核心部分，针对在实验过程中所取得的数据，最好能灵活运用所学的物理、化学、数学及统计学等方面的基础知识，科学地解释生物学问题，至少要能够将所做的专题阐述清楚。目前，数学工具较多，如方差分析、时间序列分析、显著性检验、回归分析、主成分分析、聚类分析和判别等。使用前应仔细咨询教师，正确运用统计学方法。OFFICE 软件中带有一些常用的统计方法，专业的软件有 SPSS 和 SAS 等。

（4）成果展示与交流。展示与交流的目的就是拓宽视野、取长补短。一方面，通过展示，可以让同行分享你的成果与快乐；另一方面，通过交流，可以找出自己的不足，为今后继续研究提供新的思路。这是一个学生学会发现自己、欣赏别人的重要过程。成果展示一定要本着实事求是的态度，既不能拔高，也不要贬低，同时还要虚心听取别人对自己成果的评价。

小专题研究重要的是强调研究的思路与过程，如发现研究题目的灵感、设计研究方案过程中受到的启迪、原始数据的保存、建立实验日志制度等，将实验所做的每一步及体会都记录在案，包括在研究过程发现的问题，如何解决问题等。

参考文献

白咸勇，谌宏鸣. 2007. 组织学与胚胎学. 北京：科学出版社.

北京师范大学生物系植物组. 1978. 北京地区植物检索表. 北京：北京人民出版社.

卜书海，郑雪莉，陈铁山. 2008. 西北农林科技大学校园鸟类调查. 西北林学院学报，23（5）：140-143.

彩万志，庞雄飞，花保祯，等. 2011. 普通昆虫学. 2版. 北京：中国农业大学出版社.

陈树椿. 1999. 中国珍稀昆虫图鉴. 北京：中国林业出版社.

仇存网，刘忠权，吴生才. 2010. 普通生物学实验指导. 南京：东南大学出版社.

丛玉隆，乐家新，秦小玲，等. 2002. 血细胞分析技术与临床. 天津：天津科学技术出版社：4.

崔克明. 2007. 植物发育生物学. 北京：北京大学出版社.

戴灼华. 1983. 果蝇唾腺染色体与神经节染色体的比较观察. 见：北京大学生物系遗传学教研室. 遗传学实验方法和技术. 北京：高等教育出版社.

丁汉波. 1983. 脊椎动物学. 北京：高等教育出版社.

董玉清. 2011. 中国鸟类. 武汉：湖北科学技术出版社.

杜卓民. 1998. 实用组织学技术. 2版. 北京：人民卫生出版社.

庚镇城. 1987. 果蝇在行为遗传学研究中的重要性及其求爱行为的研究现状. 生物学通报，1：4-7.

古尔恰兰·辛格. 2008. 植物系统分类学. 刘全儒，郭延平，于明译. 北京：化学工业出版社.

顾宏达，陈延熹. 1992. 基础动物学. 上海：复旦大学出版社.

郭鑫学. 2006. 动物免疫学实验教程. 北京：中国农业大学出版社：12.

贺学礼. 2004. 植物学实验实习指导. 北京：高等教育出版社.

贺学礼. 2010. 植物学. 2版. 北京：高等教育出版社.

胡宝忠，胡国宣. 2002. 植物学. 北京：中国农业出版社.

黄诗笺. 2006. 动物生物学实验指导. 北京：高等教育出版社.

黄正一，蒋正揆. 1984. 动物学实验方法. 上海：上海科学技术出版社.

江静波. 1995. 无脊椎动物学. 3版. 北京：高等教育出版社.

姜在民，贺学礼. 2009. 植物学. 杨凌：西北农林科技大学出版社.

金银根. 2006. 植物学. 北京：科学出版社.

金银根. 2007. 植物学实验与技术. 北京：科学出版社.

李金钢，杜央威，郝琳. 2004. 陕西师范大学校园鸟类调查. 陕西师范大学学报（自然科学版），32（1）：82-85.

李景原，王太霞. 2007. 植物学实验技术. 北京：科学出版社.

李云龙. 2011. 发育与进化. 北京：科学出版社.

林凤，崔娜. 2010. 植物学实验. 北京：科学出版社.

林凤，邵美妮. 2007. 高等植物分类学野外实习指导. 北京：中国农业大学出版社.

林之满. 2002. 动植物百科全书. 西安：西北大学出版社.

刘凌云，郑光美，2005. 普通动物学. 3版. 北京：高等教育出版社.

刘凌云，郑光美. 1997. 普通动物学实验指导. 3版. 北京：高等教育出版社.

刘穆. 2006. 种子植物形态解剖学导论. 3版. 北京：科学出版社.

吕宪国. 2005. 湿地生态系统观测方法. 北京：中国环境科学出版社.

罗灼玲，张立群. 2004. 组织学实习彩色图解. 上海：上海科学技术出版社.

苗雪霞，黄勇平. 2008. 果蝇求偶行为的影响因素及其分子基础. 昆虫知识，45 (1)：5-14.
南京医学院组织胚胎学教研室，上海第二医学院组织胚胎学教研室. 1981. 彩色组织学图谱. 北京：人民卫生出版社.
潘洪玉. 2003.《农业昆虫学》网络课程. 北京：高等教育出版社.
彭玲. 2006. 普通生物学实验. 武汉：华中科技出版社.
沈显生，尹路明，周忠泽. 2010. 植物生物学实验. 合肥：中国科学技术出版社.
盛和林，万岐山. 1983. 脊椎动物学野外实习指导. 北京：人民教育出版社.
汪劲武，杨继. 1989. 种子植物分类学实验和实习. 北京：高等教育出版社.
汪劲武. 2009. 种子植物分类学. 2 版. 北京：高等教育出版社.
汪松，解焱. 2004. 中国物种红色名录（第Ⅰ卷）. 红色名录. 北京：高等教育出版社.
王镜岩，朱圣庚，徐长法. 2007. 生物化学. 3 版. 北京：高等教育出版社.
王荣华. 2001. 组织学与胚胎学彩色图谱. 北京：科学技术文献出版社.
王所安，和振武. 1991. 动物学专题. 北京：北京师范大学出版社.
王学斌，李东风. 2002. 鸟类呼吸与发声的神经调控. 动物学杂志. 37 (3)：79-83.
王英典，刘宁，刘全儒，等. 2011. 植物生物学实验指导. 2 版. 北京：高等教育出版社.
王元秀. 2010. 普通生物学实验指导. 北京：化学工业出版社.
魏道智. 2007. 普通生物学. 北京：中国农业出版社.
魏道智. 2012. 普通生物学. 北京：高等教育出版社.
魏学智. 2008. 植物学野外实习指导. 北京：科学出版社.
翁培兰，彭卫东. 2006. 人蛔虫和猪蛔虫差异的比较研究. 中国寄生虫学与寄生虫病杂志，24 (2)：140-143.
吴甘霖，王松. 2008. 动植物学野外实习指导. 合肥：合肥工业大学出版社.
吴乃虎. 1998. 基因工程原理. 2 版. 北京：科学出版社.
吴文学. 2007. 免疫学实验技术. 北京：科学出版社：9.
吴占福，王艳丽. 2010. 生物统计与试验设计. 北京：化学工业出版社：6.
武汉大学，南京大学，北京师范大学. 1978. 普通动物学实验指导. 北京：高等教育出版社.
忻介六，杨庆爽. 1985. 昆虫生态分类学. 上海：复旦大学出版社.
徐叔云，卞如濂，陈修. 2002. 药理实验方法学. 3 版. 北京：人民卫生出版社.
许涛清，曹永汉. 1996. 陕西省脊椎动物名录. 西安：陕西科学技术出版社.
许玉凤，曲波. 2008. 植物学. 北京：中国农业大学出版社.
许再福. 2011. 普通昆虫学. 北京：科学出版社.
颜启传. 2001. 种子学. 北京：中国农业出版社.
杨安峰，程红. 1999. 脊椎动物比较解剖学. 北京：北京大学出版社.
杨金艳，杨万勤，王开运. 2002. CO_2 和温度增加的相互作用对植物生长的影响. 应用与环境生物学报，(3)：319-324.
杨琰云，韦正道. 2005. 动物学实验教程. 北京：科学出版社.
姚家玲. 2009. 植物学实验. 2 版. 北京：高等教育出版社.
易国栋，高玮，赵匠，等. 2008. 动物学野外实习指导. 北京：清华大学出版社.
尤永隆，林丹军，张彦定. 2011. 发育生物学. 北京：科学出版社.
虞国跃. 2008. 中国蝴蝶观赏手册. 北京：化学工业出版社.
袁红莉. 王鹤祥. 2009. 农业微生物学及实验教程. 北京：中国农业大学出版社.
约翰·马敬能，卡伦·菲利普斯，卢何芬. 2000. 中国鸟类野外手册. 长沙：湖南教育出版社.
岳彩鹏，黄进勇. 2007. 植物生物学实验实习指导. 郑州：郑州大学出版社.
张彪，淮虎银，金银根. 2002. 植物分类学实验. 南京：东南大学出版社.

张春宇，范海延．2007．植物学实验指导．北京：中国农业大学出版社．

张卫红．2001．发育生物学．北京：高等教育出版社．

张乃群，朱自学．2006．植物学实验及实习指导．北京：化学工业出版社．

张训蒲，朱伟义．2000．普通动物学．北京：中国农业出版社．

赵正阶．2001．中国鸟类志．长春：吉林科学技术出版社．

郑光美．1995．鸟类学．北京：北京师范大学出版社．

郑光美．2005．中国鸟类分类与分布名录．北京：科学出版社．

郑作新．1973．秦岭鸟类志．北京：科学出版社．

中国科学院西北植物研究所．1974．秦岭植物志（第一卷第二册）．北京：科学出版社．

中国科学院西北植物研究所．1976．秦岭植物志（第一卷第一册）．北京：科学出版社．

中国科学院植物研究所．1983．中国高等植物科属检索表．北京：科学出版社．

中国科学院植物研究所．1994．中国高等植物科属检索表．北京：科学出版社．

周德庆．2010．微生物学实验教程．2 版．北京：高等教育出版社．

周乔．2010．普通生物学实验指导．武汉：华中师范大学出版社．

周云龙．2004．植物生物学．北京：高等教育出版社．

朱玉贤，李毅，郑晓峰．1997．现代分子生物学．北京：高等教育出版社．

左仰贤．2001．动物生物学教程．北京：高等教育出版社．

Amrein H. 2004. Pheromone perception and behavior in Drosophila. Current Opinion in Neurobiology. 14：435-442.

Bridges C B. 1916. Non-disjunction as proof of the chromosome theory of heredity. Genetics，1：1-52.

Bridges C B. 1935. Salivary chromosome maps with a key to the banding of the chromosomes of Drosophila melanogaster. Journal of Heredity，26：60-64.

Buchsbaum R，Pearse M. 1907. Animals Without Backbones. 3rd ed. London：The University of Chicago Press，Ltd.

Edwards A C，Bohlen P J. 1996. Biology and Ecology of Earthworms. 3rd ed. London，UK：Chapman & Hall.

Gardner E J. 1981. Principle of Genetics. New York：John Wiley & Sons.

Greenspan R J. 2000. Courtship in Drosophila. Annual Review of Genetics，34：205-232.

Harrison C ，Greensmith A. 2007. 鸟．2 版．丁长青译．北京：中国友谊出版公司．

Herman T S. 1974. Courtship behavior in Drosophila. Annual Review of Entomology，19：385-405.

Houghton J T，Ding Y，Griggs D J，et al. 2001. Climate Change：The Scientific Basis. Cambridge：Cambridge University Press.

Judd B. 1998. Genes and chromomeres：a puzzle in three dimensions. Genetics，150：1-9.

Kennison J A. 2000. Preparation and analysis of polytene chromosomes. *In*：Sullivan W，Ashburner M，Hawleyet R S. Drosophila protocols. New York：Cold Spring Harbor Laboratory Press：111-117.

Morgan T H. 1910. Sex limited inheritance in Drosophila. Science，32：120-122.

Painter T S. 1933. New method for the study of chromosome rearrangements and the plotting of chromosome maps. Science，78：585-586.

Painter T S. 1934. Salivary chromosomes and the attack on the gene. Journal of Heredity，25：465-476.

Pardue M L，Gerbi S A，Eckhardt R A，et al. 1970. Cytological localization of DNA complementary to ribosomal RNA in polytene chromosomes of Diptera. Chromosoma，29：268-290.

Pardue M. 1994. Looking at polytene chromosomes. Methods in Cell Biology，44：333-351.

Prentice I C，Farquhar G D，Fasham M J R，et al. 2001. The carbon cycle and atmospheric carbon dioxide *In*：IPCC. Contributions of Working Group Ⅰ to the Third Assessment Report of the Intergovernmental

Panel on Climate Change. Cambridge: Cambridge University Press: 183-238.

Ransom R. 1982. A handbook of Drosophila Development. Amsterdam, New York, Oxford: Elsevier Biomedical Press.

Raven P H, George B J. 1996. Biology. 4th ed. Dubuque, USA: Wm. C. Brown Publisher.

Raven P H, Ray F E, Susan E E. 2005. Biology of Plants. 7th ed. New York: W. H. Freeman and Company Publishers.

Teresa A, Gerald A. 1996. Biology: Life on Earth. 4th ed. New Jersey, USA: Prentice Hall, Inc.

附　录

附录 1　显微镜的构造与使用

自世界上第一架复式显微镜于 1604 年由荷兰眼镜制造商詹森发明以来，至今已有 400 余年的历史，随着科技的发展，显微镜在生物学领域的研究及教学应用中发挥了巨大的作用。随着科技的进步，光学显微镜得到了高度的发展。不仅如此，1937 年德国人恩斯特・卢斯卡等还研制出了第一台电子显微镜。随后，荧光显微镜、声波显微镜、核磁共振显微镜等相继问世。如今，显微镜的放大能力已经从 2000 倍扩大到 80 万倍。

一、明场光学显微镜

明场光学显微镜是最常用的显微镜之一，具体结构见附图 1-1。

（一）构造

1. 机械部分

（1）镜座：用来支撑显微镜。

（2）镜臂：拿取时便于用手握住。

（3）镜筒：上接目镜，下连物镜转换器。标准长度一般为 160mm。

（4）物镜转换器：圆盘状、可转动，上面有 4 个圆孔，物镜即安装在上面，可随意转动、调换镜头。

（5）载物台：中央有一通光孔，由下面电光源反射来的光线，通过该孔投射到标本上。

（6）标本移动器：位于载物台上，用来固定标本，载物台下面有 2 个螺旋，可前、后、左、右移动标本。

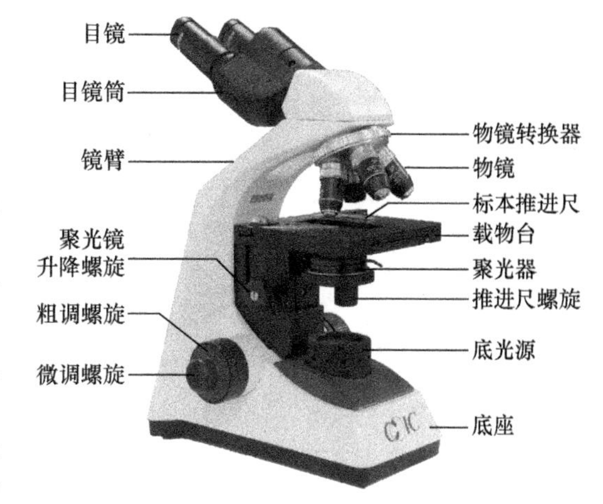

附图 1-1　明场光学显微镜（侯玉峰摄）

（7）焦距调节：粗调节轮，位于镜柱两侧大的螺旋即为粗调节轮，旋转时可升降载物台，用来调整工作距离（物镜前端与盖片上面的距离）；细调节轮，位于镜柱两侧小的螺旋即细调节轮，旋转时可升降载物台（升降载物台的幅度很小）。

2. 光学部分

（1）目镜：装在镜筒上端，由一组透镜组成，内可装指针，目镜上标有放大倍数（10×）。它的作用是把下面物镜放大的影像再放大一次，映入观察者的眼中。

（2）物镜：安装在转换器上，共有 4 个。每个上面都有放大倍数，分别为 4×、10×、40×、100×（油镜），显微镜的放大倍数为目镜放大倍数与物镜放大倍数的乘积。显微镜的放大倍数越高，造像就越暗，因为像的每个单位表面所得到的光线少了，所以，观察起来没有低倍镜那样明亮。使用者可根据需要，转换不同的物镜进行观察。物镜上除去标有放大倍数外，还有其他技术参数，如附表 1-1 所示。

附表 1-1　物镜参数列表

镜头放大倍数	数值孔径（N. A）	镜筒长度/mm	工作距离/mm	盖玻片厚度/mm	系　统
4×	0.10	160	35.80	0.17	干燥系
10×	0.25	160	7.12	0.17	干燥系

续表

镜头放大倍数	数值孔径（N.A）	镜筒长度/mm	工作距离/mm	盖玻片厚度/mm	系　统
40×	0.65	160	0.48	0.17	干燥系
100×	1.25	160	0.15	0.17	油浸系

注：① 数值孔径（N.A）：又称镜口率，与物镜分辨率有关，其值越大，分辨率越高。分辨率是指能够分辨被检物体微细结构的能力。

② 镜筒长度，指从镜筒上口缘至物镜的距离，一般为160mm。

③ 工作距离，指物镜前透镜表面与盖玻片上表面之间的距离。物镜倍数越大，工作距离越近，故在使用高倍镜时，应特别注意，避免两者相撞。

④ 干燥系，指物镜的前透镜与盖玻片之间以空气（折射率为1）为介质。

⑤ 油浸系，指观察物体时，物镜前透镜与盖玻片之间滴加香柏油，用香柏油（折射率1.515）作为介质，这样可吸收更多的光量，利于观察。

(3) 聚光镜组。

聚光镜：由一组透镜组成，收集从下面反射来的光线，以增加照明的强度，旋转钮，可调节聚光镜的升降，在观察比较透明的标本时，可适当下降聚光镜组，便于获得较好的效果。

虹彩光圈：在聚光镜下面，结构与照相机上的光圈相似，通过调节杆，可使孔径扩大或缩小，有的显微镜在使用不同物镜时，配有相应的刻度，以保证相应的进光量。

滤光镜环与滤光片：滤光镜环位于聚光镜最下面，呈环状，环内可安装滤光片，以改变光线的成分，达到最舒适的观察效果。滤光片为有机玻璃质，一般配有乳白色（毛玻璃）、蓝、绿、黄4种颜色。乳白色滤光片多用于强光下，使视野亮度降低，光线柔和；蓝色滤光片多用于白炽灯灯光下，白炽灯灯光富于黄、橙色，加入蓝色滤光片后，可有效吸收光谱中黄、橙、红色光。

反光镜：可向各个方向转动。一面是平面镜，另一面是凹面镜，凹面更能使光线集中。因此，使用高倍镜时，凹面效果更好；平面反射来的光线较弱，光线强时，用低倍镜效果好，现多为内置电光源，可通过开关调节进光量。

显微镜的放大率：指目镜与物镜的乘积，如10倍目镜配以40倍的物镜，总放大率即为400倍。

（二）使用方法

显微镜是精密的仪器，一定要注意保护，为此，按如下方法操作是非常必要的。

(1) 领取显微镜：按自己的座位编号到显微镜柜中对号取镜。取镜时用右手握住镜臂平稳取出，再以左手拖住镜座，轻轻地放到实验台上（镜臂朝向自己）。

(2) 调配座凳：根据自己的身高，升、降座凳，以双眼接近目镜感觉舒适为宜。

(3) 检查：镜体是否清洁。若机械部分有灰土，可用纱布擦拭，若镜头等部分不清洁，只能用特备的镜头纸擦拭，切勿用手纸或衣物等擦抹。

(4) 光度调节：首先将低倍的物镜（常用10×）对准通光孔的正中央，将光圈拨至最大，聚光镜升至最高限。以左眼从目镜中观察，同时转动反光镜，直到整个视野明亮为止。实验室内一般用凹面镜。

(5) 观察：将要观察的载玻片标本（有盖片的一面朝上）放在载物台上，用压片夹卡住，使标本置于通光孔的正中央。

在做好上述准备以后，首先转动粗调节轮，使载物台升至距物镜前端5mm处（小于工作距离），再用双眼观察目镜，转动粗调节轮使载物台徐徐下降，直到看见被检物体清晰为止。若被检物体不在视野中央，可移动推进器。以上步骤，反复练习，直至熟练为止。

用低倍镜观察清晰以后，按下限位器（使载物台无法继续升高），再转换高倍镜，可能不十分清晰，此时只可用细调节轮调节焦距，且以旋转1圈为限。此时，严禁使用粗调节轮。

如果由低倍镜转换为高倍镜以后，在视野中看不到物像，则应重新退回到低倍镜，检查被检标本是否放在视野中央，再转高倍镜观察，仍找不到物像，可请教师指导。

若高倍镜无法满足所要观察的标本，可用油镜（100×的物镜），使用油镜时，应先用高倍镜调好焦距，将所要观察的标本放在视野正中央。然后，旋转物镜转换器，使物镜移开。将一滴香柏油滴至标本上，使用油镜镜头，至此介质不再是空气（减少光线的折射），此时只能旋转细调节轮直至视野清晰为止。使用油镜时，应格外小心。观察完毕后，将镜头及载玻片擦干净（可用镜头纸蘸取一些二甲苯擦拭）。

（6）观察完毕，将载物台下降，目镜不可对准通光孔，取下载玻片，把显微镜放回原处。

二、体视显微镜

体视显微镜又称为实体显微镜、解剖镜（附图 1-2），是一种能够观察具有正像立体感的目视仪器，被广泛地应用于生物学、医学、农林、工业及海洋生物等各部门。在观察被检物体及显微操作中具有重要的作用。其成像具有三维立体感，成像清晰和宽阔，像是直立的，且工作距离很长，便于操作和解剖（这是由于在目镜下方的棱镜把像倒转过来的缘故），此外，还可根据被检物体的特点选用不同的反射和透射光照明。

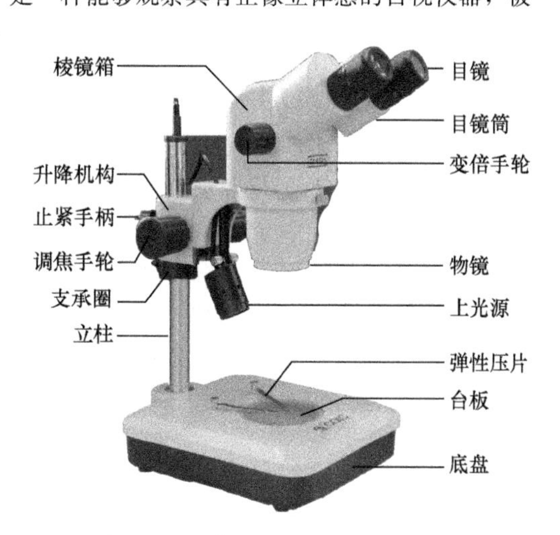

附图 1-2　体视显微镜（侯玉峰摄）

（一）构造

1. 机械部分

目镜筒：承接目镜的结构。

棱镜箱：内装有棱镜组。

连续变倍手轮：旋转变倍手轮可获得不同的放大率。

立柱：支撑体式镜主体部分的结构。

升降机构：可升降体视镜主体部分。

调焦手轮：旋转调焦手轮可使体视镜主体部分升、降以达到调焦的目的。

托架：连接调焦手轮与主体部分的结构。

止紧手柄：防止主体部分下滑的结构。

防滑手轮：防止镜体下滑。

支撑圈：支撑并锁紧升降机构。

压片夹：可固定被检物体。

台板：毛玻璃板或不透明的瓷板。

底座：可支撑镜体和提供显微操作的平台，内有底光源和电器部分。

亮度调节旋钮：根据被检物体进行视野亮度调节。

2. 光学部分

目镜：两个目镜，通过两个棱镜箱的相对运动，可调节两目镜间的距离以适应不同瞳距的观察者。

视度调节圈：可调节左目镜（或右目镜）焦距，使观察者双眼看到的是同样清晰的物体。

物镜：位于体视镜主体部分的下端，可放大被检物体。

上光源：入射灯。

（二）使用方法

首先将工作台板放入底座上的台板安装孔内。然后将被检物体平稳放在载物台中间。观察透明标本时，选用毛玻璃台板（磨砂面向下）；观察不透明标本时，选用黑白台板。

先将左、右目镜的视度调节圈调整到刻线位置，再转动调焦轮，得到被检物体清晰的影像为止。若观察的物体较高，可以旋转止紧手柄，用手提起体视镜主体部分，沿立柱向上移动，调节镜体的高度，直至运动到合适的距离（与所选用的物镜放大倍数大体一致的工作距离）。调好后，需锁紧止紧手柄、固定。

通常情况下，先从右目镜筒中观察。将变倍手轮调至最低倍位置，转动调焦手轮对标本进行调节，直至图像清晰后，再把变倍手轮转至最高倍位置继续进行调节，直到标本的图像清晰为止，此时，用左目镜筒观察，如不清晰则沿轴向调节左目镜筒上的视度圈，直到标本的图像清晰为止。

扳动两目镜筒，可以改变两目镜筒的相互距离，以适合观察者双目的出瞳距离，当视场中的两个圆形视场完全重合时，说明瞳距已调节好。应该注意的是，由于个体的视力及眼睛的调节差异，因此，不同的使用者或即便是同一使用者在不同时间使用同一台显微镜时，应分别进行齐焦调整，以便获得最佳的观察效果。得到清晰的影像后，可转动连续变倍手轮，以得到不同的放大率。

无论是更换上光源灯泡，还是更换下光源灯泡，在更换前，请务必将电源开关关上，电源线插头一定要从电源插座上拔下，也可请教师帮助。更换灯泡时，需用干净的软布或棉纱将灯泡擦拭干净，以保证照明效果。

三、其他常用显微镜简介

随着科技发展，显微镜的种类越来越多，限于篇幅仅简要介绍几种常用显微镜。

(1) 暗视野显微镜。由于聚光镜中央有挡光片，致使光线无法直接进入物镜，进入物镜的为标本的反射和衍射的光线，因而视野的背景是黑的，标本的边缘是亮的。利用这种显微镜能见到小至 4～200nm 的微粒子，分辨率可比普通显微镜高 50 倍。非常适于观察比较透明的标本。

(2) 相差显微镜。相差是指同一光线经过折射率不同的介质其相位发生变化并产生的差异。相差显微镜就是利用细胞各部细微结构的折射率和厚度的不同，光波通过时，波长和振幅并不发生变化，仅相位发生变化（振幅差）。相差显微镜可通过改变这种相位差，并利用光的衍射和干涉现象，把相差变为振幅差来观察活细胞和未染色的标本。

(3) 荧光显微镜。以紫外线为光源，使被检物体产生可见的荧光，具有蓝光、绿光和紫外光 3 个荧光激发模块。细胞中有些物质，如叶绿素等，受紫外线照射后可发荧光；另有一些物质本身虽不能发荧光，但如果用荧光染料或荧光抗体染色后，经紫外线照射也可发荧光，荧光显微镜就是对这类物质进行定性和定量研究。主要用于静态荧光标记的观察，也可进行明场、暗场等观察。适于观察组织结构、生理、病理等材料。多用于研究细胞内物质的吸收、运输、化学物质的分布及定位等。

(4) 偏光显微镜。即将普通光改成偏振光进行镜检，凡具有双折射材料的物质，在偏光显微镜下就能分辨得清楚，当然这些物质也可用染色法进行观察，但有些不宜染色的标本，则可用偏光显微镜观察。多适于观察染色体、纺锤丝、淀粉粒、骨骼、牙齿、神经纤维、肿瘤细胞等。

(5) 倒置显微镜。倒置显微镜的组成和普通显微镜一样，只不过物镜与照明系统颠倒，前者在载物台之下，后者在载物台之上，适用于观察培养的活细胞、组织等，具有相差物镜。

(6) 激光扫描共聚焦显微镜。以激光为扫描光源，逐点、逐行、逐面快速扫描成像。由于激光束的波长较短，光束很细，所以共聚焦激光扫描显微镜有较高的分辨率，大约是普通光学显微镜的 3 倍。系统经一次调焦，扫描被限制在样品的某一个平面内。多次变换调焦深度，就可以获得样品不同深度层次的图像，这些图像信息都储于计算机内，通过计算机分析和模拟，就可显示标本的立体结构。

激光共聚焦扫描显微镜既可以用于观察细胞形态，也可以用于细胞内生化成分的定量分析、光密度统计以及细胞形态的测量，配合焦点稳定系统可以实现长时间活细胞的动态观察。

(7) 电子显微镜。电子显微镜是用电子束代替了可见光，用电磁透镜代替了光学透镜，并使用荧光屏将肉眼不可见的电子束成像。由于电子束的波长远远小于可见光的波长，所以电子显微镜的分辨率仍远远优于光学显微镜。一般光学显微镜的放大倍率最大约为 2000 倍，而现代电子显微镜最大放大倍率则可达 80 万倍。然而在电子显微镜下的样本必须在真空中观察，因此无法观察活样本。

附录 2　生物绘图方法

生物绘图不同于艺术绘画，旨在于如实地描绘和记录所观察到的内容。要较好地完成一幅生物绘图作业，主要应注意以下几点。

1）工具的准备　HB 绘图铅笔 1 支，铅笔刀 1 把，直尺或三角板 1 把，橡皮 1 块，实验报告纸若干，铅笔要削尖。在仔细观察标本的基础上，准确绘图。

2）构图　只在绘图纸一面绘图，绘图的大小要适宜，先观察一下标本的大小，如果标本是两侧对称的，则应先画一条线垂直经过图的正中，这样就容易把两部分绘得相称。若绘一张图，可占纸页的 1/2，位置宜中上偏左，若是两个内容，则酌情缩小比例，一定要预留图注的空间。

3）点线的运用　线条的功用是画出图形的轮廓与边界，同一幅画中的线条要求粗细均匀一致，所有的轮廓线应力求浓淡一致，不重不断，无毛边和接点，为一条光滑、粗细均匀的曲线。点的作用表示图形不同部位明暗的变化，明亮的地方用稀疏的点表示，暗的地方用密集的点表示。点点时，将削尖的铅笔垂直运笔，均匀用力，这样才能确保点基本一致且是圆点，切忌暗的地方用大点，明亮的地方用小点。要力求点的均匀性。

4）图注　图绘完之后还要对其细微结构进行标注。题名写在图的下方；图注引线水平伸出，各引线不能交叉。注字横写，右侧排一竖行。所有字均用铅笔以楷书清晰写出。注字图的各部分结构按要求标注清楚。在纸的上面正中写出本实验题目，并在纸的右上角写学生姓名、学号及实验日期。

5）实验报告的撰写　每个学生按要求独立完成。

（1）写明实验题目，学生姓名，学号，实验日期。

（2）简明写出实验目的或原理。

（3）简要写出实际操作步骤。

（4）重点写清楚实验结果；参考有关资料进行结果的分析；解答实验指导上的提问。

附录3　常见试剂制备和溶液制备

一、常用染色液

1）碘-碘化钾（I_2-KI）溶液　能将淀粉染成蓝紫色，蛋白质染成黄色，也是植物组织化学测定的重要试剂。

配方：碘化钾 2g；蒸馏水 300mL；碘 1g。

先将碘化钾溶于少量蒸馏水中，待全溶解后再加碘，振荡溶解后稀释至 300mL，保存在棕色玻璃瓶内。用时可将其稀释 2～10 倍，这样染色不致过深，效果更佳。

2）苏丹Ⅲ或苏丹Ⅳ（sudanⅢ或 sudanⅣ）　能使木栓化、角质化的细胞壁及脂肪、挥发油、树脂等染成红色或淡红色，是著名的脂肪染色剂。

配方：

(1) 苏丹Ⅲ或苏丹Ⅳ干粉 0.1g；95%乙醇 10mL；过滤后再加入 10mL 甘油。

(2) 先将 0.1g 苏丹Ⅲ或Ⅳ溶解在 50mL 丙酮中，再加入 70%乙醇 50mL。

(3) 苏丹Ⅲ 70%乙醇的饱和溶液。

3）1%醋酸洋红（aceto carmine）　酸性染料，适用于压碎涂抹制片，能使染色体染成深红色，细胞质成浅红色。

配方：洋红 1g；45%乙酸 100mL，煮沸 2h 左右，并随时注意补充加入蒸馏水到原含量，然后冷却过滤，加入 4%铁明矾溶液 1～2 滴（不能多加，否则会发生沉淀），放入棕色瓶中备用。

4）改良苯酚品红染色液（carbol fuchsine）　核染色剂。

配制步骤：先配成三种原液，再配成染色液。

原液 A：3g 碱性品红溶于 100mL 70%乙醇中；

原液 B：取原液 A 10mL 加入到 90mL 5%石炭酸水溶液中；

原液 C：取原液 B 55mL，加入 6mL 冰醋酸和 6mL 福尔马林（38%的甲醛）；

原液 A 和原液 C 可长期保存，原液 B 限两周内使用。

染色液：取原液 C 10～20mL，加 45%冰醋酸 80～90mL，再加山梨醇 1～1.8g，配成 10%～20%浓度的石炭酸品红液，放置两周后使用，效果显著（若立即用，则着色能力差）。

适用范围：适用于植物组织压片法和涂片法，染色体着色深，保存性好，使用 2～3 年不变质。山梨醇为助渗剂，兼有稳定染色液的作用，没有山梨醇也能染色，但效果较差。

5）中性红（neutral red）溶液　用于染细胞中的液泡，可鉴定细胞死活。

配方：中性红 0.1g；蒸馏水 100mL。使用时再稀释 10 倍左右。

6）曙红 Y（伊红，eosin Y）乙醇溶液　常与苏木精对染，能使细胞质染成浅红色，起衬染作用。

配方：曙红 Y 0.25g；95%乙醇 100mL。

也常用于 95%乙醇脱水时，加入少量曙红溶液，其目的是在包埋、切片、展片、镜检时便于识别材料。

7）钌红（ruthenium red）染液　钌红是细胞胞间层专性染料，其配后不易保存，应现用现配。

配方：钌红 5～10mg；蒸馏水 25～50mL。

8）龙胆紫（gentian violet）　为酸性染料，适用于细菌涂抹制片。

配方：龙胆紫 0.2～1g；蒸馏水 100mL。

9）苯胺蓝（aniline blue）溶液　为酸性染料，对纤维素细胞壁、非染色质的结构、鞭毛等，尤其是染丝状藻类效果好。还多用于与真曙红作双重染色，对于高等植物多用于与番红作双重染色。

配方：苯胺蓝 1g；35%或 95%乙醇 100mL。

10）间苯三酚（phloroglucin）溶液　用于测定木质素。

配方：间苯三酚 5g；95%乙醇 100mL。注：此溶液呈黄褐色即失效。

11）橘红 G（orange G）乙醇溶液　为酸性染料，染细胞质，常作二重或三重染色用。

配方：橘红 G 1g；95%乙醇 100mL。

12）番红（safranin O）　为碱性染料，适用于染木化、角化、栓化的细胞壁，对细胞核中染色质、染色体和花粉外壁等都可染成鲜艳的红色。并能与固绿、苯胺蓝等作双重染色，与橘红 G、结晶紫作三重染色。

配方：

（1）番红水溶液：番红 0.1g 或 1g、蒸馏水 100mL；

（2）番红乙醇溶液：番红 0.5g 或 1g、50%（或 95%）乙醇 100mL；

（3）苯胺番红乙醇染色液。

甲液：番红 5g+95%乙醇 50mL；

乙液：苯胺油 20mL+蒸馏水 450mL。

将甲、乙二溶液混合后充分摇均匀，过滤后使用。

13）固绿（fast green）　又称为快绿溶液。为酸性染料，能将细胞质、纤维素细胞壁染成鲜艳绿色，着色很快，故要很好的掌握着色时间。

配方：

（1）固绿乙醇液，固绿 0.1g、95%乙醇 100mL。

（2）苯胺固绿乙醇液，固绿 1g、无水乙醇 100mL、苯胺油 4mL。

配后充分摇匀，过滤后使用。现配现用效果好。

14）苏木精（hematoxylin）染液　苏木精是植物组织制片中应用最广的染料，是苏木科植物苏木的心材提取出来的。它是很强的细胞核染料，而且可以分化出不同颜色。配方很多，现举海登汉氏（Heidenhain's）苏木精染色液，又称为铁矾苏木精染色液。

配方：

甲液（媒染剂）：硫酸铁铵（铁明矾）2～4g、蒸馏水 100mL，必须保持新鲜，最好临用之前配制；

乙液（染色剂）：苏木精 0.5～1g、95%乙醇 10mL、蒸馏水 90mL。

配制步骤：

（1）将苏木精溶于乙醇中，瓶口用双层纱布包扎，使其充分氧化（通常放置 2 个月后方可使用）；

（2）加入蒸馏水，塞紧瓶口，置冰箱中可长期保存。

切片需先经甲液媒染，并充分水洗后才能以乙液染色，染色后经水稍洗再用另一瓶甲液分色至适度。

铁矾苏木精染液为细胞学上染细胞核内染色质最好的染色剂，但要注意甲液与乙液在任何情况下决不能混合。

15）亚甲基蓝染液　常用于细菌、活体细胞等的染色。

取 0.1g 亚甲基蓝，溶于 100mL 蒸馏水中即成。

16）詹纳斯绿 B（Janus green B）染液　将 5.18g 詹纳斯绿溶于 100mL 蒸馏水，配成饱和水溶液。用时需稀释。稀释的倍数应视材料不同而异。

17）硫堇染液　取 0.25g 硫堇（也称劳氏青莲或劳氏紫）粉末，溶于 100mL 蒸馏水中，即可使用。使用此液时，需要用微碱性自来水封片或用 1% $NaHCO_3$ 水溶液封片，能呈多色反应。

18）黑色素液　水溶性黑素 10g，蒸馏水 100mL，甲醛（福尔马林）0.5mL。可用做荚膜的背景染色。

19）墨汁染色液　国产绘图墨汁 40mL，甘油 2mL，液体石炭酸 2mL。先将墨汁用多层纱布过滤，加甘油混匀后，水浴加热，再加石炭酸搅匀，冷却后备用。用作荚膜的背景染色。

20）吕氏（Loeffier）美蓝染色液　A液：美蓝（methylene blue，又名甲烯蓝）0.3g，95%乙醇 30mL；B液：0.01% KOH 100mL。混合A液和B液即成，用于细菌单染色，可长期保存。根据需要可配制成稀释美蓝液，按1∶10或1∶100稀释均可。

21）革兰氏染色液

（1）结晶紫（cristal violet）液：结晶紫乙醇饱和液（结晶紫2g溶于20mL 95%乙醇中）20mL，1%草酸铵水溶液80mL。将两液混匀置24h后过滤即成。此液不易保存，如有沉淀出现，需重新配制。

（2）芦戈（Lugol）氏碘液：碘1g，KI 2g，蒸馏水300mL。先将KI溶于少量蒸馏水中，然后加入碘使之完全溶解，再加蒸馏水至300mL，即成。配成后储于棕色瓶内备用，如变为浅黄色则不能使用。

（3）95%乙醇：用于脱色，脱色后可选用以下（4）或（5）的其中一项复染即可。

（4）稀释石炭酸复红溶液：碱性复红乙醇饱和液（碱性复红1g、95%乙醇10mL、5%石炭酸90mL）10mL，加蒸馏水90mL。

（5）番红溶液：番红（safranine，又称沙黄）2.5g，95%乙醇100mL，溶解后可储存于密闭的棕色瓶中，用时取20mL与80mL蒸馏水混匀即可。

以上染色液配合使用，可区分出革兰氏染色阳性（G^+）或阴性（G^-）细菌，前者蓝紫色，后者淡红色。

22）齐氏（Ziehl）石炭酸复红液　碱性复红0.3g溶于95%乙醇10mL中为A液；0.01%KOH溶液100mL为B液。混合A、B液即成。

23）姬姆萨（Giemsa）染液

（1）储存液：称取姬姆萨粉0.5g，甘油33mL，甲醇33mL。先将姬姆萨粉研细，再逐滴加入甘油，继续研磨，最后加入甲醇，在56℃放置1～24h后即可使用。

（2）应用液（临用时配制）：取1mL储存液加19mL pH7.4磷酸缓冲液即成。也可以储存液∶甲醇＝1∶4的比例配制成染色液。

24）1%瑞氏（Wright's）染色液　称取瑞氏染色粉6g，放研钵内磨细，不断滴加甲醇（共600mL）并继续研磨使之溶解。经过滤后染液需储存一年以上才可使用，保存时间越久，则染色色泽越佳。

二、常用试剂

（1）磷酸盐缓冲液（PBS）：用800mL蒸馏水溶解8g NaCl、0.2g KCl、1.44g Na_2HPO_4 和0.24g KH_2PO_4。用HCl调节溶液的pH至7.4，加水至1L。分装后在15psi（1.05kg/cm^2）高压蒸汽灭菌20min，或过滤除菌，保存于室温。

（2）红细胞稀释液：称取氯化钠0.5g、硫酸钠2.5g、氯化高汞0.25g，用蒸馏水溶解至100mL。

（3）白细胞稀释液：取冰醋酸1.5mL和1%龙胆紫1mL，混匀，加蒸馏水至100mL。

（4）肝素溶液：纯的肝素10mg能抗凝100mL血液。如果肝素的纯度不高或已过期，所用的剂量应增大2～3倍。一般可配1%肝素于0.9%生理盐水中使用。

（5）草酸盐抗凝剂：称取草酸铵1.2g、草酸钾0.8g，加蒸馏水至100mL。为防止霉菌生长，可加40%甲醛溶液1mL。

（6）柠檬钠抗凝剂：常配成3%～5%蒸馏水溶液。每毫升血加3～5mg即可达到抗凝目的。

附录 4　生物标本的采集与制作

一、植物标本的采集与制作

植物标本是记录和固化植物形态特征的一种手段，是进行植物学教学和科研的重要材料。因此，掌握植物标本的采集与制作方法具有重要的意义。

（一）植物标本的采集

1. 采集对象　由于花和果实是大部分植物类群分类的最重要依据，所以，在采集标本时，尽量选取具有花或果实的植株。

2. 采集注意事项

1）标本的完整性　除采集植物的营养器官外，还必须有花或果实，因为花、果是鉴别植物的重要依据。但由于受生长季节的限制，不能同时采得，也可在以后设法补采，使其完备。

2）健康的标本　采集那些没有病虫害的植株，以保证标本各种性状的完整、准确和长期保存。

3）标本大小、份数　采集标本大小以 25～30cm 为宜。同种的同号标本应采集数份（数量视需要而定）。

4）雌雄异株的植物　应分别采集雌株和雄株，分别编号。

5）采集草本　应采带根的全草；如基生叶和茎生叶不同时，要注意采基生叶。高大的草本植物，采下后可折成“V”或“N”形，然后再压入标本夹内。也可选有代表性的剪成上、中、下三段，分别压在标本夹内，但要注意编统一的采集号。

6）采集木本　只能采集植物体的一部分，最好采集有花有果、叶片完整、姿态良好的枝条。采集的标本应尽可能代表该植物的一般情况。同时拍一张该植物的全形照片，以补标本的不足。

7）采集水生草本　水生草本植物，如金鱼藻、水毛茛等植物，提出水面后，易变形，缠成一团，采集时可用硬纸板从水中将其托出，连同纸板一起压入标本夹内。这样，就可保持其形态特征的完整性。

8）采集地下茎的植物　如百合科、石蒜科、姜科、天南星科等，应特别注意采集其地下部分。

9）采集寄生植物　如菟丝子、列当等，应连同寄主一起采下，并要分别注明寄生植物及寄主植物。

10）采集蕨类植物　应具有孢子叶和根茎，否则鉴定困难。如果植株太大，可以采叶片的一部分(但要带尖端、中脉和一侧的一段)、叶柄基部和部分根茎，编同号标签。同时认真记下植物的实际高度、宽度、裂片数目及叶柄的长度。

11）采集苔藓植物　力求采到有孢子囊的植株。如果有长在地面上的匍匐主茎，也一定要采。附生在树干、树枝上的种类，要连树枝树皮一起采下。标本采好以后，要分别用信封袋包好，不要压，保持它们的自然状态。

12）采集特殊植物

(1) 藤本植物的标本：应该能够充分表现出藤本植物的特征，如具有卷须等。

(2) 如果同一植物的枝条（或叶）异型，那么采集所有类型。

(3) 叶片或花序、果实较大：若叶片较大时，一张纸压不下，可将叶片分成 2 段或 3 段分别压制；或沿叶脉（留叶基和先端）剪去一半；羽状复叶可剪去叶轴一侧的小叶，但应留下小叶的基部和复叶顶端的小叶或顶端裂片，以表明小叶着生的情况。对于较大的花序，可取其中一小段作为标本。果实较大时，采集后将其切开。

3. 标本采集编号　在野外采集标本时，每一份标本都有一个采集号，以便在制作标本、鉴定植物时与野外记录相对照，确保保存标本采集信息无误。同一采集人（组）的同一采集号（除同时同地采集的复份标本外）不能重复；同一植物采于不同地区、不同环境或不同季节时，应分别编号；采集号必须用铅笔填写，同时在号牌上还必须填写采集人、采集日期和采集地点。

4. 野外记录　标本的野外记录是植物的重要档案材料，对植物的鉴定和研究具有重要的参考价值。因为标本的压制无论如何精细，与它在生活状态时相比总会有些改变，如气味、花、果实的颜色等发生变化。所以采集标本时，尽可能随采随记录植物的生境、性状、花色、株高以及采集日期、采集人、采集号等。

（1）采集号：必须与标本采集时编号一致。

（2）采集地点：记录标本在什么地点采集。

（3）生态环境：记录植物生长在什么环境。包括植物群落类型、海拔、坡向、平地、丘陵、高山、谷地等。

5. 标本采集　植物种类不同，采集方法也不同。

1）*藻类植物的采集*　藻类植物分布很广，其中大多数生活在各种不同的水体中。此外，还有些生活在潮湿的土壤表面、树皮、墙壁、石壁和花盆壁上，极少数种类生于常年积雪的高山上，还有少数种类与其他动、植物共生或寄生在别的生物体中。采集时视具体情况进行。

（1）浮游藻类：藻类个体微小，单细胞或群体。没有鞭毛，完全借水力漂浮在水中，或具鞭毛在水体中仅有微弱的运动能力。主要有如下采集方法。

直接取水样、沉淀浓缩：在小水体中，如小池塘、水库、积水坑等静水中单细胞藻类的数量比较多，可直接用大的标本瓶采水样，每升水样加 15mL 鲁格氏液，静置 24h，使其沉淀后，将瓶内上部的清液倒掉。在沉淀好的水样中，加入 8%～10%甲醛溶液固定。将填写有编号、采集地点、日期的标签纸投入标本瓶中。

用浮游生物网采集：在大型水体中，如湖泊、江河等处，标本不易直接采取，可用浮游生物网（一般用 25 号生物网）。使用前，先将网系于 2m 长的竿上，检查网头，关好阀门。把网放入水面下并以“8”字形来回缓缓捞取。水色较清、藻类数量少时可多捞一会儿，反之可少捞一会儿。最后将网垂直提出水面，浮游藻类集聚网头，用标本瓶收集网头中的水样，立即用鲁格氏液或甲醛液固定，也可用波恩氏液固定保存。

注意：采集标本液以不超过标本瓶容积的 2/3 为宜。如需观察有鞭毛藻类的运动，可不加固定液，时间一般不超过 3d。

（2）附生藻类：这些藻类包括有固着器或假根附着在石头、水生植物、泥底或其他物体上的藻类。植物体一般较大，可用镊子或手采集，但为保存标本的完整性，最好用采集刀将其从石面或其他物体上刮下，对于在急流或流水的石头上固着生长的藻类可用锤子将石头砸下一小块连标本一起装入瓶中，或从小石块上用刀将标本刮入标本瓶中。对生长在水生植物或其他物体上的藻类，可折取一些枝叶、茎秆装入瓶中。对生于泥底中的藻类，如轮藻，可用手或耙将其从泥底捞取，洗去污泥装入标本瓶中。在土表生长的藻类，可用小铲或刀铲取，但需注意尽量少带泥土。上述这些藻类采入标本瓶中后，再倒入 8%～10%甲醛液固定。

（3）漂浮藻类：有些藻类，如水绵、颤藻等有时成团块状漂浮于水面，可用镊子或用粗纱布制作的小网采集，甚至可用大口瓶直接将标本连水一同灌入。对在水面形成“水花”的藻类，同样可用标本瓶直接灌入。

（4）冰雪中的藻类：可用小铲连同一层雪铲取，并立即盛入装有 1/3 瓶容积 8%的福尔马林固定液的标本瓶中。

2）*大型真菌采集*　采集常见的真菌时，一定要注意保持其子实体的完整性。采集地上生的伞菌类和盘菌类时，可用掘根器采集，不得用手拔，以免损坏基部；对于树干和腐朽树木上的菌类，可用采集刀连带一部分树皮剥下，有时可用手锯或枝剪截取一段树枝。根据标本大小和不同质地分别包装，放入标本篮，以免损坏或丢失。具体情况如下所述。

（1）肉质、胶质、蜡质和软骨质的标本：需用光滑而洁白的纸制作成漏斗形的纸袋包装，把菌柄向下，菌盖在上，保持子实体的各部分完整，放入塑料桶或筐内。对其中稀有和珍贵的标本，或易压碎的标本以及速腐性种类，可将包好的标本放在硬纸盒中，在盒壁上多穿些孔洞以通风。有些小而易坏的标本，也可装入玻璃管中，以免损坏丢失。

（2）木质、木栓质、革质和膜质的标本：采集后用旧报纸分别包好。

3）*地衣采集*　地衣是藻类植物和真菌共生所形成的一类特殊的生物复合体。分布广泛。由于地衣不受季节的限制，全年都可采集到地衣。但生境不同，采集方法也不同。

（1）石生壳状地衣：由于难以与基质剥离，采集时，必须连基质一起采之，即用锤敲打下一片石块即可，注意沿岩石的纹理选择适当角度就会较容易敲下石块，尽量敲下带有较完整地衣形态的石片。

（2）土生壳状地衣：应用刀连同一部分土壤铲起，并放入小纸盒中以免散碎。

（3）树枝上的壳状地衣：可用枝剪连同树枝一起剪取；树皮上的壳状地衣可用刀连同树皮一起割下，有些可以剪折一段树枝以保持标本的完整性。

（4）叶状和枝状地衣：由于这两类地衣以假根或脐固着于基质上，与基质结合得不太紧密，较容易剥下来。采集时不能用手抓取，要用刀轻轻地从基质上剔剥下来，注意地衣体的完整性。有子囊果的要采带子囊果的地衣。采集的标本可直接放入牛皮纸制的小纸袋中。在藓类或草丛中生长的叶状地衣可用手或刀连同苔藓或杂草一同采起。

（5）有些地衣在晴天干燥时易失水变脆，很易破碎，可用随身带的水壶将地衣体喷湿变软时再采集。

采集地衣标本时还应注意以下事项。

（1）根据标本质地和特点的不同，应分别包装。例如，易碎和土生壳状地衣可装入纸盒；叶状地衣应视体积大小选用适当的纸袋，不要将地衣体折叠以免破碎，也可趁其湿润时放入标本夹中压制；对于枝状地衣一般装入纸袋中即可。

（2）如需制片可用FAA（5mL福尔马林＋5mL冰醋酸＋90mL 50％或70％乙醇配制）固定。切片厚度以10μm为宜，可用固绿和番红染色。

4）*苔藓采集*　苔藓植物是一群形体较小的多细胞高等植物，没有真正根和维管组织分化，其营养体为配子体，而孢子体不能独立生活，寄生或半寄生在配子体上。采集方法如下所述。

（1）水生苔藓的采集：对着生在水中石面或沼泽中的苔藓植物，可用镊子或夹子采取，也可用手直接采集或用尼龙纱制作的小抄网捞取，如水藓、水灰藓、薄网藓、柳叶藓、泥炭藓等。采集后可将标本装入瓶中，也可将水甩去或晾一会，装入采集袋中。对漂浮于水面的植物（如浮苔、叉钱苔），则可用纱布或尼龙纱制作的小抄网捞取，然后将标本装入瓶中。

（2）石生和树生苔藓植物的采集：对于固着生长在石面的植物可用采集刀刮取，如泽藓、黑藓、紫萼藓等。对于生长在树皮上的植物，可用采集刀连同一部分树皮剥下。生长于小树枝或树叶上的苔藓植物，则可采集一段枝条连同叶片一起装入采集袋中，如北方森林中的扁枝藓、木衣藓、白齿藓、平藓和许多苔类等。

（3）土生藓类的采集：各种土壤体上生长的苔藓植物种类最多，如角苔科、地钱科、丛藓科、葫芦藓科、金发藓科等全为土生，对于这类植物，在松软土上生长者，可直接用手采集；稍硬的土壤上生长的种类，则用采集刀连同一层土铲起，然后小心去掉泥土，再将标本装入采集袋中。

（4）墙缝、石缝中生活的苔藓植物（如小墙藓多生于石灰墙缝中），也可用刀采集。

5）*蕨类采集*

（1）采集蕨类植物应多在阴坡、山沟及溪旁。它们主要生活在阴湿处，但也要注意少数旱生型。

（2）标本需采集完整。由于蕨类植物多数为地下根状茎，是分类的重要依据，故应用小镐或掘根器挖出土壤里的根状茎，采集全株。若根茎长而大的种类，可挖出一段，切忌仅揪一片叶。有些蕨类植物的叶有营养叶和孢子叶之分，特别要注意叶二型的种类，应两种叶同时采集。注意对不分为两种叶的蕨类植物要采集成熟的叶，即带有孢子囊的叶。蕨类的孢子囊多在8月成熟，因此，宜在7月采集孢子体标本，8～9月采集孢子。要特别注意采集阴湿环境中的原叶体，并单独保存。

（3）植物挖出后，应立即拴上标签，编上号，然后装入塑料袋中以防叶萎缩。还应注意将一些柔弱的蕨类植物单独装入大小适合的塑料袋，以免被挤坏和丢失。标本在塑料袋中可保存2～3h不萎缩，但不可放置时间太长，应及时放入标本夹中压平，吸干水分。

6）*种子植物采集* 种子植物包括裸子植物和被子植物两大类群，其中裸子植物主要为木本，而被子植物则类型多样。

（1）采集时，要仔细观察，不管好看的还是不好看的，常见的还是罕见的，大型的还是小型的，都要尽量采集，不能马虎，更不能凭个人的喜好随意取舍。

（2）采集完整并且正常的标本。

（3）采集乔木、灌木及木质藤本等木本植物时，由于植物树皮中的韧皮纤维大多很发达，应该用枝剪或高枝剪剪取枝条，不要用手去折，否则会撕掉部分树皮，不但影响标本的美观，而且还可能影响标本质量。

（4）有些木本植物，开花在发叶之前（如杨、柳、榛、榆等），对这样的植物种类，应分春、夏两次采集，而且第二次采集时，应该在春天采过花枝的那株乔、灌木上采集枝叶，这就必须在树上挂一个跟花枝标本号码相同的号牌，以免搞错。

（二）植物标本的整理

标本质量的好坏与整理工作密切相关。每日采集回来的标本，必须当天进行整理。首先，对采集的标本进行修整，对较长的植株折叠或修剪到与台纸相应的大小。其次，去污去杂，保持标本干净整洁。最后，一件一件地撤去原来的吸水纸，换上干燥的吸水纸并仔细调理标本姿态进行标本的压制。压制标本时应注意以下几个方面。

（1）在第一次换纸时要用镊子把每一片叶、每一朵花展平、展开，使各部分之间不要重叠，而且姿势美观。若枝叶、果过于重叠，可以适当摘去一些，以免影响观察和压干。

（2）叶片既要有正面的，也要有背面的，以便观察。

（3）茎和小枝在剪切时最好斜剪，以便展示和露出茎的内部结构。

（4）落下来的花、果或叶片，要用纸袋装起，袋外表标本的采集号和标本放在一起。

（5）标本压制时，要解剖开一朵花，展示内部形态，以便以后研究。

（6）标本与标本之间需放数张吸水纸，然后压在标本夹内，并加以轻重程度适当的压力，用绳子捆起后放在通风处。每夹的厚度不超过16cm。

（7）每天换吸水纸1次或2次。换纸时随时加以整理。换纸关系到标本质量的好坏，换纸越勤，标本干得越快，原色保存得越好。反之，换纸不勤，加压不大、不匀，易使标本退色、变形，甚至发皱、生霉。若换纸勤，大约一周即可压干。

（8）具鳞茎、球茎或块茎的植物可用开水烫或纵向切去1/2再进行压制。肉质多浆的植物（如马齿苋、景天等）也可用开水烫（花不可烫）后压制。这种方法还可用于云杉、冷杉等裸子植物，以防止压后叶子脱落。

（9）换下来的吸水纸放在室外晾干，可以反复使用。

（三）植物标本的制作

植物标本的种类很多，其中以腊叶标本和浸制标本最为常见。腊叶标本是将带有叶、花和果实的枝条或其全株，经过整理、压平、干燥、装贴而制成的一种植物标本，便于长期保存，供植物分类学的教学和研究使用。浸制标本是指用一些化学药品配制成溶液来浸泡、固定与保存植物标本，使其能保持原有的形状和颜色，这种方法制成的标本，称为浸制标本或液浸标本，多数植物肉质果实的标本均采用此法保存。

1. 种子植物标本制作

A. 蜡叶标本的制作

1）*消毒* 标本压干后，常有害虫和虫卵，在上台纸前，还应进行消毒，以防虫蛀。消毒的方法就是把标本放进消毒室或消毒箱内，将敌敌畏或四氯化碳、二硫化碳混合液置于玻皿内，利用气熏杀标本上的虫子或虫卵，约3d后即可取出上台纸。如果是上台纸后消毒，则采用溴甲烷熏蒸的方法。

2）上台纸　台纸一般用较厚的白板纸，一大张白板纸可按 8 开或 9 开裁成若干小张，每张纸面的长宽在 36cm×26cm 左右。具体操作方法如下所述。

(1) 合理布局：把标本放在台纸上，根据标本的形态，或直放，或斜放，并在右下角和左上角留出一些空间以备补配花、果以及贴标本签，做到醒目美观，布局合理。

(2) 选点固定：根据已放好的标本位置，在台纸上设计好需要固定的点。固定点不宜过多，主要选择在关键部位，如主枝、分杈、花下、果下等处，能够起到主、侧方向都较稳定的作用。固定的方式有 3 种。①订线：用针线把标本缝在台纸上，适合于枝条粗硬的标本。②纸条贴压：细玻璃纸条固定标本，适合于枝条纤细的标本。具体做法是先将无色透明的玻璃纸（不一定买整张玻璃纸，可利用各种商品包装的玻璃纸）剪成 2～3mm 宽、4～5cm 长的细玻璃纸条。然后在已确定固定点位的台纸上，用锋利刀片切一长约 5mm 的缝隙。各个固定点不要同时切缝，而是固定一点再切下一点，并且第一次的固定点要选择在标本枝条的关键部位，也就是先固定主枝（茎），接着再固定旁侧枝。每次下刀切缝前要认真考虑好，不要切后又改变位置再切，影响台纸的整洁美观。一般来说，除先固定主枝（茎）外，其他各固定点的次序，可根据标本的具体情况（如枝叶的扩展、扭曲等）来确定。固定点切好缝后，用小镊子夹住玻璃纸条的一端轻轻穿过切缝，从台纸后面拉出少许；如用小镊子夹穿不便，还可配用刀尖轻轻塞穿。接着，将玻璃纸条的另一端横搭过固定的枝（茎）并穿过同一切缝从台纸的背面拉出。此时，台纸的背面已有两个纸端，可用小镊子夹住拉直拉紧，边拉边看台纸正面被固定的枝（茎）是否已被拉紧紧贴到台纸面上，然后再将玻璃纸条的两端左右分开，涂些胶水，平整地粘在台纸的背面。至此，这个固定点已经固定完毕，再依此分别固定其他各点。此法优点是在一定距离内几乎看不到有明显的固定点痕，标本较完整美观以及持久。③胶贴：用胶水或透明胶带把标本粘在台纸正面上，这种方法适合于细小的标本。

3）粘贴标本标签　标签是永久植物标本的一个重要组成部分，它包括采集时记录在采集记录本的信息以及接下来任何鉴定的过程和结果。标签一般在台纸的右下角留出的空间贴上。标签的大小没有统一的规定，有 5cm×10cm 和 10cm×15cm。标签一般为打印好的格式，格式如下：

植物标本标签

中名____________俗名____________

学名____________科名____________

采集号____________采集者____________

生境____________采集地点____________

采集日期________________________

所填的信息内容最理想的方式是打印。如果手写，应该用铅笔，不要用圆珠笔，因为几年后圆珠笔的笔迹就会模糊消失。

4）贴上盖纸　标本订好后，要在台纸上面贴上盖纸（半透明的油纸）。盖纸较台纸要稍长，长出的部分放在上端，反折粘贴在台纸的背面。标本制作完毕，归类放入标本柜内，注意防潮、防晒、防虫。经常或定期查看有无受潮发霉或其他伤损现象，以便及时进行调理。

B. 浸制标本制作

浸泡液可分一般溶液和保色溶液两种。

1）一般溶液（即普通防腐性浸制液）　70%的乙醇或 3%～5%的福尔马林溶液。也可用下列配方的溶液，对长期保持标本原形状效果极好，其成分有：水 37%、工业乙醇 53%、福尔马林 5%、甘油 5%。如果是为了做切片之用，可将材料浸泡在 FAA 固定液中固定保存。这类浸液可使植物标本不腐烂、不变形，但不能保色。

2）保色溶液　保色溶液的配方很多，但只有绿色较易保存，其余的颜色都不很稳定。以下为几种保色溶液的配方。

(1) 绿色标本浸制液：即乙酸铜浸制法，以乙酸铜结晶逐渐加到 50%的乙酸中，搅动至不再溶解为止

（至饱和）（约在100mL乙酸中加入乙酸铜10～20g），作为原液。配成的原液用水稀释3～4倍使用。稀释度因标本颜色而定，浅者较稀，深者较浓。将稀释后的溶液加热至70～85℃，放入标本，不停翻动，由于乙酸把植物叶绿素分子里的镁分离出来，标本的绿色开始会被漂去。但是，经数分钟到半小时后，随着乙酸铜中的铜原子代替了叶绿素分子中的镁，绿色又恢复。此时应及时将标本取出，用冷清水漂洗干净，保存于5%的福尔马林溶液中，用溶蜡封闭标本瓶口，即可长期保存。

注意：加热的时间与温度要视标本的质地而定，较薄的材料一般加热到70～80℃，约10min即可，较厚的材料则需加热20min左右，特别坚硬的材料，加热时间还可延长。但有些幼嫩的器官或果实，不宜加热，可把标本洗净后直接投入下列溶液中，一星期左右即可取出保存。溶液为：50%乙醇90mL、甘油2.5mL、福尔马林5mL、冰醋酸2.5mL、氯化铜10g。表面被有蜡质而不易浸渍，则可用饱和的硫酸铜溶液750mL，加40%福尔马林液500mL，再加蒸馏水250mL混合，将标本放入其中约10d后取出，用清水冲洗，再浸入5%福尔马林液中保存。

（2）黄色和橘红色标本浸制液：用亚硫酸溶液配成4%～10%的稀薄溶液，配成后适当加入少量乙醇与甘油。

（3）红色标本的浸制液：氯化锌50g，福尔马林25mL，甘油25mL，水1000mL。此法的溶液量要多效果才好。

（4）黑色和紫色标本的浸制液：一种方法是甲醛500mL、饱和氯化钠水溶液1000mL、蒸馏水8700mL，待静止后将沉淀滤出，即可做浸液保存黑、紫及紫红色植物标本，如保存黑色、紫色、紫红色葡萄等标本效果较好。另一种方法是用福尔马林10mL、饱和盐水20mL和蒸馏水175mL混合而成的浸液，经试用对紫色葡萄标本有良好的保色效果。

（5）白色、浅绿色标本浸制液：氯化锌225g、80%～90%乙醇900mL、蒸馏水6800mL，或用饱和亚硫酸500mL、95%乙醇500mL和蒸馏水4000mL配成溶液，此液有一定的漂白作用，液浸后标本较原色稍浅一些，但增加了标本的美感，用以浸制梨的果实标本效果较好。

浸制标本做好后，应放在阴凉不受日光照射处保存。

2. 藻类植物标本制作

A. 腊叶标本制作

（1）台纸固定。由于藻体表面有黏胶质，加压后干燥标本已较好地粘在白纸上，无需再加工固定。如需将粘在白纸上的标本移放到植物标本台纸上，可在白纸背面沿边缘适当涂些胶，粘在台纸上就行；有些较长的标本不易粘稳，可用玻璃纸条予以固定。

（2）粘贴标本标签，盖上盖纸，保存于标本柜。标本柜需放防虫剂、干燥剂等。

B. 浸制标本制作

较多藻类标本的保存方法是用保存液浸泡起来，常用的保存液有一般固定液和保色固定液两类。

1）一般固定液

（1）甲醛（福尔马林）水溶液：浮游藻类一般可用2%～4%的浓度；固定蓝藻时，用2%甲醛液即可保存；固定裸藻和绿藻用3%甲醛液；固定鼓藻时，加甲醛液之后，再加几滴乙酸为好。对于较大一些的丝状或枝状体可用4%～6%甲醛液。而一些海藻，如紫菜、水云、海带、鹿角菜等，则宜用10%的海水溶液。

注意：甲醛水溶液既是固定液也是保存液，如若加几毫升甘油，则保存时间更长。但不保色，而且时间一长易氧化为甲酸，所以，可加入适量吡啶、碳酸钙或碳酸镁，也可放几块大理石以中和酸性。

固定方法：选用合适的标本瓶，将标本固定液倒入瓶中，再将标本用海水洗净后投入瓶中，但标本体积一般不要超过固定液容量的1/2～2/3。为了中和由福尔马林分离出来的乙酸，可在固定液配好后，加入少许苏打或硼砂，标本瓶要盖好盖，瓶口用蜡封住。标本在此固定液中可长期保存。标本瓶上要贴好标签。注意将标本放入不见光的标本柜中，以免很快褪色。

（2）鲁格氏液（Lugol's solution）：此固定液最适于固定浮游藻类，其优点能防止鞭毛收缩，使绿藻的淀粉核变为黑紫色，便于识别绿藻或计算绿藻的数量。缺点是标本不能长期保存（由于碘易升华），如果

24h后再加入甲醛液（使其浓度为3%），标本可长期保存。

鲁格氏液的配制方法：先将6g碘化钾溶于20mL蒸馏水中，搅拌溶解后再加入4g碘，搅拌溶解后加入80mL蒸馏水即可。

(3) 波恩氏溶液（Bouin's solution）：其优点是细胞变化小，有利于种的鉴定和观察，特别对固定浮游藻类的效果较佳。用此液固定的标本，经1～2d后，需换4%的甲醛液保存。

波恩氏溶液的配制方法：在100mL的蒸馏水中加入苦味酸结晶，边加边搅动，直至苦味酸溶解达饱和时止，再经静置沉淀后，取上清的饱和液75mL注入烧杯中，加40%甲醛25mL、冰醋酸3mL即可（注意：苦味酸易燃易爆，平时应在苦味酸中加入20%的水，放在阴凉处，以避免危险）。

(4) FAA固定保存液：即福尔马林-冰醋酸-乙醇混合固定液，效果好，可长期保存。

其配方为：甲醛液（40%）5mL，冰醋酸5mL，50%乙醇，90mL。

注意：如固定团藻效果最好的是碘-甲醛-乙酸液，固定时不要使其群体之间互相聚集成块。配方为：碘化钾2g，碘1g，甲醛液（40%）24mL，冰醋酸4mL，蒸馏水400mL。先将碘化钾溶于少量蒸馏水中，待溶解后，再加其他成分。

2) 保色固定液

(1) 配方：水35mL，硫酸铜2g，冰醋酸5mL，福尔马林10mL，95%乙醇50mL。先将硫酸铜溶于水，再加入其他成分。

(2) 材料先放入用2%福尔马林配成的0.5%或1%的乙酸铜溶液内24h，然后取出，保存于5%福尔马林中（保存绿藻）。

(3) 配方：乳酸20mL，酚20g，甘油40mL，氯化钙0.2g，乙酸铜0.2g，蒸馏水95mL。

(4) 配方：明矾0.5g，甘油10mL，蒸馏水90mL（保存绿藻）。

3. 大型真菌标本制作

1) 干标本制作　木质、木栓质、革质、半肉质及其他含水较少、不易腐烂的菌类均可制成干标本。其方法是将标本放在通风处风干或放在日光下晒干。为了加速其干燥．也可用铁丝网架置于炭火上或电炉上方烘烤，但要注意不可离火太近，以免烧坏标本。此法也适于含水较多的标本的烘干。

干标本制作好以后，连同调查记录表、编号一起放入纸盒中，并在盒内放些樟脑等防虫药品和干燥剂，盒表面贴上标签，放入标本柜中保存。

2) 浸制标本制作

(1) 一般保存液的配制：在1000mL 70%的乙醇中加入6mL甲醛（福尔马林）即成。将标本清理干净以后，即可直接投入该固定液中保存。子实体在固定液中漂浮，可把标本拴在长玻璃条或玻璃棒上，使其沉入保存液中。然后再用蜡将标本瓶口密封，贴上标签，入柜保存。

(2) 白、灰、浅黄或淡褐色标本可用下列溶液保存。①甲醛10mL、硫酸锌2.5g、水1000mL。②50%乙醇300mL、水2000mL。

(3) 真菌色素不溶于水者可用下列溶液保存。①硫酸锌25g、甲醛10mL、水1000mL。②乙酸汞1g、冰醋酸5mL、水1000mL。③乙酸铅浸渍液。中性乙酸铅10g、冰醋酸10mL、乙酸汞1g、乙醇（95%）1000mL。

(4) 真菌色素溶于水中的标本，可用下液保存：乙酸汞1g、中性乙酸铅10g、冰醋酸10mL、乙醇（95%）1000mL。

(5) 深色标本保存液（保存黄、红、褐等深色标本）。A液：2%～10%硫酸铜水溶液；B液：无水亚硫酸钠21g、浓硫酸1mL，溶于10mL水中，再加水至1000mL。

注意：保存时先将标本放入A液中浸泡24h，取出再用清水浸洗24h后，转浸入B液中，密封保存，并保存在暗处。

4. 地衣标本制作

(1) 风干标本制作。对于风干的标本应分别装入衬有硬纸片的牛皮纸袋包装起来，由于地衣体大小不等，纸袋可分成3个规格：大号，长26cm、宽18cm；中号，长18cm、宽13cm；小号，长14cm、宽

10cm。

对于过厚的石块标本或松散的土壤标本，宜用硬纸盒保存。

注意：不可用乙醇或液体杀菌剂处理标本，以免改变标本的颜色和化学性质，从而影响鉴定。所有的地衣标本均可按系统入柜保存在干燥通风处。

(2) 浸制标本制作。浸泡通常用FAA固定液固定，再加0.2%硫酸铜与5%甘油，可长期保存。

5. 苔藓标本制作

(1) 风干标本制作。将标本先放在通风处晾干，尽量去掉所带泥土，然后将标本装入用牛皮纸折叠的纸袋中，就可入柜长期保存。注意在标签上填好名称、产地、生境、采集时间、采集人等。这种方法保存的标本占地少，简便，观察时也很方便。只要在观察时先将标本浸泡入清水中几分钟至几十分钟，标本就可恢复原形原色。

(2) 浸制标本制作。有些苔类和藓类标本，如地钱、浮苔、叉钱苔、角苔、泥炭藓等也可用固定保存液保存。其方法是先将标本上的泥土冲洗干净，然后装入磨口标本瓶中，加入5%的福尔马林水溶液即可。这个方法的缺点是时间长了易褪色。也可进行保绿处理，即选用饱和的硫酸铜水溶液把标本浸泡一昼夜，取出，用清水冲洗，然后再保存在5%的福尔马林水溶液中。

(3) 腊叶标本制作。对于水生种类或附生在树上的种类，可用标本夹压制蜡叶标本，其方法和制作高等植物标本相同，但要在标本上盖一层纱布，以防止有些苔类植物粘在纸上。苔藓植物都可制作蜡叶标本，但由于较麻烦，所以一般用得较少。如果制作陈列标本时，此法较适用。

6. 蕨类植物标本制作

1) 腊叶标本制作　蕨类植物腊叶标本的制作主要是用标本夹压制蜡叶标本，把压制好的标本先消毒，然后上台纸固定，粘贴标签入柜保存。但要注意：

(1) 压制叶片应有上面（近轴面）和下面（远轴面）之分，以便上台纸后可同时看到两面的附属物、囊群及囊群盖等重要的分类特征。

(2) 大型标本不能全株压制，可将长的根茎剪取一段，将大叶片剪成小片，注意记同一号码，并编上顺序号码，以便以后鉴定时复原观察。

2) 浸制标本制作　对于一些水生小型蕨类，可用5%～10%的福尔马林水溶液保存，同样可以加入硫酸铜保绿。

（四）检索表的编制及使用

鉴定植物标本是野外实习的重要工作，它可以使我们认识许多植物种类。但用什么方法来鉴定植物？目前所采用的方法就是对植物标本进行全面的观察后，查阅各种工具书（如植物志、图鉴、图说、图谱手册以及各科、属、种的专著等）对其进行检索鉴定。为了能快速、方便地鉴定植物种类，无论哪种工具书，都在书中编制了检索表，并且在鉴定过程中首先得到应用。因此，植物检索表已成为鉴定植物不可缺少的工具，也是认识植物的一把钥匙。

1. 植物检索表的编制　植物检索表是根据法国学者拉马克（Lamarck）的二歧分类原则，以对比的方式编制成的区分植物的表格。具体说，就是把植物的关键性特征进行比较，相对性状的分成相对应的两个分支，再把每个分支中相对性状又分成相对应的两个分支，依次下去，直到编制的目标检索表的终点为止。为了方便使用，在各分支的前面按其出现的先后顺序加上一定的顺序数字或符号，相对应的两个分支前的数字或符号是相同的。检索表通常不是按照亲缘关系，而是按照人为的方法进行编制的。各分类等级，如门、纲、目、科、属、种都有检索表，其中科、属、种检索表最为重要，最为常用。

编制检索表时需注意以下几个方面。

(1) 只要有两个以上需要鉴别的科、属、种等，均可采用编制检索表的方式区别。

(2) 检索表可以按某一地区、某一类群或某种用途进行编制。

(3) 在编制植物检索表之前，对其所采用的植物特征性状的取舍，通常采取“由一般到特殊”、“由特殊到一般”的原则，即首先必须对每种植物的特征进行认真地观察和记录，在掌握各种植物特征的基础上，根据编制目标（如分门、分纲、分科、分属、分种）的不同要求，列出它们相似特征和区别特征的比较表，同时找出它们之间突出的区别和共同点。

（4）在选用区别特征，即在编制检索表中的成对性状时，一般选用相反或容易区别的特征（如单叶和复叶、草本和木本等），不能采用似是而非或不确定的特征（如叶大、叶小等）。采用的特征要明显，最好选用肉眼或手持放大镜就能观察得到的特征。

（5）在编制过程中还应注意到，同一物种（或同一类植物）由于生长在不同生境条件下，出现了不同的性状（如沙棘因分布于不同地区，出现乔木或灌木等），遇到这种情况时，就应在乔木和灌木的各项中都将它们包括进去，这样就可以保证能检索到它们。

（6）为了验证所编制的检索表是否适用，还需要实际检验一下。若不好使用，就要重新加以修订，直到能完全正确检索为止。

2. 植物检索表类型 目前，广泛采用的检索表有两种类型，即定距式检索表（等距检索表、不齐头检索表）和平行式检索表（齐头检索表）。它们的排列方式具有一定的差异。

（1）定距式检索表。将每一对相对的特征编为相同的序号，并纵向相隔一定的距离，书写在距书页左边同等距离的地方；每个分支的下边又出现两个相对的特征，再把它们编写相同的序号，书写在上一级分支序号向右退一个子格的地方，这样如此往复下去，距离书页左边越来越远，直到编制的终点为止。例如，

1. 植物无花，无种子，以孢子繁殖。
    2. 小型绿色植物，结构简单，仅有茎叶之分或有时仅为扁平的叶状体，不具真正的根和维管束 ………………………………………… 苔藓植物门 Bryophyta
    2. 通常为中型或大型草本，很少为木本植物，分化为根、茎、叶，并有维管束 ………………………………………… 蕨类植物门 Pteridophyta
1. 植物有花，以种子繁殖。
    3. 胚珠裸露，不为心皮所包被 ……………………… 裸子植物门 Gymnospermae
    3. 胚珠被心皮构成的子房包被 ……………………… 被子植物门 Angiospermae

（2）平行式检索表。平行式检索表是把每一对对立的特征编写相同的标号，紧紧平行排列在一起。每一分支后面注明往后查的序号或植物名称。例如，

1. 植物无花，无种子，以孢子繁殖 ……………………………………… 2
1. 植物有花，以种子繁殖 ……………………………………… 3
2. 小型绿色植物，结构简单，仅有茎叶之分或有时仅为扁平的叶状体，不具真正的根和维管束 ………………………………………… 苔藓植物门 Bryophyta
2. 通常为中型或大型草本，很少为木本植物，分化为根、茎、叶，并有维管束 ………………………………………… 蕨类植物门 Pteridophyta
3. 胚珠裸露，不为心皮所包被 ……………………… 裸子植物门 Gymnospermae
3. 胚珠被心皮构成的子房包被 ……………………… 被子植物门 Angiospermae

定距式检索表和平行式检索表所采用的特征完全相同，不同之处在于编排方式上。它们在应用方面各有优缺点。现在采用最多的是定距式检索表。

3. 植物检索表的使用 运用植物检索表来鉴定植物，是提高我们识别科、属、种能力的最有效的方法之一，因此在平时的学习和野外实习中要求每个学生必须掌握检索表的使用方法，要经过观察、选择检索表检索和核对3个步骤。

观察：是鉴定植物的前提，必须要有谨慎的科学态度和方法，对所采集的完整标本的形态特征进行认真的解剖观察和用科学的形态术语描述，同时要对植物的生活习性、生长环境等有一个全面的了解。观察的项目包括生活型[乔木、灌木、藤本、草本等，如果是乔木，要观察是常绿还是落叶。如果是草本，要观察一年生、二年生还是多年生；若多年生，常具有地下变态器官（如根状茎、球茎、块茎和块根等）或粗大且木质的老根等]、根、茎（直立、缠绕、攀援以及高度、分枝特点等）、叶（单叶或复叶、叶序类型、托叶的有无等）、花（花序类型、花的性别、花的对称性、花的排列方式、花瓣形态、花的基数、雄蕊数目

等。根据叶序可判断花序的类型。当叶或苞叶互生，常产生多歧聚伞花序；当叶或苞叶对生，常产生二歧聚伞花序；而总状花序的苞片位于花的正下方，即花生于苞片腋内；当花无苞片时，可根据花序轴判断是总状花序还是单歧聚伞花序，总状花序轴常通直，而单歧聚伞花序常左右曲折或单向拳卷。如果标本仅具果实，可寻找有无残存花丝来判断花的性别）、果实（类型、大小、形状、颜色等）、种子（数目、形状、颜色、胚乳有无）等。

选择检索表：不同的检索表包含的范围不同，有包括全国范围的植物检索表，包括某一地区的植物检索表和包括某一类植物的检索表（如观赏植物检索表）等。因此，在拥有完整检索表资料的同时，应根据鉴定目标，选用合适的检索表，这样，就能够达到事半功倍的效果。检索表的选用最好根据所鉴定植物的产地来选择。

检索：是识别植物的关键步骤。应用植物学分类原则，根据植物的形态特征结合生活习性，利用检索表对植物标本进行鉴定。鉴定时要注意以下几个问题。

（1）为保证鉴定结果的正确，一定要防止先入为主、主观臆断和倒查等情况发生。

（2）检索表的结构都是以两个相对的性状编写的，而且两序号相同。因此，在鉴定时，要根据观察到的植物特征，按照检索表的编排顺序逐条由前往后查找，不得随意跳过一项或多项。同时，每查一项，都必须查看检索表中相对编写的另一项，两项比较，看看哪一项最符合植物的特征。假如查看一项就加以确定，很容易发生一项错误。在整个检索过程中，只要有一项出错，就会导致整个鉴定工作的错误。因而，在检索过程中，一定要克服急躁情绪，按照检索步骤耐心细致地进行查找，直到检索到需要的结果为止。

核对：为了验证鉴定结果是否正确，还应该找有关专著或相关资料进行核对，看鉴定结果是否完全符合该植物特征，该植物标本的形态特征是否和书上的图文描述一致。如果完全符合，说明结果正确，否则，还需重新检索鉴定，直至完全正确为止。

二、动物标本的采集与制作

动物种类很多，但在野外实习时由于条件的限制可以采到的标本一般为易于捕捉或较为常见的动物，太大或太小的动物如非专门研究需要并不采集。根据动物的特性及教学的需要，无脊椎动物的可以制作为干制标本或浸制标本，脊椎动物标本可以大体分为解剖标本、剥制标本和骨骼标本等。下面针对不同类型的动物分别阐述采集与制作方法。

（一）昆虫标本的采集与制作

1. 采集昆虫的工具

（1）捕虫网：采集昆虫一般要用到捕虫网、扫虫网，有时捕捉一些昆虫幼虫时可能还需要水里网眼细密的捞网。

捕网一般可以买到，也可自己制作，可用较粗的铁丝制作一个直径约 34cm 圆形网圈或边长约 34cm 的方形或长方形网圈，固定在网柄上。网袋宜用较细的白色尼龙纱，避免用深色的尼龙纱以免提前惊动猎物。

扫网用来捕捉草丛中的小型节肢动物。网袋一般用较为结实的白布或尼龙袋制作，网圈方形较圆形好用。扫网网底不封闭，用时扎住，扫捕后可直接解开收集猎物。

（2）毒瓶：采到的昆虫要尽快杀死以免损坏，捕到的猎物除鳞翅目昆虫外一般均置于毒瓶中杀死，过去普遍采用的毒药为氰化物，但由于其毒性巨大及国家管制的原因已弃去不用，现在均采用氯仿或乙醚等毒性较小的化学物品作为毒瓶的毒源。选择广口的玻璃瓶或塑料瓶，在瓶底可放置一些浸蘸了氯仿或乙醚的脱脂棉花，上面用厚纸隔开，纸片上钻些小孔以便毒气挥发。

（3）其他采集用具：三角袋、采集盒、小镊子、放大镜、标签纸、记号笔和记录本等。

2. 采集昆虫的方法

（1）网捕：用捕网捕捉较为大型的飞翔昆虫（如蝴蝶）或跳跃昆虫（如蝗虫），捕到后鳞翅目的昆虫采用紧捏胸部的方法将其处死放入三角袋，其他类具有外骨骼的昆虫可以直接投入毒瓶，待其毒死后放入采集盒带回。

（2）扫捕：扫捕法主要用在大片的草丛和茂密的小灌木中，采集时一边行走一边将网置于草丛上方扫动。扫网可以捕捉到一些较小的昆虫，之后将网底打开把扫集物倒入毒瓶中，等虫被熏杀后倒在白纸上进行挑选。

（3）诱捕：利用昆虫的趋光性或被食物吸引来采集昆虫，包括灯光诱集，具体做法为在野外放置一块白布，白布前上方放置光源，一般采用Led手电筒即可。也可用红糖加酒和醋配成糖浆来捕捉一些蝶类或甲虫。

3. 昆虫标本的制作

1）工具

（1）昆虫针：用于固定虫体，型号分为00、0、1、2、3、4、5。数字越大针体直径越粗。

（2）展翅板：展翅板是专门制作伸展蝶类、蛾类、蜻蜓等昆虫翅标本的主要工具。过去一般用较软的木料制成，现在可采用泡沫塑料来制作，在泡沫塑料上挖取一条可以放置虫体的凹槽。

（3）还软器：采用密闭容器，里面放置一些脱脂棉，滴一些清水，用隔板将已干燥不易定型的昆虫与湿源隔开，一段时间后虫体吸水可变柔软，易于操作。用干燥器做还软器更为方便。

（4）其他：大头针、胶水、眼科镊、剪刀等。

2）制作

（1）甲虫类：野外采集后带回驻地应当天固定，具体做法为用相应的昆虫针从中胸偏右处垂直穿入，将其钉入泡沫塑料板上，用工具把附肢摆放成生活状，待干燥后与采集标签一同置于标本盒。对一些虫体硕大、腹部内容物较多的昆虫，应先向其腹内注入一些福尔马林以免腐败。

（2）鳞翅目：采用合适的昆虫针自中胸背面正中插入，通过中足中间穿出来，将虫体置于展翅板预先挖好的凹槽中，将双翅展开，用纸条与大头针分别将前翅与后翅固定。固定时前翅下缘应与虫体垂直。翅膀固定好后用工具将附肢触角等摆型。

（3）幼虫：大多数幼虫标本用乙醇浸泡。乙醇浓度为70%～75%，为使标本不致发脆，应先在低浓度乙醇中进行24h的脱水再投入75%乙醇中。

（二）水生生物标本的制作

根据样本可以制作浸制标本、干制标本和剥制标本。

1. 工具与药品 工具为解剖常用器械。

标本固定保存液。

（1）甲醛溶液：10%的浓度为标本的固定液，5%的浓度作标本的保存液。

（2）乙醇：70%～80%乙醇固定和保存。

（3）中性甲醛溶液：5%（*m/V*）甲醛溶液加水四硼酸钠或六亚甲基四胺。

（4）丙三醇乙醇溶液：75%（*m/V*）乙醇加50%（*m/V*）丙三醇等量混合。

（5）甲醛乙醇混合液：2%（*m/V*）甲醛溶液与5%（*m/V*）乙醇等量混合。

（6）波恩（Bouinn）氏固定液。

2. 鱼类标本的制作

1）鱼类浸制标本的制作 标本处理：先用清水将鱼体上黏附的泥沙和黏液等全部清洗干净，要注意避免鳞片脱落或鳍条损坏。清洗干净后将鳍条固定为自然状态，可喷洒一些浓福尔马林溶液加速固定，对体形较大的标本在固定前应先用10%或浓度略高的福尔马林溶液作腹腔注射，然后置于固定液中固定4～5d后的标本即可装瓶保存。

2）鱼类剥制标本的制作

（1）沿鱼类腹中线切口，用解剖工具剔除脂肪、肌肉、骨骼，保持鳞片、鳍条及皮肤完整。

（2）制作假体：用钢丝、竹、棍、泡沫、脱脂棉等做假体支撑材料，假体大小要适合。

（3）将防腐剂涂到鱼皮内部后，缝合切口。

（4）整形。

3. 甲壳类标本的制作 用清水洗净后直接把采集到的动物用5%～10%的乙醇麻醉，取出后放入75%的乙醇中固定，固定3d后把虾（蟹）体放于盛有80%的乙醇与10%的甘油浸制液的标本瓶内保存或在10%的福尔马林与10%的甘油混合浸制液里封存。

（三）鸟类剥制标本的制作

1. 工具与药品 镊子、解剖刀、剪、针、线、尺、标签、棉花、纱布、砒霜、福尔马林等。

2. 鸟类剥制标本的制作

(1) 死鸟的处理：将鸟身体上的杂物或附有的血污用脱脂棉蘸清水小心地擦去，将羽毛理顺。

(2) 将死鸟胸部羽毛向两侧分开，用解剖刀沿胸部正中线轻轻切开表皮，向后切至前腹部，然后将鸟皮与肌肉分开，直到胁部为止。

(3) 左手将鸟头向下后方推移，使颈部突露于切口之外，然后从颈的中部剪断，气管和食道要从紧接肩部处剪断，以便翻头时容易取出。

(4) 用手或镊子抓住残留在躯体上的一半颈椎，一手将肩部皮肤往下剥，翅膀基部露出时，将肱骨和肉一齐剪断，再往下剥至腰部，然后用手推出大腿，翻至胫骨与跗蹠骨交界的关节处，将胫骨上的肌肉剪去，并剪断股骨，再向下剥至尾部，仔细地剪去肛门和尾脂腺，最后剪断尾椎，使整个鸟皮与躯体分离。

(5) 去肉：躯体剥离后，头、翅内皮上的肌肉还未去尽，再继续将残留的肉清除干净。首先将肱骨推出，剥到尺骨末端时，用拇指的指甲紧靠尺骨，刮去附在尺骨上的飞羽羽根，将翼皮翻转，剪去肌肉，并将桡骨剪去，仅保留一根粗大的尺骨。然后一手持嘴，将头向后方翻出，使颈部露出，再顺颈剥皮，直到耳部，此时用手指紧捏耳周的皮肤，轻轻往上一拉，即剥离完毕，再往下剥至眼部，用刀或剪细心地剥开眼周的皮肤（不要割伤外皮），一直剥到嘴基为止。这时将舌、眼球挖去，并将头骨外面的肌肉清除干净，最后将头的后部剪开，挖去脑髓。此时鸟皮已全部翻露于外，再将皮上肌肉或脂肪清除干净。

(6) 涂防腐剂：通常用磨细的砒霜粉均匀地撒布在皮肤、骨骼和脑腔各部，然后搓两个小棉球填充眼窝，将头、颈向外翻转。再用棉花包裹在后肢的胫骨上，其大小应与原来腿上的肌肉大致相似，以代替剪去的肌肉，然后将腿、尾全部翻转，使羽毛全部翻露于外。

(7) 填装：用稍小于颈部大小的一长条棉花，一端塞入脑腔，其余部分平铺在体躯背部，然后拖出尺骨，放在棉花上，再用一小块棉花塞在尺骨基部，使两翅紧贴鸟体，而尺骨不易脱出。然后用棉花填充尾、腰和胸部，最后用一长条棉花从胸直贯至嘴基，照此填完后，稍拉胸皮，使开口合拢，视所填棉花的多少与鸟体原样是否相仿，可适当地增减棉花。此时即可用针线缝合切口，并用镊子整理羽毛，将两眼整理成圆形。两脚向后伸直，左右交叉，并系上标签，最后用一薄片棉花将鸟体轻裹，放置不动，等逐渐干燥，形态固定后即可使用。

（四）小型兽类标本的制作

1. 工具与药品 可以采用捕鼠夹、捕鼠笼、套子等置于草原有兽洞处或活动痕迹处。标本制作工具包括镊子、解剖刀、剪、针、线、尺、标签、棉花、纱布、砒霜、福尔马林等。

2. 小型兽类剥制标本的制作

1) 标本处理 检查动物体外寄生虫，清除泥沙杂物和血污，然后编号，进行外形测量及登记，填写采集记录表和标签。

2) 标本制作

(1) 剥皮：从后腹中线纵切5～10cm，用刀柄从切口向四周分剥皮肉，达一定宽度后，则分剥一侧臀、腿皮肉至膝关节以下，曲膝关节于切口处剪断。继续分剥至尾基，放臀、腿部回切口内。同法分剥对侧臀、腿皮肉至尾基。此时尿殖孔和肛门已露出，用剪刀剪断尿殖孔和肛门于皮上。尾根露出，用镊子夹住尾根，卡住尾皮，用力缓缓抽出尾部。至此，尾、臀、腿部与皮肉全部剥离并拉出切口外。用手拿住臀部，将剥离了的那部分毛皮反转向里，以环状水平线向胸、前肢和颈、头部剥去。剥至前肢时，要先剥离一侧前肢，曲肘关节至切口处剪断，放前臂回切口内，同法剥另一前肢。剥至头部时，把耳壳完整地剥留皮上。若是有角动物，可沿角基作皮肤环切，留角于头骨上，或从皮下角基处锯断，留角皮上。剥至眼、嘴唇时，应特别注意，以免剥破。

（2）清理缝补：在剥下的毛皮上，还有前、后肢的前臂，手、小腿和脚未剥。此时应翻出剥去肌肉等软组织，留其骨于皮上，再清除残留皮板上的肌肉、脂肪、筋膜等易腐烂的组织，缝补剥破的地方和裂口。并用毛笔蘸上砒霜膏（砒霜1000g，水适量）或砒霜粉涂于皮板上，作防腐防虫剂。一边涂一边翻回内面，使毛向外。皮厚或清除较差的地方应多涂。翻到前、后肢时，用棉花或纤维缠填前后肢骨骼，恢复其除去肌肉前的形态，然后翻至皮下恢复原样，等待填装。

（3）填装：标本在装填前，需先用竹、木、棉花、铁丝或钢筋制作假尾，并缠卷小型兽类的假体，以作为尾和躯体的填充物。假尾应比原尾稍细，并长1/5～1/4；假体应比原动物体稍大。将涂好砒霜的小型兽皮翻转，使毛向外，皮板向里；将假尾涂上砒霜慢慢插入尾皮中，直到尾部尖端，再装填假体，并将伸长的假尾部分插（埋）在假体后段之中，用棉块（条）填充假体与前、后肢以及尾部间的空隙，使之匀称自然，最后缝合后腹部切口即成。

（4）整形固定：用标本上穿出四肢的铅丝或用大头针、铁钉等将装填完毕的标本固定在标本板（台）上。并用线或麻绳缠绕定形，在耳壳外包以纸片或铁皮，耳壳内塞入棉花或木塞，梳理毛衣并粘补脱毛。

（5）头骨标本：毛皮剥下后，取其头部，在竹标签上用铅笔写明原号码，系在颧弓或下颌上，置锅内蒸煮，以清除肌肉、筋膜及脑组织等。清除完毕后，将头骨置清水中浸泡数小时，再移至乙醇中脱脂1～2d，取出晾干即成。应注意不能蒸煮过熟，以免骨块松散，牙齿脱落。如已发生，应胶粘复原。

附录5　常见种子植物分科检索表

1. 植株无真正的花被，胚珠外无心皮包被，种子外无果皮包被（裸子植物 Gymnosperm）。
  2. 胚珠完全裸露，次生木质部无导管。无假花被，胚珠无细长的珠被管。
    3. 营养叶羽状深裂，集生于常不分枝的树干顶部或块状茎上。大孢子叶叶状，生于树干顶部羽状叶及鳞状叶之间，胚珠 2～10 枚，生于大孢子叶的下部两侧 ………………………… 苏铁科 Cycadaceae
    3. 营养叶多形，不成羽状深裂，树干分枝。大孢子叶（珠鳞）鳞片形或盾形，生于苞鳞腋部，胚珠 1 枚或 1 枚以上生于珠鳞腹面基部；或大孢子叶（套被、珠托）杯状、囊状、盘状或漏斗状，其上着生 1 枚胚珠；或雌球花梗端常分两叉（稀分多叉），叉顶具珠座，其上着生 1 枚直立胚珠。
      4. 叶扇形，有多数叉状并列细脉，具长柄，落叶乔木 ………………………… 银杏科 Ginkgoaceae
      4. 叶不为扇形，也没有叉状并列细脉，无柄或有短柄，常绿或落叶乔木。
        5. 种子无假种皮包被。胚珠生于珠鳞腹面，多数至 3 枚珠鳞组成雌球花，种鳞（或苞鳞）熟时张开，稀不张开或种鳞结合而生；种子有翅或无翅。
          6. 雌雄异株，稀同株；雄蕊具 4～20 个悬垂的花药，花粉无气囊，苞鳞腹面仅有 1 粒种子。叶常绿 ……………………………………………………………………… 南洋杉科 Araucariaceae
          6. 雌雄同株，稀异株；雄蕊具 2～9 个背腹面排列的花药，种鳞腹面下部或基部着生 1 至多粒种子。
            7. 叶的基部不下延，条形或针形，种鳞与叶均螺旋状排列。种鳞与苞鳞离生（仅基部合生），每种鳞具 2 粒种子；雄蕊有 2 花药，花粉有气囊或无气囊，或具退化气囊 ………………
            ……………………………………………………………………………………… 松科 Pinaceae
            7. 叶的基部下延，种鳞与叶螺旋状着生或交叉对生或轮生。种鳞与苞鳞先端分离或完全合生，稀种鳞小或苞鳞退化，每种鳞具 1 至多粒种子；雄蕊具 2～9 花药，花粉无气囊。
              8. 种鳞与叶均螺旋状着生，稀交叉对生（水杉属），每种鳞具 2～9 粒种子 ………………
              ………………………………………………………………………………… 杉科 Taxodiaceae
              8. 种鳞与叶均交叉对生或轮生，每种鳞具 1 至多粒种子，叶鳞形或刺形，常绿性 ………
              ………………………………………………………………………………… 柏科 Cupressaceae
        5. 种子有肉质或薄而干的假种皮包被。胚珠 1 或 2 枚（稀多枚）生于苞腋，具套被或珠托；种子核果状或坚果状。
          9. 雄蕊具 2 花药，花粉常有气囊 ………………………… 罗汉松科（竹柏科）Podocarpaceae
          9. 雄蕊具 3～9 花药，花粉无气囊。
            10. 胚珠两枚成对生于苞腋，具囊状珠托；种子核果状，全部包于肉质假种皮中 ……………
            ………………………………………………………………… 三尖杉科（粗榧科）Cephalotaxaceae
            10. 胚珠 1 枚生于苞腋，具盘状或漏斗状珠托；种子核果状或坚果状，全部为肉质假种皮所包或仅顶端尖头露出或包于杯状肉质假种皮中 …………… 红豆杉科（紫杉科）Taxaceae
  2. 花具假花被，胚珠的珠被顶端伸长成细长的珠被管，次生木质部具导管。
    11. 叶退化成膜质，在节上交叉对生或轮生，2 或 3 片合生成鞘状，先端具三角状裂齿。球花短缩，具 2～8 对或 2～8 轮，每轮 3 枚苞片；仅顶端 1～3 片苞片生有雌花，胚珠具一层珠被；雄花具 2～8 枚花丝连合成 1 或 2 束或先端分离的雄蕊。灌木、亚灌木或草本状，稀茎缠绕 ……… 麻黄科 Ephedraceae
    11. 单叶对生，革质或半革质，具中脉、侧脉及网状细脉，有柄。球花成细长穗状，具多轮环状总苞；每轮总苞内有雌花 6～12，胚珠具两层珠被；雄花具 1 或 2 枚雄蕊，花丝合生或上端稍分离。常绿

木质藤本，稀为直立灌木或乔木 …………………………………… 买麻藤科（倪藤科）Gnetaceae

1. 植株有真正的花被，胚珠外有心皮包被，种子外有果皮包被（被子植物 Angiosperm）。
  12. 子叶常为2枚，叶片常具网状脉；花常为4或5基数（双子叶植物纲 Dicotyledoneae）
    13. 花无真正的花冠，有或无花萼，有时类似花冠。
      14. 花单性，雌雄同株或异株，葇荑花序或类似葇荑花序。
        15. 无花萼，或在雄花中存在。
          16. 心皮1枚 ………………………………………………………………… 漆树科 Anacardicaceae
          16. 心皮2或更多。
            17. 多为木质藤本；叶为全缘单叶，具掌状脉；浆果 ……………………… 胡椒科 Piperaceae
            17. 乔木或灌木；各式叶，羽状脉；非浆果。
              18. 蒴果；种子有丝状茸毛 ……………………………………………… 杨柳科 Salicaceae
              18. 小坚果或核果。
                19. 羽状复叶；多为核果 ……………………………………………… 胡桃科 Juglandaceae
                19. 单叶；小坚果 ………………………………………………………… 桦木科 Betulaceae
        15. 有花萼，或在雄花中不存在。
          20. 子房下位；坚果有一壳斗下托或封藏在多刺的果壳中 ……………………… 壳斗科 Fagaceae
          20. 子房上位。
            21. 植物体有白色乳汁。
              22. 子房一室；聚花果…………………………………………………………… 桑科 Moraceae
              22. 子房2或3室；蒴果…………………………………………………… 大戟科 Euphorbiaceae
            21. 植物体无白色乳汁。
              23. 雌蕊单心皮；雄蕊花丝在花蕾中向内屈曲 …………………………… 荨麻科 Urticaceae
              23. 雌蕊2枚以上合生心皮；雄蕊花丝在花蕾中常直立。
                24. 雌雄同株的乔木或灌木；翅果、坚果或核果……………………………… 榆科 Ulmaceae
                24. 雌雄异株；聚花果…………………………………………………………… 桑科 Moraceae
      14. 花两性或单性，但不为葇荑花序。
        25. 子房内有数个至多数胚珠。
          26. 子房下位或半下位。
            27. 子房1室。
              28. 无花被；雄蕊着生在子房上………………………………………… 三白草科 Saururaceae
              28. 有花被；雄蕊着生在花被上。
                29. 茎肥厚绿色，常具棘针，叶常退化；花被片和雄蕊多数；浆果 ………………………
                ……………………………………………………………………………… 仙人掌科 Cactaceae
                29. 茎不为上述形状，叶正常；花被片和雄蕊5基数或4基数，或雄蕊数为花被片的2倍；蒴果 ………………………………………………………… 虎耳草科 Saxifragaceae
            27. 子房4室或更多室。
              30. 雄蕊4枚 …………………………………………………………… 柳叶菜科 Onagraceae
              30. 雄蕊6或12枚 ……………………………………………… 马兜铃科 Aristolochiaceae
          26. 子房上位。
            31. 雌蕊或子房2个或多数。
              32. 草本；复叶或分裂；心皮多数至少数 ……………………………… 毛茛科 Ranunculaceae
              32. 木本。
                33. 花各部为整齐的3基数 ………………………………………… 木通科 Lardizabalaceae
                33. 花为其他情况。

34. 花两性；无花被 ·· 昆栏树科 Trochodendraceae
34. 花雌雄异株；有 4 个小型萼片 ···························· 连香树科 Cercidiphyllaceae
31. 雌蕊或子房 1 个。
35. 雄蕊着生于萼筒或杯状花托上；偶数羽状复叶；荚果 ··· 豆科 Leguminosae（云实亚科）
35. 雄蕊着生于扁平或凸起的花托上。
36. 木本；单叶；雄蕊多为 5 ·· 苋科 Amaranthaceae
36. 草本或亚灌木。
37. 复叶或叶多少分裂 ·· 毛茛科 Ranunculaceae
37. 单叶。
38. 侧膜胎座。
39. 无花被··· 三白草科 Saururaceae
39. 有花被；十字形花冠 ·· 十字花科 Cruciferae
38. 特立中央胎座；聚伞花序 ·· 石竹科 Caryophyllaceae
25. 子房内仅有 1 至数个胚珠。
40. 叶片只有透明微点；羽状复叶 ·· 芸香科 Rutaceae
40. 叶片中无透明微点。
41. 每花有 1 至多数雌蕊，近于或完全离生。
42. 花托杯状或坛状；果实多样 ··· 蔷薇科 Rosaceae
42. 花托扁平或隆起，有时可延长。
43. 木本或木质藤本。
44. 有花被；两性花；蓇葖果 ·· 木兰科 Magnoliaceae
44. 无花被；单性花；小坚果 ·· 悬铃木科 Platanaceae
43. 草本，稀为亚灌木，有时具攀缘性。
45. 叶片分裂或为复叶；胚珠倒生 ···································· 毛茛科 Ranunculaceae
45. 单叶，全缘；胚珠弯生 ·· 商陆科 Phytolaccaceae
41. 每花仅有 1 个复合或单雌蕊，心皮有时成熟后各自分离。
46. 子房下位或半下位。
47. 花柱 2 个。
48. 蒴果，2 瓣裂开 ·· 金缕梅科 Hamamelidaceae
48. 果实核果状或蒴果状，不裂开 ···································· 鼠李科 Rhamnaceae
47. 花柱 1 个或无花柱。
49. 叶片下面有鳞片状附属物 ·· 胡颓子科 Elaeagnaceae
49. 叶片无鳞片状附属物，长有刺毛 ································ 荨麻科 Urticaceae
46. 子房上位。
50. 有膜质托叶鞘；草本，稀灌木 ·· 蓼科 Polygonaceae
50. 无托叶鞘。
51. 草本，稀亚灌木。
52. 无花被。
53. 花两性或单性；子房 1 室，内有 1 个基生胚珠。
54. 叶基生，三出复叶 ·· 小檗科 Berberidaceae
54. 叶茎生，单叶 ·· 胡椒科 Piperaceae
53. 花单性；子房 3 室；有乳汁·· 大戟科 Euphorbiaceae
52. 有花被。
55. 雄蕊位于花被上。

56. 叶互生，花无膜质苞片；瘦果 ………………… 蔷薇科 Rosaceae（地榆族）
56. 叶对生或在蓼科的冰岛蓼属为互生；花有膜质片。
57. 花被片和雄蕊各为5或4，对生；托叶不为鞘状 ………………………………………………………………………………… 石竹科 Caryophylaceae
57. 花被片和雄蕊各为3，互生；托叶鞘状 ……………… 蓼科 Polygonaceae
55. 雄蕊位于子房下。
58. 花柱或其分枝为2或数个，内侧是柱头面。
59. 心皮8～10枚离生 ………………………………… 商陆科 Phytolaccaceae
59. 心皮2或3连合。
60. 子房常3室 ………………………………………… 大戟科 Euphorbiaceae
60. 子房1或2室。
61. 掌状复叶或叶有掌状脉而具宿存托叶 ………………… 桑科 Moraceae
61. 叶有羽状脉或稀为掌状脉而无托叶。
62. 花被和苞片草质而带绿色 …………………… 藜科 Chenopodiaceae
62. 花被和苞片干膜质常有色泽 ………………… 苋科 Amaranthaceae
58. 花柱1个或花柱不明显，顶端有柱头。
63. 两性花。
64. 萼片2枚；雄蕊多数 ……………………………… 罂粟科 Papaveraceae
64. 萼片4枚；雄蕊6枚 ……………………………… 十字花科 Cruciferae
63. 单性花；雄蕊和花被片同数而对生；瘦果包于萼中 … 荨麻科 Urticaceae
51. 木本植物或亚灌木。
65. 果实及子房均为2至数室。
66. 两性花。
67. 萼片4或5，稀3枚，覆瓦状排列。
68. 雄蕊多数；蓇葖果 …………………………………… 木兰科 Magnoliaceae
68. 雄蕊5至多数，有时较少或只有1个；浆果状核果 ………………………………………………………………………………… 大戟科 Euphorbiaceae
67. 萼片多5枚，镊合状排列；核果 …………………… 鼠李科 Rhamnaceae
66. 花单性或杂性。
69. 果实各样；种子无胚乳或有少量胚乳。
70. 雄蕊常8个；果实坚果状或为蒴果有翅 …………… 无患子科 Sapindaceae
70. 雄蕊5或4个；核果；单叶 ………………………… 鼠李科 Rhamnaceae
69. 果实多呈蒴果状，无翅；种子有胚乳。
71. 果实为具2室的蒴果，有木质或革质的种皮及角质内果皮 ……………………………………………………………………… 金缕梅科 Hamamelidaceae
71. 果实为蒴果时，也不像上述情形。
72. 果实有各种类型，但多为室间裂开的蒴果 …… 大戟科 Euphorbiaceae
72. 果实为室背开裂的蒴果或有时呈核果状 ……………… 黄杨科 Buxaceae
65. 果实及子房均为1或2室。
73. 花萼有显著萼筒，常呈花瓣状。
74. 叶无毛或下面有柔毛；萼筒整个脱落 ……………… 瑞香科 Thymelaeaceae
74. 叶下面有银白色或棕色鳞片；萼筒或其下部永久宿存 ………………………………………………………………………… 胡颓子科 Elaeagnaceae
73. 花萼不像上述情形或无花被。

75. 花药以 2 或 4 舌瓣裂开 …………………………………………… 樟科 Lauraceae
75. 花药不以舌瓣裂开。
76. 叶对生。
77. 果实为有双翅而呈圆形的翅果 ……………………… 槭树科 Aceraceae
77. 果实为有单翅而呈细长形兼矩圆形的翅果 …………… 木犀科 Oleaceae
76. 叶互生。
78. 羽状复叶。
79. 花两性或杂性……………………………………… 无患子科 Sapindaceae
79. 花单性，雌雄异株………………………………… 漆树科 Anacardiaceae
78. 单叶。
80. 植物体有乳汁；柔荑花序；聚花果……………………… 桑科 Moraceae
80. 植物体无乳汁。
81. 花柱 2 个；萼片 3～8；翅果、坚果或核果 ……… 榆科 Ulmaceae
81. 花柱 1 个。
82. 花生于当年新枝上；雄蕊多数 ………………… 蔷薇科 Rosaceae
82. 花生于老枝上；雄蕊和萼片同数 …………… 荨麻科 Urticaceae
13. 花有花萼和花冠，或有两层以上的花被片，有时花冠可被蜜腺叶代替。
83. 花瓣离生。
84. 成熟雄蕊多在 10 枚以上，或其数超过花瓣 2 倍。
85. 子房下位或半下位。
86. 水生草本植物；子房多室 ……………………………………… 睡莲科 Nymphaeaceae
86. 陆生植物；子房 1 至数室。
87. 植物体有肥厚的肉质茎，多有刺，常无真正叶片…………………… 仙人掌科 Cactaceae
87. 植物体为普通形态，不呈仙人掌状，有真正的叶片。
88. 叶常对生。
89. 叶缘常有锯齿或全缘；花序常有不孕的边缘花 …………… 虎耳草科 Saxifragaceae
89. 叶全缘；花序无不孕花；花萼朱红色 ………………………… 石榴科 Punicaceae
88. 叶互生；子房下位；梨果 ……………………………… 蔷薇科 Rosaceae（梨亚科）
85. 子房上位。
90. 周位花。
91. 草本植物；具二基数的花朵；萼片 2 枚，早落；花瓣 4 个 ……… 罂粟科 Papaveraceae
91. 木本或草本植物；具五或四基数的花朵。
92. 荚果；二回羽状复叶；心皮 1 个…………………… 豆科 Leguminosae（含羞草亚科）
92. 核果、蓇葖果或瘦果；单叶或复叶；心皮 1 至多数 ………………… 蔷薇科 Rosaceae
90. 下位花，或至少在果实时花托扁平或隆起。
93. 雌蕊少数至多数，分离或微有连合。
94. 水生植物。
95. 叶片呈盾状，全缘 ……………………………………………… 睡莲科 Nymphaeaceae
95. 叶片不呈盾状，多少有些分裂或为复叶 ……………………… 毛茛科 Ranunculaceae
94. 陆生植物。
96. 茎为攀缘性。
97. 草质藤本；两性花 ………………………………………… 毛茛科 Ranunculaceae
97. 木质藤本或蔓生灌木。
98. 心皮多数离生，结果花托延长 ………… 木兰科 Magnoliaceae（五味子亚科）

98. 心皮 3～6 个，核果或果核果状 ························ 防已科 Menispermaceae
96. 茎直立，不为攀缘性。
99. 雄蕊的花丝连成单体 ·· 锦葵科 Malvaceae
99. 雄蕊的花丝互相分离。
100. 草本植物，稀为亚灌木；叶片多少有些分裂或为复叶。
101. 无托叶；种子有胚乳 ···································· 毛茛科 Ranunculaceae
101. 常有托叶；种子无胚乳 ··· 蔷薇科 Rosaceae
100. 木本植物；单叶；萼片及花瓣相同，3 基数 ·············· 木兰科 Magnoliaceae
93. 雌蕊 1 个，但花柱或柱头为 1 至多数。
102. 叶片有透明腺点。
103. 叶互生；羽状复叶或退化为仅有 1 顶生小叶 ······················ 芸香科 Rutaceae
103. 叶对生；单叶 ··· 藤黄科 Guttiferae
102. 叶片无透明腺点。
104. 子房单心皮，具 1 子房室。
105. 木本植物；花瓣镊合状排列；荚果 ···································· 豆科 Leguminosae
105. 草本植物；花瓣覆瓦状排列；非荚果。
106. 花 5 基数；蓇葖果 ·· 毛茛科 Ranunculaceae
106. 花 3 基数；浆果 ·· 小蘗科 Berberidaceae
104. 子房为复合性。
107. 子房 1 室。
108. 植物体含乳汁；萼片 2 或 3 ···································· 罂粟科 Papaveraceae
108. 植物体不含乳汁；萼片 4～8 ······························ 白花菜科 Capparidaceae
107. 子房 2 至多室。
109. 雄蕊两轮，外轮 10 个和花瓣对生，内轮 5 个与萼片对生 ······················
··· 蒺藜科 Zygophyllaceae
109. 雄蕊排列成其他情形。
110. 植物体呈耐寒旱状；萼片 5 枚，花瓣宿存，在内侧基部各有 2 舌状物
··· 柽柳科 Tamaricaceae
110. 植物体不是耐寒旱状；萼片 2～5 枚。
111. 草本或木本植物；花 4 基数或萼片多为 2 片且早落。
112. 植物体含乳汁；种子有丰富胚乳 ····················· 罂粟科 Papaveraceae
112. 植物体不含乳汁；种子无或有少量乳汁 ······ 白花菜科 Capparidaceae
111. 蔓生或攀缘灌木；花 5 基数，浆果 ················· 猕猴桃科 Actinidiaceae
84. 成熟雄蕊 10 个或较少，如多于 10 个时，其数不超过花瓣 2 倍。
113. 成熟雄蕊与花瓣同数且对生。
114. 雌蕊 3 个至多数，离生。
115. 直立草本或亚灌木；花两性，5 基数 ··· 蔷薇科 Rosaceae
115. 藤本；花单性，3 基数；叶为掌状复叶或由 3 小叶组成 ········ 木通科 Lardizabalaceae
114. 雌蕊 1 个。
116. 子房 2 至数室。
117. 花萼裂齿不明显或微小；藤本，有卷须 ······························· 葡萄科 Vitaceae
117. 花萼有 4 或 5 裂片；乔木或灌木，有刺和花盘 ···················· 鼠李科 Rhamnaceae
116. 子房 1 室。
118. 花瓣 6～9；雌蕊单纯 ··· 小檗科 Berberidaceae

118. 花瓣 4 或 5；雌蕊复合。
119. 花瓣 4 片；侧膜胎座…………………………………………………… 罂粟科 Papaveraceae
119. 花瓣 5 片；基生胎座 ………………………………………………… 马齿苋科 Portulacaceae
113. 成熟雄蕊和花瓣不同数，如同数时则雄蕊和它互生。
120. 花萼与子房多少有些连合。
121. 每子房室含 2 至多数胚珠或种子。
122. 具卷须的攀缘草本；花单性；瓠果 ………………………………… 葫芦科 Cucurbitaceae
122. 植物无卷须；两性花。
123. 萼片或花萼裂片 2 个；植物体多少肉质 ………………… 马齿苋科 Portulacaceae
123. 萼片或花萼裂片 4 或 5 个；植物体常不为肉质。
124. 花柱 2 个或更多；种子有胚乳 ……………………………… 虎耳草科 Saxifragaceae
124. 花柱 1 个，有 2～4 裂或为 1 呈头状的柱头；种子无胚乳 …………………………
……………………………………………………………………… 柳叶菜科 Onagraceae
121. 每子房室仅含 1 个胚珠或种子。
125. 多为草本；双悬果……………………………………………………… 伞形科 Umbelliferae
125. 多为木本；浆果或核果 ……………………………………………… 五加科 Araliaceae
120. 花萼和子房分离。
126. 叶片有透明腺点。
127. 非荚果；花整齐，稀两侧对称 ………………………………………… 芸香科 Rutaceae
127. 荚果；花整齐或不整齐……………………………………………… 豆科 Leguminosae
126. 叶片无透明腺点。
128. 雌蕊 2 个或更多。
129. 多水分草本，有肉质茎和叶 ……………………………………… 景天科 Crassulaceae
129. 植物体为其他情形。
130. 周位花。
131. 雌蕊 2～4 个；种子有胚乳；无托叶 ………………… 虎耳草科 Saxifragaceae
131. 雌蕊 2 至多数；种子无胚乳；有或无托叶 ……………… 蔷薇科 Rosaceae
130. 下位花。
132. 草本或亚灌木。
133. 各子房的花柱互相分离；叶多少有分裂；蓇葖果或瘦果 …………………
……………………………………………………………… 毛茛科 Ranunculaceae
133. 各子房有 1 共同的花柱或柱头；羽状复叶；蒴果 …………………………
……………………………………………………………… 牻牛儿苗科 Geraniaceae
132. 乔木或灌木。
134. 单叶。
135. 叶具掌状脉；有叶柄下芽 ………………………… 悬铃木科 Platanaceae
135. 叶具羽状脉；鳞芽；雄蕊多数 …………………… 木兰科 Magnoliaceae
134. 复叶。
136. 木质藤本；掌状或三出复叶……………………… 木通科 Lardizabalaceae
136. 乔木或灌木；羽状复叶 …………………………… 苦木科 Simaroubaceae
128. 雌蕊 1 个或至少其子房为 1 个。
137. 子房仅 1 室。
138. 浆果或核果；单被花 ………………………………………………… 樟科 Lauraceae
138. 蓇葖果或荚果。

139. 蓇葖果 ………………………………………… 蔷薇科 Rosaceae（绣线菊亚科）
139. 荚果……………………………………………………………… 豆科 Leguminosae
137. 有1个以上的子房室。
140. 子房1室或有1假隔膜而成2室，有时下部2～5室，上部1室。
141. 花下位；花瓣4枚，稀可更多。
142. 萼片2 ……………………………………………………… 罂粟科 Papaveraceae
142. 萼片4～8。
143. 子房柄细长，呈线形；非四强雄蕊 …………… 白花菜科 Capparidaceae
143. 无子房柄；四强雄蕊 ………………………………… 十字花科 Cruciferae
141. 花周位或下位；花瓣3～5枚，稀2片或更多。
144. 每子房室仅有1个胚珠。
145. 木本；羽状复叶 ………………………………………… 漆树科 Anacardiaceae
145. 木本或草本；单叶。
146. 乔木或灌木；叶互生，无托叶 ………………………… 樟科 Lauraceae
146. 草本或亚灌木；叶互生或对生，有膜质托叶；瘦果 …………………
…………………………………………………………… 蓼科 Polygonaceae
144. 每子房有2至多数胚珠。
147. 萼片2；叶常对生………………………………… 马齿苋科 Portulacaceae
147. 萼片5或4；叶对生……………………………… 石竹科 Caryophyllaceae
140. 子房2室或多室。
148. 花瓣形状彼此极不相等。
149. 每子房室有多个胚珠 ……………………………… 虎耳草科 Saxifragaceae
149. 每子房室仅有1个胚珠 ……………………………………… 远志科 Polygalaceae
148. 花瓣形状彼此相等，有时花为两侧对称。
150. 雄蕊数和花瓣数既不相等，也不是它的倍数。
151. 叶对生。
152. 雄蕊4～10个，常8个。
153. 蒴果……………………………………………… 七叶树科 Hippocastaceae
153. 翅果 ……………………………………………………… 槭树科 Aceraceae
152. 雄蕊常2个，稀为3个，萼片和花瓣均为4基数 … 木犀科 Oleaceae
151. 叶互生。
154. 单叶，多全缘，或在油桐属中具3～7裂片；花单性 …………………
…………………………………………………… 大戟科 Euphorbiaceae
154. 羽状复叶；花两性 ………………………………………… 楝科 Meliaceae
150. 雄蕊数和花瓣数相等，或是它的倍数。
155. 每子房室有胚珠或种子3至多数。
156. 复叶。
157. 雄蕊连合成单体 ………………………………… 酢浆草科 Oxalidaceae
157. 雄蕊彼此分离。
158. 叶互生。
159. 二至三回三出复叶，或掌状叶 ……… 虎耳草科 Saxifragaceae
159. 一回羽状复叶 ……………………………………… 楝科 Meliaceae
158. 叶对生，偶数羽状复叶 ………………… 蒺藜科 Chenopodiaceae
156. 单叶，对生；花5基数；蒴果 ……………… 石竹科 Caryophyllaceae

155. 每子房室有胚珠或种子 1 或 2 个。
160. 花单性、杂性或雌雄异株。
161. 藤本具卷须；二回三出复叶 ………………… 无患子科 Sapindaceae
161. 直立草本或亚灌木；单叶 …………………… 大戟科 Euphorbiaceae
160. 花两性。
162. 雄蕊彼此分离；花柱互相连合 ………… 牻牛儿苗科 Geraniaceae
162. 雄蕊互相连合；花柱彼此分离 …………………… 亚麻科 Linaceae
83. 花瓣多少有些连合。
163. 成熟雄蕊数多于花冠裂片。
164. 心皮 1 个至数个，互相分离或大致分离。
165. 单叶或有时可羽状分裂，对生，肉质 ……………………………… 景天科 Crassulaceae
165. 二回羽状复叶，互生，不呈肉质 ……………………… 豆科 Leguminosae（含羞草亚科）
164. 心皮 2 个或更多，连合成一复合子房。
166. 花单性或杂性；单叶全缘；花柱 2～8 个；浆果 ……………………… 柿树科 Ebenaceae
166. 花两性。
167. 雄蕊 5～10 或其数不超过花冠裂片 2 倍。
168. 雄蕊连成单体或其花丝基部连合；花柱 5 ………………… 酢浆草科 Oxalidaceae
168. 雄蕊各自分离，花柱不分枝 ………………………………………… 杜鹃花科 Ericaceae
167. 雄蕊为不定数。
169. 萼片和花瓣多数而无显著区分；子房下位；植物体肉质 ……… 仙人掌科 Cactaceae
169. 萼片和花瓣各 5 片，并有显著区分；子房上位；单体雄蕊 ……… 锦葵科 Malvaceae
163. 成熟雄蕊不多于花冠裂片数。
170. 雄蕊和花冠裂片同数且对生；草本；特立中央胎座 ………………… 报春花科 Primulaceae
170. 雄蕊和花冠裂片同数且互生或雄蕊数较花冠裂片为少。
171. 子房下位。
172. 植物体常以卷须攀缘或蔓生；聚药雄蕊；瓠果 ………………… 葫芦科 Cucurbitaceae
172. 植物体直立，如为攀缘时也无卷须。
173. 雄蕊互相连合。
174. 头状花序；花整齐或两侧对称；基生胎座 ……………………… 菊科 Compositae
174. 总状花序；花多两侧对称；中轴胎座 …………………… 桔梗科 Campanulaceae
173. 雄蕊各自分离。
175. 叶互生；每子房室有多数胚珠 ……………………………… 桔梗科 Campanulaceae
175. 叶对生或轮生；每子房室有 1 个至多数胚珠。
176. 叶轮生，如为对生时，则有托叶存在 ………………………… 茜草科 Rubiaceae
176. 叶对生，无托叶或稀有明显的托叶；聚伞花序 ………… 忍冬科 Caprifoliaceae
171. 子房上位。
177. 子房 2～4 深裂，花柱均自子房裂片之间伸出。
178. 叶对生；花冠两侧对称 ………………………………………………… 唇形科 Labiatae
178. 叶互生；花冠整齐。
179. 花柱 2 个；多年生匍匐性小草本；叶片圆肾性 …………… 旋花科 Convolvulaceae
179. 花柱 1 个 ………………………………………………………………… 紫草科 Boraginaceae
177. 子房完整，花柱自子房顶端伸出。
180. 花冠不整齐，常多少有些呈二唇状。
181. 成熟雄蕊 5 个。

182. 雄蕊和花冠离生 ………………………………………………… 杜鹃花科 Ericaceae
182. 雄蕊着生于花冠上 ………………………………………………… 紫草科 Boraginaceae
181. 成熟雄蕊2或4个。
183. 每子房室内仅有1或2个胚珠。
184. 叶对生或轮生；雄蕊4个，稀2个；胚珠直立 ……… 马鞭草科 Verbenaceae
184. 叶互生或基生；雄蕊2或4个；胚珠垂悬 …………… 玄参科 Scrophlariaceae
183. 每子房室内有2至多数胚珠。
185. 子房1室具侧膜胎座；植物体寄生于其他植物根部而无绿叶存在；雄蕊4个 ……………………………………………………………… 列当科 Orobanchaceae
185. 子房2～4室，具中轴胎座。
186. 花冠裂片有深缺刻；成熟雄蕊2个 ………………………… 茄科 Solanaceae
186. 花冠裂片全缘或仅其先端具一凹陷；成熟雄蕊2或4个 …………………………………………………………………… 玄参科 Scrophlariaceae
180. 花冠整齐或近于整齐。
187. 雄蕊数较花冠裂片少。
188. 子房2～4室，每室仅有1或2个胚珠。
189. 雄蕊2个 ……………………………………………………… 木犀科 Oleaceae
189. 雄蕊4个 …………………………………………………… 马鞭草科 Verbenaceae
188. 子房1或2室，每室有数个至多数胚珠。
190. 雄蕊2个；每子房室有4～10个胚珠垂悬于室顶端 ……… 木犀科 Oleaceae
190. 雄蕊5或4个，稀2个；每子房室有多数胚珠着生于中轴胎座上。
191. 花辐射对称；雄蕊5个 ………………………………………… 茄科 Solanaceae
191. 花常两侧对称；雄蕊4个，稀2或5 ……………… 玄参科 Scrophlariaceae
187. 雄蕊和花冠裂片同数。
192. 子房2个或1个而成熟后呈双角状。
193. 雄蕊各自分离；花粉粒彼此分离 ……………………… 夹竹桃科 Apocynaceae
193. 雄蕊互相连合；花粉粒连成花粉块 ……………………… 萝藦科 Asclepiadaceae
192. 子房1个，不呈双角状。
194. 子房1室或因2侧膜胎座的深入而成2室。
195. 攀援性草本；果实浆果状，内有少数种子 …………………………………………………………………… 旋花科 Convolvulaceae（麻辣子藤属）
195. 直立陆生或漂浮水面的草本；果实蒴果状，内有少数至多数种子 ……………………………………………………………………… 龙胆科 Gentianaceae
194. 子房2～10室。
196. 无绿叶而为缠绕性的寄生植物 …… 旋花科 Convolvulaceae（菟丝子亚科）
196. 不是上述的无叶寄生植物。
197. 雄蕊和花冠离生或近于离生。
198. 灌木或亚灌木；花粉粒为四合体；子房5室 …… 杜鹃花科 Ericaceae
198. 草本，常为缠绕性；花粉粒单纯；子房3～5室 ……………………………………………………………………… 桔梗科 Campanulaceae
197. 雄蕊着生于花冠筒部。
199. 雄蕊4个，稀可在冬青科为5个或更多。
200. 无主茎的草本；穗状花序生于一基生花葶上 ……………………………………………………………………… 车前科 Plantaginaceae

200. 木本或具主茎的草本。
201. 叶互生，多常绿 ………………………………… 冬青科 Aquifoliaceae
201. 叶对生或轮生。
202. 子房 2 室，每室有多数胚珠 …………… 玄参科 Scrophlariaceae
202. 子房 2 至多室，每室有 1 或 2 个小胚珠 ………………………………………………………………… 马鞭草科 Verbenaceae
199. 雄蕊 5 个，稀更多。
203. 每子房室仅有 1 或 2 个胚珠。
204. 核果；花冠有明显裂片；叶全缘或有锯齿；植株多有毛 ………………………………………………………… 紫草科 Boraginaceae
204. 蒴果；花瓣完整或具裂片；叶全缘或有裂片，但无锯齿缘。
205. 缠绕性草本；萼片多互相分离；花冠常完整而无裂片 ……………………………………………………… 旋花科 Convolvulaceae
205. 直立草本；萼片连合成钟形或筒状；花冠有明显裂片 ……………………………………………………… 花荵科 Polemoniaceae
203. 每子房室有多数胚珠或在花荵科中有时为 1 至数个，多无托叶。
206. 花冠裂片呈旋转状排列；蒴果多室背开裂 ……………………………………………………………… 花荵科 Polemoniaceae
206. 花冠裂片呈镊合状或覆瓦状排列或其花冠在花蕾中折叠，且成旋转状排列。
207. 雄蕊花丝无毛；浆果或为纵裂或横裂的蒴果 … 茄科 Solanaceae
207. 雄蕊花丝有毛。
208. 蒴果室间开裂 ……………………………… 玄参科 Scrophlariaceae
208. 浆果；有刺灌木 …………………… 茄科 Solanaceae（枸杞属）
12. 子叶 1 个；叶片有平行叶脉；花 3 基数，有时 4 基数，但极少为 5 基数（单子叶植物纲 Monocatyledoneae）
209. 无花被或在眼子菜科中很小。
210. 花包藏于或附托以呈覆瓦状排列的壳状鳞片（特称为颖）中，由多花至 1 花形成小穗。
211. 秆三棱形，实心；茎生叶呈三行排列；叶鞘封闭；瘦果或囊果 ………… 莎草科 Cyperaceae
211. 秆圆筒形，空心；茎生叶呈二行排列；叶鞘常一侧纵裂开；颖果 ………… 禾本科 Gramineae
210. 花虽有时排列为具总苞的头状花序，但并不包藏于壳状的鳞片中。
212. 水生植物，水下的叶薄，出水的叶较厚；花被片 4 枚；雄蕊 4 个 ……………………………………………………………………………… 眼子菜科 Potamogetonaceae
212. 陆生或沼泽植物，常有位于空气中的叶片。
213. 叶有柄，全缘或有各种形状的分裂，具网状脉；花形成一肉穗花序，后者有一大型而常具色彩的佛焰苞片 ……………………………………………………………… 天南星科 Araceae
213. 叶无柄，细长形，剑形或退化为鳞片状，常有平行脉。
214. 穗状花序，一侧有延伸为叶状的佛焰苞片 ……………… 天南星科 Araceae（石菖蒲属）
214. 花序各种；叶基生成簇状，圆筒形或禾草状；花被片 6 枚，柱头 3 个；蒴果 ……………………………………………………………………………… 灯心草科 Juncaceae
209. 有花被，常显著，且呈花瓣状。
215. 雌蕊 3 个至多数，互相分离。
216. 花单生或伞形花序；蓇葖果；叶细长形，直立 ………………… 花蔺科 Butomaceae（花蔺属）
216. 花轮生成总状或圆锥花序；瘦果；叶披针形至卵圆形，常为箭形而具长柄 ……………………………………………………………………………… 泽泻科 Alismataceae

215. 雌蕊1个。
217. 子房上位，或花被和子房相分离。
218. 花被分化为花萼和花冠。
219. 叶互生，基部有鞘，平行脉；花腋生或顶生聚伞花序；雄蕊6个或因退化而较少 …………………………………………………………………………………… 鸭跖草科 Commelinaceae
219. 多枚叶生于茎顶端形成一轮，网状脉而于基部具3～5脉；花单独顶生；雄蕊6个、8个或10个 ……………………………………………………………… 百合科 Liliaceae（重楼族）
218. 花被裂片彼此相同或近于相同。
220. 花小型，花被裂片绿色或棕色。
221. 花位于一穗形总状花序上；蒴果自一宿存的中轴上裂为3～6瓣，每果瓣仅有1个种子 …………………………………………………………………… 水麦冬科 Juncaginaceae
221. 花位于各种形式的花序上；蒴果室背开裂为3瓣，内有多数至3个种子 …………………………………………………………………………………… 灯心草科 Juncaceae
220. 花大型或中型，花被裂片多少有些具鲜明色彩；花3基数；中轴胎座；浆果或蒴果 ………………………………………………………………………………………… 百合科 Liliaceae
217. 子房下位，或花被多少有些和子房愈合。
222. 花两侧对称或不对称。
223. 花被片均为花瓣状；雄蕊和花柱多少有些连合 ………………………… 兰科 Orchidaceae
223. 花被片并不是均为花瓣状，外层者形如萼片；雄蕊和花柱分离。
224. 花萼管状；退化雄蕊2或4；有香辣味 ……………………………… 姜科 Zingiberaceae
224. 萼片互相分离；退化雄蕊5，呈美丽的花瓣状 …………………… 美人蕉科 Cannaceae
222. 花辐射对称。
225. 植物体为攀援性；叶片宽广，具网状脉和叶柄 …………………… 薯蓣科 Dioscoreaceae
225. 植物体不为攀援性；叶具平行脉。
226. 雄蕊3个；叶两侧扁平而无背腹之分，由下向上重叠跨覆；蒴果室背开裂 ………………………………………………………………………………………… 鸢尾科 Iridaceae
226. 雄蕊6个。
227. 子房半下位 …………………… 百合科 Liliaceae（肺筋草属、沿阶草属和球子草属）
227. 子房完全下位…………………………………………………… 石蒜科 Amaryllidaceae

附录6　常见动物检索表

一、昆虫纲常见成虫分目检索表

1. 无翅，或有极退化的翅。
  2. 无足，似幼虫，头和胸愈合。内寄生于膜翅目、同翅目、半翅目、直翅目等许多昆虫体内，仅头胸部露出寄主腹节外 ………………………………………………………………………… 捻翅目 Strepsiptera
  2. 有足，头和胸部不愈合，不寄生于昆虫体内。
    3. 腹部除外生殖器和尾须外有其他附肢。
      4. 无触角，腹部共12节，第1～3节各有一对短小的附肢 ……………………………… 原尾目 Protura
      4. 有触角，腹部最多11节。
        5. 腹部只有6节或更少，第1腹节有腹管突，第3腹节有握钩，第4或5节有一分器 ………… …………………………………………………………………………… 弹尾目 Gollembola
        5. 腹部多于6节，无上述三对附肢，但有成对的针突或突胞等附肢。
          6. 有一对长而分节的尾须或坚硬不分节的尾铗，无复眼 ………………………… 双尾目 Diplura
          6. 除一对尾须外，还有一条长而分节的中尾丝，有复眼………………………… 缨尾目 Thysanura
    3. 腹部除外生殖器和尾须外无其他附肢。
      7. 头延长成喙状……………………………………………………………………… 长翅目 Mecoptera
      7. 头正常。
        8. 口器为咀嚼式。
          9. 腹部末端有一对尾须（或呈铗状）。
            10. 尾须呈坚硬不分节的铗状 …………………………………………………… 革翅目 Dermaptera
            10. 尾须不呈铗状。
              11. 前足第一附节特别膨大，能纺丝 ………………………………………… 纺足目 Embioptera
              11. 前足第一附节不特别膨大，也不能纺丝。
                12. 前足为捕捉足 ……………………………………………………………… 螳螂目 Mantodea
                12. 前足非捕捉足。
                  13. 后足为跳跃足 ………………………………………………………… 直翅目 Orthoptera
                  13. 后足非跳跃足。
                    14. 体扁。
                      15. 前胸背板大，常盖住头的全部；尾须分节 ……………………… 蜚蠊目 Blattaria
                      15. 前胸大，但不盖住头部；尾须长不分节。啮齿类的体外寄生虫 ……………… ………………………………………………………………… 重舌目 Diploglossata
                    14. 体不扁，长筒形。
                      16. 触角念珠状。
                        17. 跗节4或5节，尾须2～6节。社群性昆虫 ………………… 等翅目 Isoptera
                        17. 跗节2节，尾须不分节……………………………………… 缺翅目 Zoraptera
                      16. 触角丝状。
                        18. 体细长似杆状；尾须短小，不分节…………………………… 竹节虫目 Phasmida

18. 体非杆状；尾须长，8或9节 …………………… 蛩蠊目 Grylloblattodea
9. 腹部无尾须。
19. 跗节3节以下。
20. 触角3～5节。外寄生于鸟类或兽类体上 …………………… 食毛目 Mallophaga
20. 触角13～15节。非寄生性 …………………… 啮虫目 Corrodentia
19. 跗节4节或5节。
21. 腹部第1节并入后胸，第1节和第2节之间紧缩或成柄状 ……… 膜翅目 Hymenoptera
21. 腹部第1节不并入后胸，也不紧缩 …………………… 鞘翅目 Coleoptera
8. 口器为刺吸式、舐吸式或虹吸式等。
22. 体密被鳞片或密生鳞片，口器为虹吸式 …………………… 鳞翅目 Lepidoptera
22. 体无鳞片，口器为刺吸式、舐吸式或退化。
23. 跗节5节。
24. 体侧扁（左右扁） …………………… 蚤目 Siphonaptera
24. 体不侧扁 …………………… 双翅目 Diptera
23. 跗节3节以下。
25. 跗节端部有能伸缩的泡，爪很小 …………………… 缨翅目 Thysanoptera
25. 跗节端部无能伸缩的泡。
26. 足具1爪，适于攀附在毛发上。外寄生于哺乳动物 …………………… 虱目 Anoplura
26. 足具2爪；如具1爪，则寄生于植物上，极不活泼或固定不动，体呈球状、介壳状等，常被有蜡质胶质等分泌物 …………………… 同翅目 Homoptera
1. 有翅。
27. 有1对翅。
28. 前翅或后翅特化成平衡棒。
29. 前翅形成平衡棒，后翅很大 …………………… 捻翅目 Strepsiptera
29. 后翅形成平衡棒，前翅很大。
30. 跗节有5节 …………………… 双翅目 Diptera
30. 跗节仅1节（雄介壳虫） …………………… 同翅目 Homoptera
28. 无平衡棒。
31. 腹部末端有1对尾须。
32. 尾须细长而多节（或另有1条多节的中尾丝），翅竖立背上 …………………… 蜉蝣目 Ephemerida
32. 尾须不分节，多短小，翅平覆背上。
33. 跗节5节，后足非跳跃足，体细长如杆或扁宽如叶状 …………………… 竹节虫目 Phasmida
33. 跗节4节以下，后足为跳跃足 …………………… 直翅目 Orthoptera
31. 腹部无尾须。
34. 前翅角质，口器为咀嚼式 …………………… 鞘翅目 Goleoptera
34. 翅为膜质，口器为咀嚼式。
35. 翅上有鳞片 …………………… 鳞翅目 Lepidoptera
35. 翅上无鳞片 …………………… 缨翅目 Thysanoptera
27. 有2对翅。
36. 前翅全部或部分较厚，为角质或革质；后翅为膜质。
37. 前翅基半部为角质或革质，端半部有膜质 …………………… 半翅目 Hemiptera
37. 前翅基部与端部质地相同，或某部分较厚但不如上述。
38. 口器为刺吸式 …………………… 同翅目 Homoptera
38. 口器为咀嚼式。

39. 前翅有翅脉。
40. 跗节 4 节以下，后足为跳跃足或前足为开掘足 ························ 直翅目 Orthoptera
40. 跗节 5 节，后足非跳跃足，前足非开掘足。
41. 前足为捕捉足 ·· 螳螂目 Mantodea
41. 前足非捕捉足。
42. 前胸很大，常盖住头的全部或大部分 ·································· 蜚蠊目 Blattaria
42. 前胸很小，头部外露，体似杆状或叶片状································ 竹节虫目 Phasmida
39. 前翅无明显的翅脉。
43. 腹部末端有一对尾铗，前翅短小，不能盖住腹部中部······················ 革翅目 Dermaptera
43. 腹部末端无尾铗，前翅一般较长，盖住大部或全部腹节 ···················· 鞘翅目 Coleoptera
36. 前翅与后翅均为膜质。
44. 翅面全部或部分被有鳞片，口器为虹吸式或退化 ································ 鳞翅目 Lepidopera
44. 翅上无鳞片，口器非虹吸式。
45. 口器为刺吸式。
46. 下唇形成分节的喙；翅缘无长毛 ·· 同翅目 Homoptera
46. 无分节的喙；翅极狭长，翅缘有长毛 ·· 缨翅目 Thysanoptera
45. 口器为咀嚼式、嚼吸式或退化。
47. 触角极短小而不显著，刚毛状。
48. 腹部末端有 1 对细长多节的尾须（或另有 1 条中尾丝），后翅小 ······ 蜉蝣目 Ephemerida
48. 尾须短而不分节，后翅与前翅大小相似 ···································· 蜻蜓目 Odonata
47. 触角长而显著，非刚毛状。
49. 头部向下延伸呈喙状 ·· 长翅目 Mecoptera
49. 头部不延伸呈喙状。
50. 足第一跗节特别膨大，能纺丝·· 纺足目 Embioptera
50. 前足第一跗节不特别膨大，不能纺丝。
51. 前、后翅几乎相等，翅基部各有一条横的肩缝 ······························ 等翅目 Isoptera
51. 前、后翅相似或相差很多，都无肩缝。
52. 后翅前缘有一排小的翅钩列，用以和前翅相连 ···················· 膜翅目 Hymenoptera
52. 后翅前缘无翅钩列。
53. 跗节 2 或 3 节。
54. 触角念珠状，翅脉退化 ·· 缺翅目 Zoraptera
54. 触角丝状，翅脉显著。
55. 前胸很小如颈状；无尾须·· 啮虫目 Corrodentia
55. 前胸不小于头部；腹末有 1 对尾须 ·································· 襀翅目 Plecoptera
53. 跗节 5 节。
56. 翅面密被明显的毛；口器（上颚）退化································ 毛翅目 Trichoptera
56. 翅面上无明显的毛，有毛则生在翅脉和翅缘上；口器（上颚）发达。
57. 后翅基部宽于前翅，有发达的臀区；头为前口式 ······ 广翅目 Megaloptera
57. 后翅基部不宽于前翅，无发达的臀区；头为下口式。
58. 头部长；前胸圆筒形、长；雌虫有伸向后方的针状产卵器 ··················
·· 蛇蛉目 Raphidiodea
58. 头部短；前胸不很长，如很长则前胸为捕捉足；雌虫一般无针状产卵器，如有，则弯在背上向前伸 ······································ 脉翅目 Neuroptera

二、鱼纲辐鳍亚纲常见种类分目检索表

1. 体被硬鳞或裸露；尾为歪形尾 …………………………………………………… 鲟形目 Acipenseriformes
1. 体被圆鳞、栉鳞或裸露；尾一般为正形尾。
  2. 体呈鳗形。
    3. 左右鳃孔在喉部相连为一；无偶鳍，奇鳍也不明显 ………………………… 合鳃目 Sgmbranchiformes
    3. 左右鳃孔不相连；无腹鳍 ………………………………………………………… 鳗鲡目 Anguilliformes
  2. 体不呈鳗形。
    4. 背鳍无真正的鳍棘。
      5. 腹鳍腹位，背鳍一个。
        6. 上颌口缘常由前颌骨与上颌骨组成。
          7 无脂鳍；无侧线 ……………………………………………………………… 鲱形目 Clupeiformes
          7. 一般有脂鳍；有侧线 ………………………………………………………… 鲑形目 Salmoniformes
        6. 上颌口缘一般由前颌骨组成。
          8. 体具侧线。
            9. 侧线正常，沿体两侧后行。
              10. 通常两颌无牙，具咽喉齿；无脂鳍 …………………………………… 鲤形目 Cypriniformes
              10. 两颌具牙；一般具脂鳍。
                11. 体被骨板或裸露无鳞；具口须 ……………………………………… 鲇形目 Siluriformes
                11. 体被圆鳞；无口须 …………………………………………………… 灯笼鱼目 Myctophiformes
            9. 侧线位低，沿腹缘后行 ……………………………………………………… 颌针鱼目 Beloniformes
          8. 体无侧线 ……………………………………………………………………… 鳉形目 Cyprinodontiformes
      5. 腹鳍亚胸位或喉位；背鳍 2 或 3 个。
        12. 体侧有一银色纵带；腹鳍亚胸位；背鳍 2 个，第一背鳍由不分支鳍条组成 ……………………
        ………………………………………………………………………………………… 银汉鱼目 Atheriniformes
        12. 体侧无银色纵带；腹鳍亚胸位或喉位；背鳍 1～3 个 ………………………… 鳕形目 Gadiformes
    4. 背鳍一般具棘。
      13. 胸鳍基部不呈柄状；鳃孔一般位于胸鳍基底前方。
        14. 吻延长，通常呈管状，边缘无锯齿状缘 ………………………………… 棘鱼目 Gasterosteiformes
        14. 吻不延长成管状。
          15. 腹鳍一般存在；上颌骨不与前颌骨愈合。
            16. 腹鳍具 1～17 鳍条。
              17. 两颌无牙；体被圆鳞 ………………………………………………… 月鱼目 Lampridiformes
              17. 两颌具牙。
                18. 尾鳍主鳍条 18～19；臀鳍一般具 3 鳍棘 ………………………… 金眼鲷目 Beryciformes
                18. 尾鳍主鳍条 10～13；臀鳍一般具 1～4 鳍棘 ……………………… 海鲂目 Zeiformes
            16. 腹鳍一般具一鳍棘，5 个以上鳍条。
              19. 腹鳍腹位或亚胸位；2 个背鳍分离颇远 ……………………………… 鲻形目 Mugiliformes
              19. 腹鳍胸位；背鳍 2 个，接近或连接。
                20. 体对称，头左右侧各有一眼。
                  21. 第二眶下骨不后延为一骨突，不与前鳃盖骨相连 ………………… 鲈形目 Perciformes
                  21. 第二眶下骨后延为一骨突，与前鳃盖骨相连 …………………… 鲉形目 Scorpaeniformes
                20. 成体不对称，两眼位于头的左侧或右侧 ……………………………… 鲽形目 Pleuronectiformes
          15. 腹鳍一般不存在；上颅骨与前颌骨愈合 …………………………………… 鲀形目 Tetrodontiformes

13. 胸鳍基部呈柄状；鳃孔位于胸鳍基底后方 …………………………………… 鮟鱇目 Lophiiformes

三、两栖纲常见种类分科检索表

1. 体圆筒形；终生有长尾（有尾目 Caudata）。
  2. 无眼睑；犁骨齿一长列，与上颌齿平行成弧形；沿体侧有纵肤褶 ……………………………………………………………………………… 隐鳃鲵科 Cryptobranchidae（中国大鲵 *Andrias davidianus*）
  2. 具眼睑；犁骨齿列不成长弧形；沿体侧无纵肤褶。
    3. 犁骨齿或为二短列或成 U 字形 ………………………………………… 小鲵科 Hynobiidae
    3. 犁骨齿成∧形 ………………………………………………………… 蝾螈科 Salamandridae
1. 体短宽；幼体有尾，成体无尾（无尾目 Anura）。
  4. 舌为盘状，周围与口腔黏膜相连，不能自如伸出 ………………………… 盘舌蟾科 Discoglossidae
  4. 舌不成盘状，舌端游离，能自如伸出。
    5. 肩带弧胸型。
      6. 上颌无齿；趾端不膨大；趾间具蹼；耳后腺存在；体表具疣 ………………… 蟾蜍科 Bufonidae
      6. 上颌具齿。
        7. 趾端尖细，不具黏盘；耳后腺存在 ………………………………… 锄足蟾科 Pelobatidae
        7. 趾端膨大，成黏盘状；耳后腺缺，大部分树栖性 ……………………… 雨蛙科 Hylidae
    5. 肩带固胸型。
      8. 上颌无齿；趾间几无蹼；鼓膜不显 ……………………………………… 姬蛙科 Microhylidae
      8. 上颌具齿；趾间具蹼；鼓膜明显。
        9. 趾端形直，或末端趾骨呈 T 字形………………………………………………… 蛙科 Ranidae
        9. 趾端膨大呈盘状，末端趾骨呈 Y 字形 ………………………………… 树蛙科 Rhacophoridae

四、爬行纲常见种类分科检索表

（一）常见龟鳖目分科的检索表

1. 附肢无爪；背甲无角质甲，而被以软皮，并具有 7 纵棱；形大；海产………… 棱皮龟科 Dermochelyidae
1. 附肢至少各具 1 爪；背甲纵棱至多 3 条，或不具棱。
  2. 体外被以角质甲。
    3. 附肢呈桨状；址不明显，仅具 1 或 2 爪；形大；海产 …………………………… 海龟科 Cheloniidae
    3. 附肢不呈桨状；趾明显，具 4 或 5 爪；非海产。
      4. 头大；尾长；腹甲与缘甲间具缘下甲 ………………………………… 平胸龟科 Platysternidae
      4. 头小；尾短；腹甲与缘甲相接，无缘下甲 …………………………………… 龟科 Testudinidae
  2. 体外被以革质皮……………………………………………………………………… 鳖科 Trionychidae

（二）常见有鳞目蜥蜴亚目常见科检索表

1. 头部背面无大形成对的鳞甲。
  2. 趾端大；大多无动性眼睑 ……………………………………………………… 壁虎科 Gekkonidae
  2. 趾侧扁；有动性眼睑。
    3. 舌长，呈二深裂状；背鳞呈粒状；体形大 …………………………………… 巨蜥科 Varanidae
    3. 舌短，前端稍凹；体形适中或小。
      4. 尾上具 2 个背棱 ………………………………………………………… 异蜥科 Xenosauridae
      4. 尾不具棱或仅有单个正中背棱 ………………………………………………… 鬣蜥科 Agamidae
1. 头部背面有大形成对的鳞甲。
  5. 无附肢 ……………………………………………………………………………… 蛇蜥科 Anguidae

5. 有附肢。

6. 腹鳞方形；股窝或鼠蹊窝存在 ………………………………………………… 蜥蜴科 Lacertidae

6. 腹鳞圆形；股窝或鼠蹊窝缺 ……………………………………………………… 石龙子科 Scincidae

(三) 常见有鳞目蛇亚目分科的检索表

1. 头、尾与躯干部的界限不分明；眼在鳞下，上颌无齿；身体的背、腹面均被有相似的圆鳞；尾非侧扁 ……………………………………………………………………………………………… 盲蛇科 Typhlopidae

1. 头、尾与躯干部界限分明；眼不在鳞下；上下颌具齿；鳞多为长方形。

2. 上颌骨平直；毒牙存在时恒久竖起。

3. 颏沟存在。

4. 前方上颌牙不具沟。

5. 后肢退化为距状爪；头部背面被以大多数细鳞 ……………………………………… 蟒科 Boidae

5. 后肢无遗留；头部背面被以少数大形整齐的鳞片。

6. 额鳞后缘与成对顶鳞相接触……………………………………………… 游蛇科 Colubridae

6. 额鳞后缘与单个形大的枕鳞相接触；背鳞较大，15行 ……………… 闪鳞蛇科 Xenopeltidae

4. 前方上颌牙具沟。

7. 尾圆形 ………………………………………………………………………… 眼镜蛇科 Elapidae

7. 尾侧扁 ……………………………………………………………………… 海蛇科 Hydrophiidae

3. 颏沟缺 ……………………………………………………… 游蛇科 Colubridae（钝头蛇亚科 Pareinae）

2. 上颌骨高度大于长度；具有能竖起的管状毒牙 ………………………………………… 蝰蛇科 Viperidae

五、鸟类常见种类分目检索表

1. 脚适于游泳；蹼较发达。

2. 趾间具全蹼 ……………………………………………………………………… 鹈形目 Pelecanformes

2. 趾间不具全蹼。

3. 嘴通常平扁，先端具嘴甲；雄性具交接器 ………………………………………… 雁形目 Anseriformes

3. 嘴不平扁；雄性不具交接器。

4. 翅尖长；尾羽正常；趾不具瓣蹼 ……………………………………………………… 鸥形目 Lariformes

4. 翅短圆；尾羽甚短；前趾具瓣蹼 …………………………………………………… 䴙䴘目 Podicipediformes

1. 脚适于步行；蹼不发达或缺。

5. 颈和脚均较短；胫全被羽；无蹼。

6. 嘴爪均特强锐而弯曲；嘴基具蜡膜。

7. 蜡膜裸出；两眼侧置；外趾不能反转（鹗属例外）；尾脂腺被羽 …………… 隼形目 Falconiformes

7. 膜被硬须掩盖；两眼向前；外趾能反转；尾脂腺裸出 ………………………… 鸮形目 Strigiformes

6. 嘴爪平直或稍曲；嘴基不具蜡膜（鸽形目例外）。

8. 趾向前，1趾向后（后趾有时缺少）；各趾彼此分离（除极少数外）。

9. 嘴基柔软，被以蜡膜；嘴端膨大而具角质（沙鸡属例外） ……………… 鸽形目 Columbiformes

9. 嘴全被角质，嘴基无蜡膜。

10. 后爪不较其他趾的爪为长；雄鸟常具距突 …………………………………… 鸡形目 Galliformes

10. 后爪较其他趾的爪为长；无距突 ……………………………………………… 雀形目 Passeriformes

8. 趾不具上列特征。

11. 足大都呈前趾型；嘴短阔而乎扁；无嘴须 ………………………………… 雨燕目 Apodiformes

11. 足不呈前趾型；嘴强而不平扁（夜鹰目例外），常具嘴须。

12. 足呈对趾型。

13. 嘴强直呈凿状；尾羽通常坚挺尖出 ………………………………………… 䴕形目 Piciformes
13. 嘴端稍曲，不呈凿状；尾羽正常 ……………………………………………… 鹃形目 CucuMormes
12. 足不呈对趾型。
14. 嘴长或强直，或细而稍曲；鼻不呈管状；中爪不具栉缘 ………… 佛法僧目 Coraciiformes
14. 嘴短阔；鼻通常呈管状；中爪具栉缘 ……………………………… 夜鹰目 Caprimulgiformes
5. 颈和脚均较长；腔的下部裸出；蹼不发达。
15. 后趾发达，与前趾在同一平面上；眼先裸出 …………………………………… 鹳形目 Ciconiiformes
15. 后趾不发达或完全退化，存在时位置较他趾稍高；眼先常被羽。
16. 翅大都短圆，第 1 枚初级飞羽较第 2 枚短；趾间无蹼，有时具瓣蹼 ………… 鹤形目 Gruiforme
16. 翅大都形尖，第 1 枚初级飞羽较第 2 枚长或等长（麦鸡属例外）；趾间蹼不发达或缺 …………
……………………………………………………………………………… 鸻形目 Charadriiformes

六、哺乳动物真兽亚纲常见兽类分目检索表

1. 具后肢。
2. 前肢特别发达并具翼膜，适于飞行 ……………………………………………… 翼手目（Chiroptera）
2. 构造不适于飞行。
3. 牙齿全缺，身披鳞甲 ……………………………………………………………… 鳞甲目（Pholidota）
3. 有牙齿，体无鳞甲。
4. 上下颌的前方各有 1 对发达的呈锄状的门牙。
5. 上颌具 1 对门牙 …………………………………………………………………… 啮齿目（Rodentia）
5. 上颌具前后两对门牙………………………………………………………… 兔形目（Lagomorpha）
4. 门牙多于 1 对，或只有 1 对而不呈锄状。
6. 四肢末端指（趾）分明，趾端有爪或趾甲。
7. 前后足拇趾与他趾相对 ……………………………………………………… 灵长目（Primates）
7. 前后足拇趾不与他趾相对。
8. 吻部尖长，向前超出下唇甚远。正中 1 对门牙通常显然大于其他各对 ……………………
……………………………………………………………………………… 食虫目（Insectivora）
8. 上下唇通常等长，正中 1 对门牙小于其余各对。
9. 体形呈纺锤状，适于游泳，四肢变为不暇接鳍状 ………………… 鳍足目（Pinnipedia）
9. 体形通常适于陆上奔走，四肢正常；趾分离，末端具爪 …………… 食肉目（Carnivora）
6. 四肢末端趾愈合，或有蹄。
10. 体形特别巨大，鼻长而能弯曲 ………………………………………… 长鼻目（Proboscidea）
10. 体形巨大或中等，鼻不延长也不能弯曲。
11. 四足仅第 3 或第 4 趾大而发达……………………………………… 奇蹄目（Perissodacyla）
11. 四足第 3、4 趾发达而等大……………………………………………… 偶蹄目（Artiodactyla）
1. 后肢缺。
12. 同型齿或无齿；呼吸孔通常位于头顶；多数具背鳍；乳头腹位 ……………………… 鲸目（Cetacea）
12. 多为异型齿；呼吸孔在吻前端；无背鳍；乳头胸位 ………………………………… 海牛目（Sirenia）